I. Büll

Physik mit dem PC

Physik mit dem PC

Von Dr. rer. nat. Ingo Büll
Christian-Albrechts-Universität zu Kiel

B.G. Teubner Stuttgart · Leipzig 1998

Dr. rer. nat. Ingo Büll

Geboren 1957 in Schleswig. Von 1981 bis 1989 Studium der Mathematik und Physik, 1992 Promotion am Institut für experimentelle und angewandte Physik der Christian-Albrechts-Universität zu Kiel, 1992 Ernennung zum Wissenschaftlichen Assistenten. Lehraufträge, Praktika und Vorlesungen zur „Technischen Physik" und „Mikrocomputertechnik". Seit 1997 Leiter eines Forschungsvorhabens aus dem BMBF-Förderprogramm Mikrosystemtechnik 1994–1999.
Arbeitsgebiete: Einsatz des Computers in der Lehre, Mikrocomputertechnik.
ingo.buell@t-online.de

Gedruckt auf chlorfrei gebleichtem Papier.

Die Deutsche Bibliothek – CIP-Einheitsaufnahme

Büll, Ingo:
Physik mit dem PC / von Ingo Büll. –
Stuttgart ; Leipzig : Teubner, 1998
  ISBN 978-3-519-00222-2   ISBN 978-3-322-99738-8 (eBook)
  DOI 10.1007/978-3-322-99738-8

Einbandgestaltung: Peter Pfitz, Stuttgart

Vorwort

Dieses Buch beschäftigt sich mit dem Einsatz des Computers in der physikalischen Ausbildung und stellt die computergestützte Bearbeitung einer Vielzahl interessanter Themen aus den Bereichen Interfacetechnik, Numerik, Simulationen und Experimente in Form von Aufgabenstellungen vor. Die inhaltliche Konzeption des Buches zielt auf den Einsatz in Vorlesungen, Praktika und Übungen und eignet sich auch für das Selbststudium.

Das Buch wendet sich an Schüler und Studenten, die Interesse an der Bearbeitung physikalischer Fragestellungen mit dem Computer haben. Der Leser kann mit nur wenigen Grundkenntnisse der Computertechnik die Lösung aller Aufgaben wahlweise selbst erarbeiten oder anhand der vollständig dokumentierten Lösungswege nachvollziehen. Die für die Bearbeitung der Aufgaben unter TURBO PASCAL entwickelten Quellcodes sind im Text ausführlich kommentiert und sehr übersichtlich dargestellt.

Eine Besonderheit im ersten Abschnitt des Buches ist die Behandlung der Hardware für die experimentellen Aufgaben: Der Leser kann mit wenigen Kenntnissen der Elektronik ein leistungsfähiges Interface anfertigen und selbst programmieren. Das Interface verfügt über einen analogen Eingang, einen Digitalport, einen analogen Ausgang und eine Anbindung für Kraftmeßsensoren mit Dehnungsmeßstreifen.

Bei der computergestützten Bearbeitung der Aufgaben dieses Buches werden einige Prozeduren und Funktionen häufig verwendet und daher in einem Kapitel über Programmierwerkzeuge zusammengefaßt. Zunächst wird die Aktivierung der VGA-Grafik mit einem besonders kompakten Verfahren vorgestellt, anschließend folgt die Programmierung von Achsensystemen. Leser mit Interesse für interne Details des PC werden den Abschnitt über die Programmierung von Zeitmessungen mit dem PC-Timer und über die Verwendung der Maus als Markierungshilfsmittel in Diagrammen beachten. Weiterhin werden Prozeduren für Trigger und Meßwertaufnahmen programmiert.

Im Anschluß folgt ein Kapitel, das sich mit verschiedenen numerischen Methoden beschäftigt. Behandelt werden die numerische Integration, numerische Lösungsverfahren für Differentialgleichungen erster und zweiter Ordnung sowie für gekoppelte Differentialgleichungssysteme und die Frequenzanalyse von diskreten periodischen Zeitsignalen. Dabei werden die Verfahren selbst und deren spezielle Eigenschaften nicht nur mit Hilfe der mathematischen Formalismen deutlich gemacht, sondern auch anhand vieler Grafiken auf einem leichter einsehbaren und verständlicheren Weg illustriert. Praktische Anwendung der numerischen Verfahren werden jeweils anhand konkreter physikalischer Beispiele gezeigt.

Im letzten Kapitel dieses Buches folgen Experimente und Simulationen zu verschiedenen physikalischen Themen. Die Auswahl der Experimente entspricht etwa den Inhalten eines computergestützten Physikpraktikums im Grundstudium. Am Anfang des Kapitels werden zunächst einfache Experimente zur Bestimmung der Erdbeschleunigung und zur Induktion durchgeführt. Darauf folgt eine tiefergehende Analyse elektrischer Schwingkreise. Anhand von akustischen Wellenpaketen werden die Eigenschaften der Interferenz und Kohärenz von Wellen sichtbar gemacht.

Weiterhin werden Pendelschwingungen und nichtlineare Oszillatoren als grundlegende Bausteine der nichtlinearen Physik in Simulationen und Experimenten ausführlich untersucht. Zum Thema Chaos werden ein Experiment an der getriebenen Kompaßnadel und eine Simulation der logistischen Gleichung durchgeführt. Der Leser kann Bifurkationsdiagramme messen oder simulieren und Begriffe aus der Chaosphysik wie Attraktor, Periodenverdopplung oder LJAPUNOV-Exponent kennenlernen.

Mit den in diesem Buch vermittelten Kenntnissen der computergestützten Behandlung physikalischer Themen lassen sich viele weitere experimentelle Anwendungen und Simulationen entwickeln. Die hier vorgestellten numerischen Verfahren, Simulationen und Experimente wurden am Institut für Experimentalphysik der Christian-Albrechts-Universität in Kiel durchgeführt und stellen eine Auswahl interessanter Beispiele dar.

Für die Unterstützung bei der Erstellung dieses Buches möchte ich einen besonderen Dank meinem akademischen Lehrer, Herrn Professor Reimer Lincke, aussprechen, der sich am Institut für Experimentalphysik der Universität Kiel seit vielen Jahren sehr erfolgreich mit dem Einsatz des Computers in der Lehre beschäftigt.

Kiel, August 1998   Ingo Büll

Inhalt

1 Einleitung

Was haben Computer eigentlich mit Physik zu tun? Die Physik wird als Wissenschaft bereits seit den astronomischen Untersuchungen vor der Zeitwende betrieben; Computer gibt es aber erst seit den Erfindungen von ZUSE in diesem Jahrhundert und in breiten Anwendungsbereichen seit der Einführung des PC. In den Anfängen der Computerei waren die Physiker sehr erfreut über die neuen Möglichkeiten, die der Computer als Rechenmaschine bot. Früher als äußerst mühsam bewertete physikalische Berechnungen konnten nun in kürzester Zeit durchgeführt werden und erlaubten eine präzisere Beobachtung und Simulation der Natur. Schnell entwickelte sich der Computer über die reine Rechenmaschine hinaus zu einem unverzichtbaren Hilfsmittel bei der Steuerung von komplizierten physikalischen Meßapparaturen und der Auswertung von Versuchsergebnissen. In der Forschung wird schon seit längerem ein Großteil der theoretischen, angewandten und experimentellen Physik unmittelbar am und mit dem Computer betrieben.

Mit zunehmender Bedeutung des PC in der Gesellschaft etablierte sich der Computer auch in der physikalischen Ausbildung. Dabei geht es bedingt durch die Veränderungen im Berufsbild des Physikers einerseits um das Erlernen des Umgangs mit dem Computer selbst und andererseits um die computergestützte Behandlung von geeigneten physikalischen Themen. In der Anfängerausbildung wurden an verschiedenen Universitäten Computerpraktika ins Leben gerufen, frühe Aktivitäten waren beispielsweise die Praktika an den Universitäten Kaiserslautern (JODL, 1979), Karlsruhe (STAUDENMAIER), Regensburg (WÜNSCH) oder Kiel (LINCKE). Heutzutage gibt es an den physikalischen Instituten der Universitäten eine Vielzahl von Vorlesungen und Praktika, die sich mit den unterschiedlichsten Anwendungen des Computers in der Physik beschäftigen. Zentrale Inhalte sind der Umgang mit Betriebssystemen wie UNIX oder WINDOWS, das Erlernen von Programmiersprachen wie FORTRAN, PASCAL oder C++, der Umgang mit mathematischen Programmen wie MATHEMATICA, DERIVE oder MATHCAD, die Anwendung von Simulationsprogrammen wie INTERACTIVE PHYSICS und nicht zuletzt die für die physikalische Lehre wichtigen Bereiche der experimentellen Physik und der Modellierung.

Vom methodisch-didaktischen Standpunkt her ist der Einsatz des Computers in der Lehre nicht unproblematisch, das Medium Computer wirft viele Fragen bezüglich sinnvoller und sinnloser Anwendungen auf. Im Fachbereich Didaktik der Physik der Deutschen Physikalischen Gesellschaft wird seit Jahren über den „richtigen" Einsatz des Computers in der Lehre diskutiert. Einigkeit besteht über die Fragwürdigkeit von eigenständig ablaufenden Simulationen und Experimenten, die „auf Knopfdruck" ohne Einbeziehung des Studenten Ergebnisse liefern.

Positive Erfahrungen mit dem Computer als Hilfsmittel für die Untersuchung physikalischer Phänomene aus dem Grundlagenbereich wurden besonders in der Anfängerausbildung gemacht. Ein Schlüssel zum Erfolg ist dabei sicherlich das bekannte „learning by doing": Der Lernerfolg bei der computergestützten Behandlung physikalischer Themen steigt unmittelbar mit der Intensität der Auseinandersetzung. Und: nur wer die physikalisch-mathematischen Methoden richtig verstanden hat, kann den Computer sinnvoll als Hilfsmittel einsetzen.

Ein Beispiel: Die diskrete FOURIER-Transformation wird von vielen Mathematikprogrammen als fertige Funktion bereitgestellt, der Anwender muß nur die Übergabe der Parameter vornehmen und kann ohne tiefergehende Kenntnisse des FOURIER-Formalismus die FOURIER-Koeffizienten berechnen. Elementare Aspekte der diskreten FOURIER-Transformation wie Abtasttheorem, Aliasing oder Fensterfunktionen können dem Anfänger so verborgen bleiben (vgl. Kapitel 4.5). Auf der anderen Seite bietet aber gerade der Computer dem Anfänger gute Voraussetzungen, um eine Vielzahl von physikalisch-mathematischen Aspekten der Physik besonders detailliert zu ergründen. Dazu drei Beispiele aus der Numerik, der experimentellen Physik und dem Bereich der Simulationen: Mit einem simplen Algorithmus läßt sich die Iterationsmethode des RUNGE-KUTTA-Verfahrens für die Lösung von Differentialgleichungen grafisch darstellen und damit leicht einsehen (vgl. Aufgabe 4.2.6); anhand der Messung des Kraftstoßes wird der Zusammenhang mit der Impulsänderung im Experiment deutlich (vgl. Kapitel 5.6); ein Vergleich des Bifurkationsdiagramms der logistischen Gleichung mit einem Diagramm des LJAPUNOV-Exponenten zeigt erstaunliche Ergebnisse an den charakteristischen Stellen (vgl. Aufgabe 5.10.3).

Im Zusammenhang mit dem Einsatz des Computers in der Lehre stellt sich die Frage, mit welcher Art von Software die Erkenntnisse gewonnen und dargestellt werden sollten. Dazu gibt es zunächst zwei unterschiedliche Ansätze: Der Student kann entweder fertige Software verwenden, die in einem genau definierten Umfeld Experimente und Simulationen zuläßt, oder selber problemorientierte Programme für die Untersuchung physikalischer Themen schreiben. Darüber hinaus wird in der WINDOWS-Welt zunehmend Software entwickelt, die modular oder objektorientiert aufgebaut ist und dem Studenten sehr viel Freiraum für eigene Lösungen läßt. Als Beispiele seien INTERACTIVE PHYSICS und LABVIEW genannt. Das Programm INTERACTIVE PHYSICS stellt eine COULOMBsche und NEWTONsche Welt bereit, der Anwender kann eigene Experimente aus der Mechanik und der Elektrizitätslehre entwerfen. LABVIEW ist ein hardwareorientiertes System und stellt bei entsprechender Programmierung eine sehr variable Schnittstelle zwischen Computer und Experiment dar.

Leider ist das Betriebssystem WINDOWS für physikalische Anwendungen denkbar ungeeignet, es existiert weder eine echte Zeitbasis, noch lassen sich die externen Schnittstellen mit beliebigen Protokollen ansprechen. Die Bedeutung von WINDOWS in der Physik ist nur eine Folge der Verbreitung, das „alte" MSDOS oder Echtzeitbetriebssysteme wie UNIX sind in wichtigen Punkten doch leistungsfähiger.

Die computergestützte Untersuchung physikalischer Themen mit eigener Software erfordert eine geeignete Entwicklungsumgebung. Programmiersprachen lassen sich grob unterteilen in prozedurale Sprachen wie FORTRAN oder TURBO PASCAL, Künstliche-Intelligenz-Sprachen wie LISP oder PROLOG und objektorientierte Sprachen wie C++ oder OBJEKT PASCAL. Als Kriterium für die Eignung einer Programmiersprache zur Untersuchung von physikalischen Fragestellungen sollte berücksichtigt werden, ob bedingt durch die Komplexität der Entwicklungsumgebung die Beschäftigung mit der Physik oder mit dem Compiler im Vordergrund steht. Auch hier kommt WINDOWS dem an der Physik interessierten Studenten nicht unbedingt entgegen: Sprachen wie TURBO PASCAL erlauben eine wesentlich kompaktere und überschaubarere Darstellung von Algorithmen als beispielsweise VISUAL C++.

Bei computergestützten physikalischen Experimenten müssen die gefragten physikalischen Größen an einen Auswertungscomputer übergeben werden. In der Regel wird dafür ein Interfacesystem benötigt, welches entweder als eigenständiges System ausgelegt ist und über eine protokollierte Schnittstelle Daten an einen Computer sendet oder direkt vom Computer über Einsteckkarten bzw. externe Schnittstellen gesteuert und ausgelesen wird. Das Interfacesystem stellt in Verbindung mit der Sensorik die „Schnittstelle zur Physik" dar und ist eine notwendige Voraussetzung für das computergestützte Experimentieren.

2 PC-Interfacetechnik

Bevor wir uns näher mit technischen Details von PC-Interfacesystemen beschäftigen, wollen wir die Anforderungen an ein Interface für computergestützte Experimente aufzeigen. Das Gros der in der physikalischen Ausbildung durchgeführten Versuche erfordert Interfacesysteme geringer oder mittlerer Leistungsfähigkeit. Komplexere Meßsysteme aus der industriellen Meßtechnik [ZAK81] werden für experimentelle Anwendungen in der Lehre normalerweise nicht benötigt. Wir haben beim Einsatz von Meßinterfaces in der Hochschulausbildung [ASC90] [LIN91] die Erfahrung gemacht, daß die meisten physikalischen Anwendungen nur wenige Interfacefunktionen voraussetzen. Ein- oder mehrkanalige analoge Eingänge bilden die Schnittstelle zu einer großen Anzahl von Sensoren, die physikalische Größen direkt oder indirekt aufnehmen und in elektrische Signale umwandeln. Dabei stellen Experimente, bei denen mehrere analoge Sensoren gleichzeitig ausgelesen werden, eher die Ausnahme dar. Als Beispiel sei die Aufnahme von gekoppelten elektrischen oder mechanischen Schwingungen genannt. Digitale Eingänge werden häufig für Zeitmessungen mit Lichtschranken oder Kontaktschaltern (vgl. Kapitel 3.3.2) verwendet. Eine weitere Anwendung ist die Anbindung von Sensoren mit pulsweitenmoduliertem Ausgang (PWM), bei denen die Dauer eines digitalen Pulses ein Maß für den Meßwert ist. Digitale Ausgänge erlauben die Erzeugung von Taktfolgen und Peaks (vgl. Kapitel 5.3.4), im Bereich Steuern und Regeln lassen sich Relais schalten oder Stellgrößen digital einstellen. Analoge Ausgänge werden auch für Steuerungs- und Regelungsaufgaben eingesetzt, die Stellgröße kann dann variabel eingestellt werden. Natürlich lassen sich mit einem analogen Ausgang auch analoge Signale synthetisch erzeugen. Ein nachgeschalteter Verstärker erlaubt die Durchführung diverser Experimente in der Akustik. Wir untersuchen zum Beispiel die Begriffe Interferenz und Kohärenz mit akustischen Wellenpaketen (vgl. Kapitel 5.4).

Wir wollen jetzt die Eignung des PC als Rechner für Anwendungen im Bereich Messen, Steuern und Regeln untersuchen [GAT89]. Als vor mehr als 20 Jahren der PC eingeführt wurde, waren die weltweit enorme Verbreitung und die heutige Vielschichtigkeit der Einsatzmöglichkeiten nicht abzusehen. Die Entwickler von IBM konzipierten den PC ursprünglich als Bürocomputer, der Aufgaben wie Textverarbeitung, Fakturierung und betriebliche Logistik vereinfachen sollte.

Fallende Preise bei gleichzeitig steigender Leistungsfähigkeit machten den PC auch für weitergehende Anwendungen, beispielsweise als Rechner für die Meßwerterfassung, interessant. Computergestützte Meßwerterfassungssysteme erfordern leistungsfähige Schnittstellen für hohe Datenübertragungsraten. In seiner anfänglichen Form verfügte der PC mit dem seriellen Port und dem Centronics-Druckerport jedoch nur über zwei behäbige, für die schnelle Datenübertragung ungeeignete, externe Schnittstellen. Aus Gründen der Abwärtskompatibilität hat sich an der Konzeption der Schnittstellen bis heute nichts grundlegendes geändert, so daß für Meßwerterfassungssysteme die schnelle Übertragung der Daten in den PC problematisch ist.

Ein Ausweg ist die Konzeption von eigenständigen Interfacesystemen, die über die serielle oder parallele Schnittstelle mit dem PC verbunden sind und off-Line Daten aufnehmen [REI92]. Der PC wird dabei vorwiegend für die Darstellung und Analyse von Meßergebnissen verwendet. Ein anderer Weg, den „Flaschenhals" der langsamen Schnittstellen zu umgehen, ist die Anbindung von Interfaces über Einsteckkarten [WRA87] [ASC88b]. Diese Variante erlaubt Echtzeitzugriffe auf die Interfacefunktionen und ist als Folge der direkten Buszugriffe im Vergleich zu Interfaces an den Schnittstellen sehr leistungsfähig. Externe Systeme haben aber auch wesentliche Nachteile: der Hardwareaufwand ist durch den Einsatz von Mikrocontrollerschaltungen oder Einsteckkarten relativ hoch [BLA89], und die Software muß oftmals über die reine Meßwertaufnahme hinaus in Maschinensprachen entwickelt werden. Dieser Aspekt kommt besonders bei Entwicklungen an den modernen PCMCIA- [RAM95] und USB-Schnittstellen zum Tragen.

Eine Alternative ist die Anbindung von Interfaces an den erweiterten Parallelport, der vor etwa einem Jahr standardisiert wurde. Die neue Norm trägt die Bezeichnung IEEE-1284 und verfügt über mehrere Modi, die im Setup des PC aktiviert werden können, unter anderem einen Kompatibilitätsmodus zur Centronics-Schnittstelle, einen EPP-Modus (Enhanced Parallel Port) und einen ECP-Modus (Extended Capability Port). Ein für Meßwerterfassungssysteme wesentliches Merkmal der neuen IEEE-1284-Schnittstelle ist die Bidirektionalität des Datenbusses. Im Vergleich zum Centronics-Port verfügt der IEEE-1284-Port damit über eine größere Anzahl von Eingangsleitungen in den PC.

2.1 ADT-Interface am Enhanced Parallel Port

In diesem Abschnitt entwickeln wir ein sehr einfach aufgebautes Analog-Digital-Timer-Interface (ADT), welches exemplarisch die Übertragungstechniken am Enhanced Parallel Port (EP-Port) aufzeigt. Das Interface besteht aus drei Baugruppen: einem Analog-Digital-Wandler mit 12-Bit-Auflösung und einer Abtastrate von (rechnerabhängig) über 50 kHz, einem bidirektionalen 1-Bit-Digitalport und einem Digital-Analog-Wandler mit ebenfalls 12-Bit-Auflösung. Mit den technischen Möglichkeiten des EP-Ports lassen sich auch andere Schnittstellen-Kombinationen verwirklichen. Wir haben beispielsweise ein ähnliches System [BÜL97] mit zwei analogen Eingängen und einer Abtastrate von 100 kHz aufgebaut (die Schaltung benötigt nur drei integrierte Bauteile).

Wir wollen uns jetzt mit dem internen Aufbau des EP-Ports vertraut machen. Genau wie bei der Centronics-Druckerschnittstelle erfolgt die Kommunikation über drei 8-Bit-Register: das Datenregister, das Statusregister und das Kontrollregister. Die Systemadressen dieser Register liegen beim PC nicht fest, sondern werden über einen Zeiger an der Adresse 1032/33 (oder Segment 40H und Offset 8H) verwaltet, der auf die Adresse [HAR87] des Datenregisters der Schnittstelle LPT1 zeigt. In Tabelle 2.1.1 ist die Belegung des bidirektionalen Datenregisters zusammengefaßt, wir haben an dieser Stelle schon vorgegriffen und die einzelnen Funktionen des Registers beim ADT-Interface mit aufgeführt. Das Statusregister ist ein Eingangsregister mit fünf programmierbaren Leitungen, die Adresse folgt durch Inkrementieren der Adresse des Datenregisters um Eins. Vom Kontrollregister stehen dem Anwender nur die Bits 0 bis 3 zur Verfügung, Bit 5 steuert die Übertragungsrichtung des bidirektionalen Datenregisters. Mit einem logischen HIGH-Pegel wird das Register als Eingang geschaltet. Das Kontrollregister ist ein Ausgangsregister, dessen Adresse durch nochmaliges Inkrementieren der Adresse des Datenregisters ermittelt wird.

Register	Bit	Pin	I/O	EP-Port	ADT-Funktion	
Daten	0	2	BI	AD1	D	A1
Daten	1	3	BI	AD2		
Daten	2	4	BI	AD3	A/D	GATE
Daten	3	5	BI	AD4	A/D	BYTE
Daten	4	6	BI	AD5	A/D	R/C
Daten	5	7	BI	AD6	D/A	DIN
Daten	6	8	BI	AD7	D/A	SCLK
Daten	7	9	BI	AD8	D/A	/CS

Tabelle 2.1.1 Belegung des Datenregisters

Register	Bit	Pin	I/O	EP-Port	ADT-Funktion	
Status	3	15	IN	UserDef2	A/D	D0/4/8
Status	4	13	IN	UserDef3	A/D	D1/5/9
Status	5	12	IN	UserDef1	A/D	D2/6/10
Status	6	10	IN	/INTR	A/D	D3/7/11
Status	7	11	IN	/WAIT	A/D	BUSY

Tabelle 2.1.2 Belegung des Statusregisters

Register	Bit	Pin	I/O	EP-Port	ADT-Funktion	
Kontroll	0	1	OUT	/WRITE	D	DIR
Kontroll	1	14	OUT	/DSTRB	A/D	A0
Kontroll	2	16	OUT	INIT	A/D	A1
Kontroll	3	17	OUT	/ASTRB		
Kontroll	5			I/O-DIR		

Tabelle 2.1.3 Belegung des Kontrollregisters

Bevor wir mit der Entwicklung der Schaltpläne und der Software für das ADT-Interface beginnen, legen wir die Auswahl der IC's fest. Herzstück des Interfaces ist der 12-Bit-A/D-Wandler ADS7804 [BUR92a] der Firma BURR BROWN. Der ADS7804 ist in CMOS-Technik [ADE86] aufgebaut und enthält eine interne S/H-Stufe, interne Referenzspannungs- und Takterzeugung und verfügt über Tristate-Ausgänge. Mit einer Abtastrate von 100 kHz entspricht die Geschwindigkeit des Wandlers in etwa der höchsten am Druckerport realisierbaren Leistung. Die Versorgungsspannung des Wandlers beträgt unipolar 5 V bei einem Eingangsspannungsbereich von ±10 V, Überspannungen sind bis ±25 V abgesichert. Das Wandlungsergebnis des ADS7804 liegt in voller 12-Bit-Breite vor, kann aber auch in zwei Schritten auf einem 8-Bit-Bus ausgelesen werden. Aufgrund des geringen äußeren Schaltungsaufwandes (vgl. [ZAN83]) eignet sich der A/D-Wandler ADS7804 besonders gut für kompakt aufgebaute Systeme wie das ADT-Interface. Mit dem programmierbaren Vorverstärker PGA205 von BURR BROWN lassen sich die Meßbereiche ±1,25 V, ±2,5 V, ±5 V und ±10 V realisieren [BUR92b]. Der Digitalport bedarf keiner besonderen Bauteile und wird mit einem bidirektionalen Bustreiber 74241 und einer Eingangsbeschaltung für den Anschluß von Lichtschranken ausgestattet. Für den Digital-Analog-Teil verwenden wir den seriellen 12-Bit-D/A-Wandler MAX539 von MAXIM [MAX95], der mit nur drei Leitungen angesteuert wird und einen gepufferten Ausgang besitzt.

Wir wollen jetzt in drei Aufgabenstellungen das ADT-Interface mit den ausgewählten Bauteilen und der EP-Port-Beschaltung in den Tabelle 2.1.1 bis 2.1.3 entwickeln und anschließend die zugehörige Software in einer Unit ADT zusammenfassen.

2.1.1 Aufgabe: 12-Bit-Analog-Digital-Wandlung am EP-Port

Im bidirektionalen Modus verfügt der EP-Port über insgesamt 13 Eingangsleitungen, so daß das Ergebniswort des 12-Bit-A/D-Wandlers vollständig parallel übertragen werden könnte. Die damit erreichbare hohe Leistungsfähigkeit würde jedoch die Funktionalität des Interfaces stark einschränken, da für die verbleibenden Ports nur noch vier Ausgänge (Kontrollregister) übrig blieben. Wir wollen daher das Ergebniswort in drei 4-Bit-Nibbles zerlegen und nacheinander mit dem Statusregister an den PC übertragen (diese Anwendung funktioniert auch am Centronics-Port).

Die Aufteilung des 12-Bit-Wortes erfolgt zunächst am Datenregister des A/D-Wandlers, der das Wandlungsergebnis abhängig vom Zustand des BYTE-Eingangs nacheinander in zwei Bytes ausgeben kann. Anschließend verwenden wir einen dual organisierten Tri-State-Buffer 47LS241 [TEX89] mit zwei zueinander inversen GATE-Eingängen für die Bereitstellung der Nibbles. Das Ende einer A/D-Wandlung läßt sich mit der /BUSY-Leitung des ADS7804 an Bit 5 des Statusregisters erkennen. Für das Einstellen der Verstärkung werden einfach zwei Leitungen des Kontrollregisters an die Eingänge A0 und A1 des Bausteins PGA205 gelegt.

Aufgabenstellung:

Entwerfen Sie eine Schaltung für einen 12-Bit-A/D-Wandler mit programmierbarem Vorverstärker am EP-Port entsprechend der aufgeführten Spezifikationen und schreiben Sie eine Prozedur INITEPP für die Initialisierung der Registeradressen, eine Prozedur SETGAIN für die Einstellung der Verstärkung und eine Prozedur READAD für das Auslesen des A/D-Wandlers.

Aufgabenlösung:

Wir diskutieren den Schaltplan des ADT-Interfaces anhand des Signalverlaufs vom analogen Eingang bis zum EP-Port. Zunächst wird der Verstärker PGA205 an eine bipolare Spannungsversorgung angeschlossen, und die Adreßleitungen werden mit dem EP-Port entsprechend Tabelle 2.1.3 verbunden. Das verstärkte Signal leiten wir über die im Datenblatt [BUR92a] angegebene Eingangsbeschaltung an den A/D-Wandler. Jetzt starten wir die Wandlung mit einer steigenden Flanke am R/C-Eingang, der nach Tabelle 2.1.1 mit Bit 4 des Datenregisters verbunden ist. Am Ausgang des A/D-Wandlers schreiben wir die Bits 4 bis 7 in die untere Hälfte des Buffers 74LS241 und die restlichen Bits in die obere. Mit den Leitungen BYTE und GATE kontrollieren wir die Übergabe der Nibbles:

BYTE	GATE	NIBBLES
LOW	HIGH	LSN (Bit 0...3)
HIGH	LOW	MSN (Bit 4...7)
HIGH	HIGH	HSN (Bit 8...11)
Tabelle 2.1.4 Übergabesteuerung der Nibbles		

Die Verknüpfung der Bits mit dem Statusregister wählen wir wie in Tabelle 2.1.2 aufgeführt in einer Reihenfolge, die das Zusammensetzen der Nibbles zu einem 12-Bit-Ergebnis nur mit Schiebeoperationen erlaubt. Vor der Weiterverarbeitung müssen wir berücksichtigen, daß der von uns für die Bits 3, 7 und 11 verwendete Anschluß des EP-Ports invertiert ist und daß der A/D-Wandler Ergebnisse im Zweierkomplement ausgibt. Bild 2.1.1 zeigt den Schaltplan der Analog-Digital-Baugruppe für das ADT-Interface.

Wir fahren mit der Entwicklung der Software für die Initialisierung des EP-Ports, das Einstellen der Verstärkung und die Analog-Digital-Wandlung fort. Da die effektiv erreichbare Abtastrate unter anderem von der Ausführungsgeschwindigkeit der Programmcodes abhängt, schreiben wir den Quellcode in Maschinensprache. Unter TURBO PASCAL 7.0 können wir die Sequenzen direkt in 8088/87- oder 80286/287-Code [SCA85] mit dem integrierten Assembler [BOR92a] eingeben. Um 80286/287-Befehle [POD94] verwenden zu können, muß der Compilerschalter {$G+} [BOR92c] im aufrufenden Programm oder in der Entwicklungsumgebung aktiviert werden.

Mit der Prozedur INITEPP bestimmen wir die Adressen der Register des EP-Ports. Die Prozedur enthält keine Hochsprachenbefehle und wird daher mit dem Zusatz ASSEMBLER versehen. Im Quellcode muß dann der Befehl BEGIN durch ASM ersetzt werden. Um die Basisadresse direkt-indiziert in das DX-Register laden zu können, müssen wir die Segmentadresse des Zeigers für den Druckerport LPT1 in das Extrasegment (ES-Segment) laden. Dann liegt der Anfang des Extrasegments genau auf der Adresse 40H, und die Adresse des Datenregisters vom EP-Port LPT1 kann mit dem Offset 8H direkt geladen werden. Die Adressen des Status- und Kontrollregisters folgen durch Inkrementieren der Basisadresse.

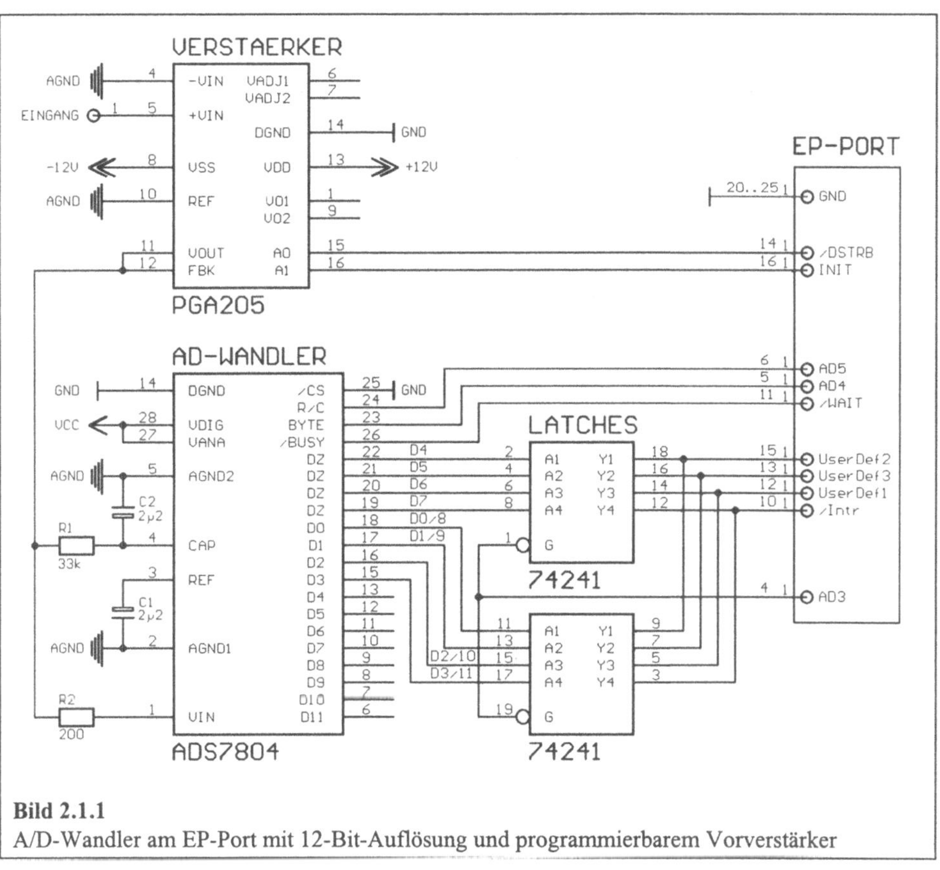

Bild 2.1.1
A/D-Wandler am EP-Port mit 12-Bit-Auflösung und programmierbarem Vorverstärker

```
procedure INITEPP,assembler; {Adressen des EP-Ports bestimmen}
asm
        mov     ax,0040H            {Segmentadresse Druckerport}
        mov     es,ax               {Segment in Extrasegment}
        mov     dx,es:[08H]    {Adresse EP-Port indirekt laden}
        mov     EPP_D,dx            {Adresse Datenregister}
        add     dx,1                {dx inkrementieren}
        mov     EPP_S,dx            {Adresse Statusregister}
        add     dx,1                {dx inkrementieren}
        mov     EPP_C,dx            {Adresse Kontrollregister}
end;
```

Listing 2.1.1   Initialisierung des Enhanced Parallel Port

In der Prozedur SETGAIN stellen wir die Verstärkung des Bausteins PGA205 mit den Faktoren 1, 2, 4 und 8 an Bit 1 und 2 des Kontrollports nach der in Tabelle 2.1.5 aufgelisteten Kodierung ein. Das Bitmuster an den Eingängen A0 und A1 berechnen wir aus dem Verstärkungsfaktor unter Berücksichtigung der Invertierung von Bit 1 des Kontrollregisters.

A0	A1	FAKTOR	MESSBEREICH
0	0	1	± 10,00 V
0	1	2	± 5,00 V
1	0	4	± 2,50 V
1	1	8	± 1,25 V

Tabelle 2.1.5 Kodierung der Verstärkung

Dazu laden wir zunächst den Verstärkungsfaktor in das BL-Register. Vergleichen wir die Faktoren mit den Bitmustern, so finden wir die Wertigkeiten von Bit 1 und 2 des Kontrollregisters bei den Verstärkungen 1, 2 und 4 bereits richtig vor. Lediglich bei der Verstärkung 8 ist es notwendig, das Bitmuster an den entsprechenden Stellen auf eins zu setzen. Anschließend invertieren wir Bit 1, setzen A0 und A1 zurück und geben die neue Kodierung am Kontrollport aus.

```
procedure SETGAIN(gain:byte);assembler;       {ADT-Verstärkung}
asm
          mov  bl,gain             {Verstärkungsfaktor in bl laden}
          cmp  bl,00001000b        {Verstärkungsfaktor=8 testen}
          jnz  @maske     {Sprung, wenn Verstärkungsfaktor <> 8}
          or   bl,00000110b  {Neue Maske für Verstärkung = 8}
@maske:   and  bl,00000110b      {Fertige Maske für A0 und A1}
          mov  dx,EPP_C        {Adresse Kontrollregister laden}
          in   al,dx             {Kontrollregister auslesen}
          and  al,00000110b           {A0 und A1 löschen}
          or   al,bl                {A0 und A1 neu setzen}
          xor  al,00000010b {Invertierung A0 berücksichtigen}
          out  dx,al      {Bitmuster der Verstärkung ausgeben}
end;
```

Listing 2.1.2   Einstellen der programmierbaren Verstärkung am PGA205

Mit der nun folgenden Funktion READAD lesen wir den A/D-Wandler aus. Das Funktionsergebnis hat den Wertebereich 0...4095 und wird als Datentyp WORD deklariert. Zunächst werden der A/D-Wandler und der Buffer für die Datenübergabe initialisiert. Dafür legen wir das GATE des Buffers auf HIGH und den BYTE-Eingang des Wandlers auf LOW, um als erstes die unteren vier Bit (LSN) des Wandlungswortes übertragen zu können (vgl. Tabelle 2.1.4).

Der Start einer A/D-Wandlung wird am ADS7804 mit einer fallenden Flanke am R/C-Eingang ausgelöst. Die Pins /CS und R/C sind intern OR-verknüpft, so daß

/CS permanent an Masse gelegt werden kann. Nach 40 ns (t_1) beginnt die Wandlung, und der /BUSY-Ausgang nimmt einen LOW-Zustand ein, bis die Wandlung beendet ist. R/C muß wieder auf HIGH-Pegel geschaltet werden, bevor /BUSY HIGH wird, anderenfalls wird eine neue Wandlung gestartet.

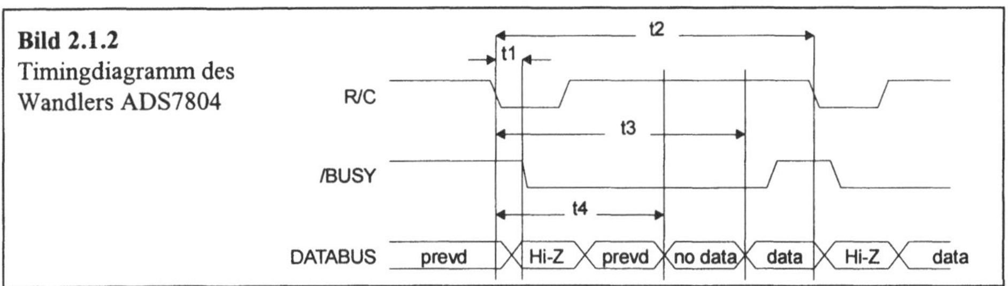

Bild 2.1.2
Timingdiagramm des Wandlers ADS7804

Die Zeit zwischen zwei Wandlungen beträgt typisch 10 µs (t_2). Das Ergebnis der Wandlung liegt 8 µs (t_3) nach der fallenden Flanke am R/C-Eingang auf dem Datenbus an und kann ausgelesen werden, wenn /BUSY wieder einen HIGH-Zustand eingenommen hat. Eine besonders für sehr schnelle Rechner interessante Eigenschaft des A/D-Wandlers ADS7804 ist die Möglichkeit, während der aktuellen Wandlung das gepufferte Ergebnis der vorigen Wandlung (prevd) auszulesen. Der Auslesevorgang muß dann bis maximal 7,4 µs (t_4) nach R/C LOW abgeschlossen sein. Wir beginnen jetzt die Funktion READAD mit den Kommandos für die Voreinstellung des Buffers und den Start der A/D-Wandlung:

```
function READAD:word;assembler;        {A/D-Wandler auslesen}
asm
        mov     dx,EPP_D               {Adresse Datenregister}
        in      al,dx                       {Port auslesen}
        or      al,00010100b           {GATE HIGH, R/C HIGH}
        out     dx,al                       {Werte ausgeben}
        and     al,11100111b            {BYTE LOW, R/C LOW}
        out     dx,al                      {Wandlung starten}
        or      al,00010000b                     {R/C HIGH}
        out     dx,al                      {Ausgabe starten}
```

In der folgenden Schleife warten wir, bis der /BUSY-Ausgang des Wandlers wieder auf einen HIGH-Zustand geht und die Daten vorliegen.

```
        mov     dx,EPP_S             {Adresse Statusregister}
@busy:  in      al,dx                 {Statusregister lesen}
        and     al,10000000b             {Maske für Bit 7}
        cmp     al,10000000b            {Bit 7 /BUSY prüfen}
        jz      @busy             {warten auf Wandlungsende}
```

Jetzt wird zunächst das niederwertigste Nibble (LSN) aus dem Statusregister gelesen und im oberen Nibble des BL-Registers zwischengespeichert. Die entsprechenden Einstellungen am GATE des Buffers und am BYTE-Eingang des Wandlers haben wir bereits bei der Initialisierung vorgenommen.

```
in    al,dx                        {LSN lesen}
shl   al,1                {LSN auf Bit 4..7 schieben}
mov   bl,al          {Ergebnis in bl zwischenspeichern}
```

Um das mittlere Nibble (MSN) auslesen zu können, schalten wir wie in Tabelle 2.1.4 angegeben das GATE auf LOW und den BYTE-Eingang auf HIGH.

```
mov   dx,EPP_D               {Adresse Datenregister}
in    al,dx       {Aktuellen Registerinhalt einlesen}
and   al,11111011b           {Maske für GATE LOW}
or    al,00001000b           {Maske für BYTE HIGH}
out   dx,al           {Einlesen des MSN vorbereiten}
```

Anschließend lesen wir das Nibble ein, kopieren es in das untere Nibble des BH-Registers und schieben das gesamte BX-Register um vier Stellen nach rechts. Das niederwertige Byte des Wandlungsergebnisses liegt dann an der richtigen Position im BL-Register.

```
mov   dx,EPP_S               {Adresse Statusregister}
in    al,dx                        {MSN lesen}
shr   al,3                {MSN auf Bit 0..3 schieben}
mov   bh,al                   {MSN in bh kopieren}
shr   bx,4           {LSN und MSN liegen jetzt in bl}
```

Für den Lesevorgang des verbleibenden Nibbles legen wir das GATE des Buffers auf einen HIGH-Pegel:

```
mov   dx,EPP_D               {Adresse Datenregister}
in    al,dx       {Aktuellen Registerinhalt einlesen}
or    al,00000100b                 {GATE HIGH}
out   dx,al           {Einlesen des HSN vorbereiten}
```

Das höchstwertige Nibble (HSN) wird jetzt wieder am Statusregister ausgelesen und in das untere Nibble des BH-Registers kopiert. Da wir ein 12-Bit-Wort in ein 16-Bit-Register kopiert haben, löschen wir die nicht verwendeten oberen vier Bits.

```
mov   dx,EPP_S               {Adresse Statusregister}
in    al,dx                        {HSN lesen}
shr   al,3                {HSN auf Bit 0..3 schieben}
and   al,00001111b           {Oberes Nibble löschen}
mov   bh,al          {Das Ergebnis liegt jetzt in bx}
```

Jetzt kopieren wir das Wandlungsergebnis in das AX-Register, um die Übergabe des Funktionsergebnisses unter TURBO PASCAL auszuführen. Im letzten Schritt heben wir mit einem XOR-Befehl die Invertierung von Bit 6 des Statusregisters und die Zweierkomplementausgabe des A/D-Wandlers auf.

```
        mov     ax,bx      {Ergebnis der vorigen Wandlung in ax}
        xor     ax,0800H              {Zweierkomplement aufheben}
end;
```

Listing 2.1.3   Auslesen des A/D-Wandlers ADS7804

2.1.2 Aufgabe: Digitaler I/O-Port am EP-Port

Bei der Realisierung des bidirektionalen I/O-Ports verwenden wir (vgl. Tabelle 2.1.1) die Leitung AD1 des Datenregisters als Ein- und Ausgang und Bit 5 des Kontrollregisters (vgl. Tabelle 2.1.3) für die Richtungssteuerung. Da die von uns eingesetzten Lichtschranken bei Verdunklung auf Masse schalten, legen wir den inaktiven Eingang des Ports mit einem Pullup-Widerstand auf die Versorgungsspannung. Weiterhin versehen wir den Eingang mit einem Überspannungsschutz und einer Strombegrenzung.

Aufgabenstellung:

Entwerfen Sie einen digitalen 1-Bit-I/O-Port am bidirektionalen Datenregister und programmieren Sie eine Funktion READD und eine Prozedur WRITED für die Kommunikation mit dem Port. Der I/O-Port sollte sich für den Anschluß von Lichtschranken eignen.

Aufgabenlösung:

Zunächst schützen wir wie in Bild 2.1.3 dargestellt den Eingang mit zwei Dioden gegen Überspannungen und Verpolung: ist die Eingangsspannung größer als VCC, so wird die Diode D2 durchlässig, bei negativen Eingangsspannungen gilt dasselbe für D1.

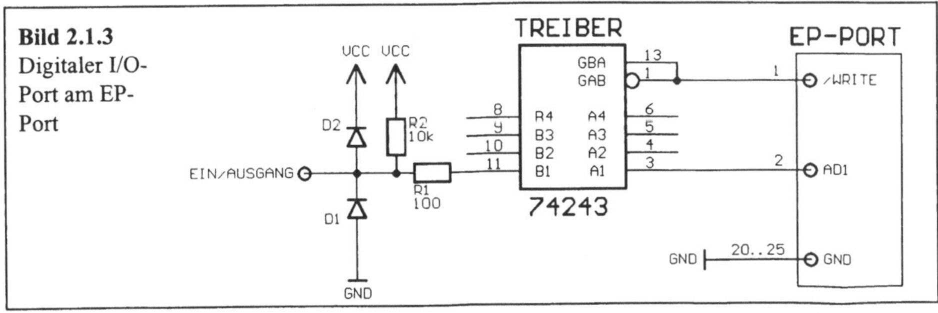

Um den unbelasteten Eingang auf die Versorgungsspannung zu legen, verwenden wir den Pullup-Widerstand R2. Der Widerstand R1 begrenzt den Strom am Treiberbaustein auf 50 mA. Die Betriebsrichtung des Ports steuern wir in der externen Beschaltung mit dem GATE des Treibers 74LS243 an der Leitung /WRITE des Kontrollregisters und intern mit Bit 5 des EP-Port-Kontrollregisters.

Wir fahren jetzt mit der Funktion READD für das Einlesen eines logischen Zustandes am Digitalport fort. Der Treiber und der EP-Port werden zunächst mit den entsprechenden Masken auf ihre Eingangszustände geschaltet. Dann lesen wir einfach das Datenregister aus und löschen mit einer AND-Maske alle Bits mit Ausnahme des Datenbits AD1. Der Portzustand logisch 1 oder logisch 0 befindet sich dann im AL-Register und liegt damit gleichzeitig als Funktionsergebnis vor.

```
function READD:byte;assembler;
asm
        mov   dx,EPP_C      {Adresse Kontrollregister laden}
        in    al,dx              {Registerinhalt laden}
        and   al,11111110b {Gate 74243 auf Eingang schalten}
        or    al,00100000b   {EP-Port auf Eingang schalten}
        out   dx,al            {Portauslesen vorbereiten}

        mov   dx,EPP_D      {Adresse Datenregister laden}
        in    al,dx              {Aktuellen Wert einlesen}
        and   al,00000001b        {Portzustand in Bit 0}
end;
```

Listing 2.1.4   Einlesen eines Zustandes am Digitalport

Für die Ausgabe eines digitalen Pegels schalten wir den Port im Kontrollregister als Ausgang. Anschließend lesen wir den aktuellen Zustand des Ports am Treiberbaustein in das AL-Register ein und prüfen, ob ein LOW-Pegel eingestellt werden soll. Ist das der Fall, so löschen wir mit einer AND-Maske das Bit 0 im AL-Register, anderenfalls setzen wir Bit 0 mit einer OR-Verknüpfung.

```
procedure WRITED(state:byte);assembler;
asm
        mov   dx,EPP_C      {Adresse Kontrollregister laden}
        in    al,dx              {Registerinhalt laden}
        or    al,00000001b {Gate 74243 auf Ausgang schalten}
        and   al,11011111b   {EP-Port auf Ausgang schalten}
        out   dx,al            {Portbeschreiben vorbereiten}

        mov   dx,EPP_D      {Adresse Datenregister laden}
        in    al,dx              {Aktuellen Wert lesen}
        cmp   state,0       {Test, ob Pegel LOW richtig ist}
        jnz   @high     {Sprung, wenn der Pegel nicht LOW ist}
        and   al,11111110b   {Bei Pegel LOW Bit auf 0 setzen}
        jmp   @ready  {Steuerung für HIGH-Pegel überspringen}
```

```
@high:    or    al,00000001b  {Bei Pegel HIGH Bit auf 1 setzen}
@ready:   out   dx,al                   {Neuen Pegel ausgeben}
end;
```

Listing 2.1.5   Ausgabe eines Zustandes am Digitalport

2.1.3 Aufgabe: 12-Bit-Digital-Analog-Wandlung am EP-Port

Der von uns verwendete serielle D/A-Wandler MAX539 basiert auf einem invertierten R-2R-Netzwerk [HOR89] für die Wandlung von 12-Bit-Digitalwerten in analoge Spannungen und verwendet für die Ausgabe einen Operationsverstärker mit unipolarer Spannungsversorgung in CMOS-Technologie. Die Ausgangsspannung ist ebenfalls unipolar und kann bei einer Versorgungsspannung von 5 V in einem Bereich von 0 bis 4,5 V bei einer Leistung von bis zu 10 mW ausgesteuert werden. Für die Einstellung der virtuellen Masse (2048 Digits) besitzt der Wandler einen REFIN-Pin, den wir mit einem Spannungsteiler auf die halbe Betriebsspannung legen, um den gesamten 12-Bit-Wertebereich auf den Ausgangsspannungsbereich abbilden zu können. Die serielle Ansteuerung des D/A-Wandlers MAX539 ist kompatibel zum MICROWIRE-Port und zum MOTOROLA-SPI/QSPI-Bus. Wir benötigen daher nur drei Signale für die Ausführung einer D/A-Wandlung: am /CS-Pin teilen wir dem Wandler den Beginn einer Wandlungssequenz mit, SCLK ist der Takteingang für die serielle Übertragung, und an DIN übergeben wir bitweise das 12-Bit-Wort. Die Leistungsfähigkeit des D/A-Wandlers hängt im wesentlichen von dem Takt (SCLK) bei der Datenübertragung ab und ist in unserem Fall rechnerabhängig bis zur theoretisch erreichbaren Update-Rate von 40 kHz. Werden mit einem Rechner höhere Taktraten erreicht, so müssen in die Steuerungssoftware Waitstates eingefügt werden.

Aufgabenstellung:

Entwickeln Sie mit dem Baustein MAX539 eine D/A-Wandler-Schaltung am Datenregister des EP-Ports mit der Belegung aus Tabelle 2.1.1, und schreiben Sie eine Prozedur WRITEDA für die serielle Ausgabe eines 12-Bit-Wortes.

Aufgabenlösung:

Die äußere Beschaltung des D/A-Wandlers besteht nur aus dem Spannungsteiler für die Referenzspannung und den Abblockkondensatoren zur Stabilisierung der Versorgungsspannung. Wir verbinden den seriellen Port des Wandlers mit den Datenleitungen AD6 bis AD8 und beginnen mit der Entwicklung der Prozedur WRITEDA für die Übertragung. Das Protokoll der seriellen Übertragung sieht vor, daß ein an DIN vorliegendes Bit mit einer steigenden Flanke an SCLK übertragen wird. Der Beginn einer D/A-Wandlung wird dabei mit einer fallenden Flanke an /CS ausgelöst, /CS darf erst nach Ende der gesamten Wandlung wieder auf HIGH geschaltet werden. Eine Besonderheit des D/A-Wandlers MAX539 ist die Organisation der Übertragung in zwei 8-Bit-Worten mit dem höchstwertigen Bit zuerst. Da nur 12-Bit gewandelt werden, sind die oberen vier Bits ohne Bedeutung.

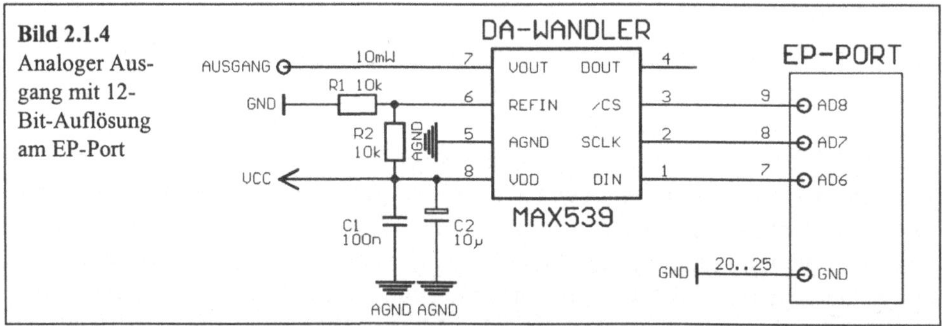

Wir beginnen jetzt mit der Initialisierung und legen /CS (Bit 7) und SCLK (Bit 6) mit einer AND-Maske auf LOW. Anschließend laden wir das BX-Register mit dem Wandlungswert und das CX-Register mit der Anzahl von Takten (16) an SCLK.

```
procedure WRITEDA(value:word);assembler; {12-Bit D/A-Wandlung}
asm
        mov   dx,EPP_D         {Adresse Datenregister laden}
        in    al,dx              {Aktuellen Wert einlesen}
        and   al,00111111b       {Maske SCLK LOW, /CS LOW}
        out   dx,al             {Anfangseinstellung ausgeben}

        mov   bx,value        {D/A-Wert in Register bx laden}
        mov   cx,16 {Zähler für die Anzahl Shift-Operationen}
```

In der folgenden Schleifenkonstruktion prüfen wir nacheinander alle Bits auf ihre Wertigkeit. Durch einmaliges Linksschieben des BX-Registers (das MSB zuerst) erreichen wir, daß das zu übertragende Bit im Carry-Flag steht. Ist das Carry-Flag gesetzt, so erfolgt ein Sprung zu einer OR-Maske, die Bit 6 des Datenregisters (Signal DIN) setzt, anderenfalls wird das Bit mit einer AND-Maske gelöscht.

```
@shift:   shl   bx,1     {Höchstwertiges Bit in Carry schieben}
          jc    @setbit             {Sprung zum Setzen des Bits}
          and   al,11011111b {Carry ist LOW, Bit nicht setzen}
          jmp   @bitout {Sprung zur seriellen Ausgabe des Bits}
@setbit:  or    al,00100000b        {Carry ist HIGH, Bit setzen}
```

Für die Übertragung des Bits geben wir den Zustand von Bit 6 an DIN aus und erzeugen eine steigende Flanke an SCLK. Anschließend muß SCLK natürlich wieder auf LOW gesetzt werden.

```
@bitout:  out  dx,al       {Serielle Ausgabe des aktuellen Bits}

          or   al,01000000b          {Maske für SCLK HIGH}
          out  dx,al     {SCLK HIGH, Flanke für Datenübergabe}
          and  al,10111111b          {Maske für SCLK LOW}
          out  dx,al                 {SCLK ist wieder LOW}
```

Der Befehl LOOP dekrementiert das CX-Register und springt, falls der Inhalt nicht Null ist. Wir erreichen also eine serielle Abarbeitung von 16-Bits.

```
          loop @shift     {Bis 16 Bit seriell übertragen sind}
end;
```

Listing 2.1.6   Ausgabe einer analogen Spannung mit dem D/A-Wandler MAX539

Die von uns erreichbare Repetitionsrate am Ausgang des D/A-Wandlers hängt von der Ausführungszeit der Prozedur WRITEDA ab. Mit den Prozeduren zur Abtast-ratenbestimmung aus Aufgabe 3.3.1 messen wir die folgenden Werte:

Computer	Takt	Wiederholrate
AMD486DX4	100MHz	88µs
PC AMDK5	100MHz	66µs
PC Pentium MMX	160MHz	59µs
Tabelle 2.1.6 Wiederholrate des D/A-Wandlers		

Aus dem Ergebnis können wir beispielsweise die maximal mögliche Frequenz eines Sinussignals aus 50 Werten für eine Periode berechnen: mit einer Update-Rate von 60 µs erhalten wir eine Frequenz von etwa 2 kHz. Der Schaltungsaufbau mit dem seriellen D/A-Wandler MAX539 eignet sich also durchaus für experi-mentelle Anwendungen in der Akustik (vgl. Kapitel 5.4).

2.1.4 Aufgabe: Entwicklung der Unit ADT

Am Ende des Kapitels über die Entwicklung eines Analog-Digital-Timer-Interfaces am EP-Port fassen wir die Software der einzelnen Funktionen in einer Unit ADT zusammen. Die Quelltexte wurden in den einzelnen Aufgabenstellungen bereits besprochen und müssen nachträglich in den Implementationsteil der Unit aufgenommen werden. Mit Ausnahme der Initialisierung des EP-Ports werden alle Funktionen und Prozeduren im Interfaceteil der Unit als öffentlich deklariert.

Aufgabenstellung:

Entwickeln Sie ein Unit ADT für die Funktionen des ADT-Interfaces: Initialisie-rung des EP-Ports, A/D-D/A-Wandlung, Vorverstärkung und Digitalport.

Aufgabenlösung:

Die Struktur der Unit ADT erstellen wir entsprechend der TURBO PASCAL 7.0-
Vorgaben und beginnen mit den öffentlichen Deklarationen im Interfaceteil. Zunächst stellen wir die Aufrufe der öffentlichen Funktionen und Prozeduren zusammen. Darauf folgen globale Variablen für die Adressen der EP-Port-Register.

```
unit ADT;                          {Funktionen des ADT-Interfaces}

interface                     {Interface für aufrufende Programme}

procedure SETGAIN(gain:Byte);      {A/D-Verstärkung 1,2,4,8}
function  READAD:word;              {A/D-Wandler auslesen}
function  READD:byte;               {Digitalwert einlesen}
procedure WRITED(state:byte);       {Digitalwert ausgeben}
procedure WRITEDA(value:word);        {D/A-Wert ausgeben}

var
  EPP_D:integer;                     {Adresse Datenregister}
  EPP_S:integer;                     {Adresse Statusregister}
  EPP_C:integer;                  {Adresse Kontrollregister}
```

Im nichtöffentlichen Implementationsteil der Unit ADT werden die Funktionen
und Prozeduren explizit definiert.

```
implementation          {Nichtöffentlicher Implementationsteil}

{Quelltext einfügen: procedure INITEPP   (s.S. 19)}
{Quelltext einfügen: procedure SETGAIN   (s.S. 20)}
{Quelltext einfügen: function  READAD    (s.S. 21)}
{Quelltext einfügen: function  READD     (s.S. 24)}
{Quelltext einfügen: procedure WRITED    (s.S. 24)}
{Quelltext einfügen: procedure WRITEDA   (s.S. 26)}
```

Eine Unit kann genau wie ein Programm einen Hauptteil mit ausführbaren Befehlen besitzen. Die Aufrufe erfolgen dann automatisch durch das Einbinden der
Unit in ein Programm oder eine andere Unit.

```
begin
  INITEPP;            {Adressen der EP-Port-Register bestimmen}
  SETGAIN(1);       {Verstärkung auf den Faktor 1 voreinstellen}
end.
```

Listing 2.1.7   Unit ADT mit den Funktionen des ADT-Interfaces

In unserem Fall nehmen wir die Initialisierung des EP-Ports und die Voreinstellung der Verstärkung innerhalb der Unit vor.

2.2 Kraftmessung mit Dehnungsmeßstreifen

Dehnungsmeßstreifen (DMS) werden in vielen Bereichen aus Industrie und Forschung zur experimentellen Spannungsanalyse und zum Meßwertaufnehmerbau eingesetzt. Durch die Entwicklung verschiedener Formen der Meßstreifen ist das Messen von Kräften, Drehmomenten, Drücken und Dehnungen möglich. Da moderne DMS-Folien [HOT87] sehr klein und nahezu masselos sind, eignen sie sich hervorragend für Messungen an im Betrieb befindlichen Objekten. Wichtige Einsatzbereiche sind die Verifizierung von statischen und dynamischen Berechnungen sowie die Untersuchung von mechanischen Beanspruchungen an nicht oder unzureichend berechenbaren Bauteilen.

Die grundlegenden Voraussetzungen für die DMS-Meßtechnik wurden bereits vor mehr als 120 Jahren von den englischen Wissenschaftlern WHEATSTONE und THOMSON geschaffen. THOMSON entdeckte, daß sich der Widerstand eines Leiters in Abhängigkeit von der mechanischen Dehnung ändert. Mit der von WHEATSTONE erfundenen Brückenschaltung zur Messung von kleinen Widerständen konnte THOMSON einen ersten Versuchsaufbau zur Messung von Kräften über die Dehnung eines Leiters aus Konstantan realisieren. Die ersten technisch einsatzfähigen Dehnungsmeßstreifen wurden um 1930 von RUGE [HOF76] aus einem auf einen Papierträger geleimten mäanderförmigen Draht hergestellt. Heutzutage sind DMS-Typen für die verschiedensten Applikationen im Handel erhältlich; unterteilt in Standard-, Sonder- und Spezial-DMS können viele Aufgabenstellungen bis hin zu Hochtemperatur- und Unterwassermessungen gelöst werden.

2.2.1 Aufgabe: DMS-Kraftmeßsensor am ADT-Interface

Dehnungsmeßstreifen sind widerstandsändernde Sonden, die auf die Dehnung einer Applikationsfläche reagieren. Zur Messung von Kräften mit Dehnungsmeßstreifen wird in der Regel eine Anordnung [KEI78] benötigt, die die Wirkung der Kraft in eine Dehnung umsetzt.

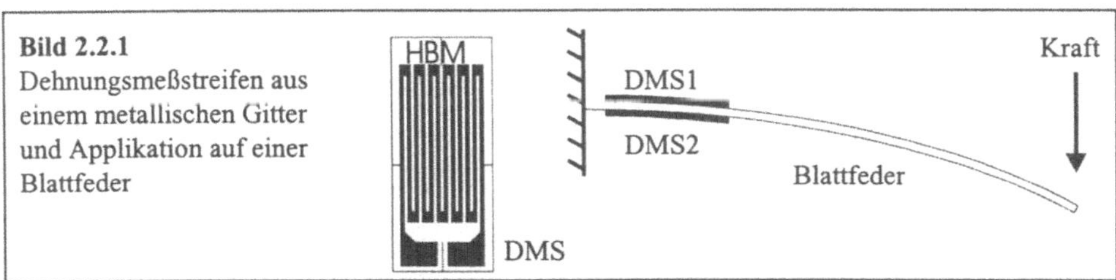

Bild 2.2.1
Dehnungsmeßstreifen aus einem metallischen Gitter und Applikation auf einer Blattfeder

In der DMS-Meßtechnik werden häufig Blattfedern verschiedener Ausführung als

Kraft-Dehnungs-Wandler eingesetzt. Grundtypen sind die einfache Blattfeder konstanter Breite und die Doppelfeder aus zwei parallel verbundenen Federn [ORT82]. Wir entwickeln einen Kraftsensor wie in Bild 2.2.1, bestehend aus einer Blattfeder mit zwei gegenüberliegenden Dehnungsmeßstreifen. Auf die Weise lassen sich temperaturbedingte Dehnungen der Feder mit einer Halbbrückenschaltung kompensieren.

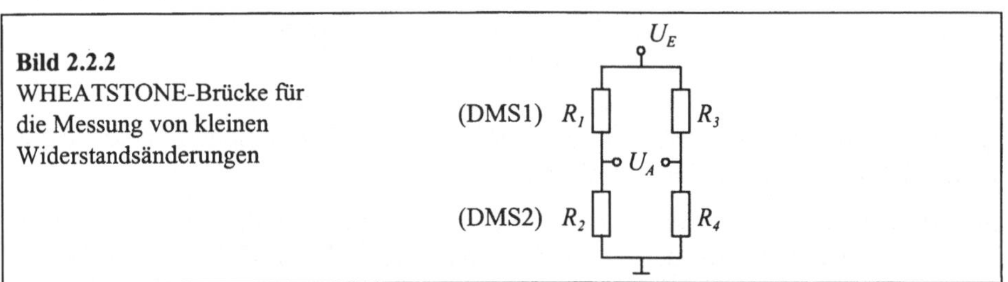

Bild 2.2.2
WHEATSTONE-Brücke für
die Messung von kleinen
Widerstandsänderungen

Die WHEATSTONE-Brücke wird allgemein mit der Formel

$$\frac{U_A}{U_E} = \frac{R_1}{R_1 + R_2} - \frac{R_4}{R_3 + R_4} \tag{2.2.1}$$

beschrieben. Werden die Nennwerte aller Widerstände gleich groß gewählt, so läßt sich für die Halbbrückenschaltung bei kleinen Widerstandsänderungen aus Gl. (2.2.1) die Beziehung

$$\frac{U_A}{U_E} = \frac{1}{4}\left[\frac{\Delta R_1}{R} - \frac{\Delta R_2}{R}\right] \tag{2.2.2}$$

herleiten. In Gl. (2.2.2) sind ΔR_1 und ΔR_2 die durch eine Dehnung der Meßstreifen verursachten Widerstandsänderungen, und R ist der Nennwert aller Brückenwiderstände. Durch die spezielle Anordnung der DMS auf der Blattfeder erreichen wir neben der Temperaturkompensierung eine Signalverdopplung, da sich bei Belastung die gegenüberliegenden Widerstände mit gleichen Beträgen ΔR und ungleichem Vorzeichen ändern [HOF86]:

$$\Delta R_1 = -\Delta R_2 \equiv \Delta R. \tag{2.2.3}$$

Die Bestimmungsgleichung für die Ausgangsspannung der Meßbrücke bei Belastung der DMS lautet dann:

$$\frac{U_A}{U_E} = \frac{1}{2}\frac{\Delta R}{R}. \tag{2.2.4}$$

Bei den von uns verwendeten Folien-DMS ist die Widerstandsänderung ΔR des Nennwiderstandes R linear proportional zur Dehnung ε, und es gilt

$$\frac{\Delta R}{R} = k\varepsilon \, , \qquad\qquad (2.2.5)$$

so daß wir die Ausgangsspannung der Meßbrücke mit Gl. (2.2.4) auch direkt aus der Dehnung und dem sogenannten k-Faktor, der die Empfindlichkeit des DMS beschreibt, berechnen können:

$$\frac{U_A}{U_E} = \frac{k}{2}\varepsilon \, . \qquad\qquad (2.2.6)$$

In der Praxis hängt die Ausgangsspannung von der technischen Ausführung der Blattfeder, den verwendeten Dehnungsmeßstreifen und der Brückenspeisespannung ab. Ein Beispiel mit typischen Werten zeigt die folgende Tabelle.

DMS	Typ 10/120LY11 von Hottinger Baldwin Meßtechnik
Blattfeder	70x10x1,5mm aus Stahl St37
R	220 Ω
k-**Faktor**	2,03
Dehnung	ε=1000µm/m bei 10N Belastung
U_E	5 V
U_A	$\approx$10 mV

Tabelle 2.2.1 Technische Daten eines DMS-Kraftmeßsensors

Um den Kraftmeßsensor für computergestützte Kraftmessungen [BÜL89] einsetzen zu können, ist ein entsprechendes A/D-Interface mit einem Vorverstärker und einem analogen Eingang erforderlich.

Aufgabenstellung:

Entwickeln Sie einen Vorverstärker für den Anschluß eines Kraftmeßsensors mit dem Meßbereich $\pm$20 N an das ADT-Interface, und programmieren Sie eine Funktion KRAFT für das Auslesen des Sensors.

Aufgabenlösung:

Um einen Meßbereich von $\pm$20 N bei einem Eingangsspannungsbereich des ADT-Interfaces von $\pm$10 V zu realisieren, ist nach Tabelle 2.2.1 eine Vorverstärkung um den Faktor 500 notwendig. Neben der Signalverstärkung muß der Vorverstärker das differentielle Ausgangssignal der WHEATSTONE-Brücke in ein massebezogenes Signal wandeln. Für große Verstärkungen von kleinen erdfreien Signalen eignen sich Instrumentenverstärker, wie zum Beispiel der INA101 [BUR81] von BURR BROWN. Die Verstärkung G des INA101 wird mit einem externen Widerstand R_G nach der Formel

$$G = 1 + \frac{40\text{k}\Omega}{R_G} \tag{2.2.7}$$

festgelegt. Wir benötigen also bei G=500 einen Widerstand R_G=80 Ω. Mit Ausnahme der Kondensatoren für die Glättung der Versorgungsspannung werden keine weiteren Bauteile benötigt. Bild 2.2.3 zeigt den Schaltplan des Vorverstärkers mit den Anschlüssen für die Dehnungsmeßstreifen und das ADT-Interface.

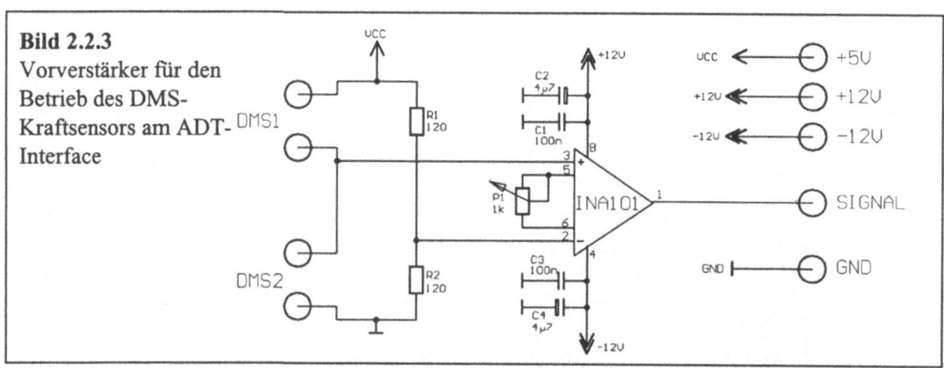

Bild 2.2.3 Vorverstärker für den Betrieb des DMS-Kraftsensors am ADT-Interface

Die folgende Funktion KRAFT berechnet das Ergebnis einer Kraftmessung unmittelbar in der Einheit Newton. Wir binden die Funktion KRAFT nachträglich in die Unit ADT ein.

```
function KRAFT:real;                        {Kraft in Newton}
begin
  SETGAIN(1);                        {Eingangsspannung ±10 V}
  KRAFT:=10*READAD/2048;   {A/D-Wandler auslesen und skalieren}
end;
```

Listing 2.2.1 Auslesen des DMS-Kraftsensors mit dem ADT-Interface

Die Kraft erhalten wir durch Multiplikation des A/D-Wandler-Ergebnisses mit dem Skalierungsfaktor. Bei einem 12-Bit-Ergebnis und ±10 N Meßbereich beträgt die Auflösung der Kraftmessung in unserem Beispiel etwa 5 mN. In der Praxis muß der Einfluß von verschiedenen Störgrößen bei der Auflösung berücksichtigt werden. Beispielsweise neigen Dehnungsmeßstreifen zu einer Abnahme der Dehnung im DMS-Meßgitter (Kriechen) und unterliegen einer Hysterese [HOF78].

Computergestützte Interfaces mit Dehnungsmeßstreifen erlauben die Durchführung einer Vielzahl interessanter physikalischer Experimente. Neben reinen Kraftmessungen [BÜL89] lassen sich auch Experimente aus der Kinematik und Mechanik mit dem als „Experimentierbahn Hösbach" [HÖH87a] [HÖH87b] bekannten Bewegungsmeßwandler durchführen.

3 Programmierwerkzeuge

Bei der Bearbeitung physikalischer Fragestellungen mit dem Computer werden einige funktionelle Bestandteile von Programmen häufig benötigt. Wir fassen im Kapitel Programmierwerkzeuge diese Programmsequenzen als Standardprozeduren zusammen und rufen diese später als externe Prozeduren auf. Dadurch verringert sich der Umfang der Quelltexte erheblich, und die Lesbarkeit wird verbessert. Im einzelnen beziehen wir uns dabei auf die Initialisierung der Grafik, die Darstellung von Achsensystemen sowie die elementare Meßwertaufnahme und Meßwertausgabe. Weiterhin beschäftigen wir uns mit der Programmierung des PC-internen Zählerbausteins für Zeitmessungen und mit der Maus als Markierungshilfsmittel bei der Auswertung von Grafiken.

3.1 Grafikprogrammierung

Die TURBO PASCAL 7.0-Entwicklungsumgebung enthält ein komplettes Grafikpaket mit mehr als 50 Funktionen und Prozeduren. Wir werden für die grafische Darstellung physikalischer Themenstellungen jedoch nur wenige dieser Möglichkeiten nutzen und uns im wesentlichen auf das Zeichnen von Linien und die Ausgabe von Texten beschränken. Um die Grafikbefehle von TURBO PASCAL in einem Programm verwenden zu können, muß der Quelltext im Kopf den Aufruf der Grafikbibliothek GRAPH enthalten:

```
program MeinProgramm;                    {Programmdeklaration}
uses        {Aufruf externer Bibliotheken mit dem uses-Befehl}
  GRAPH;                     {Aufruf der Grafikbibliothek GRAPH}
```

Listing 3.1.1   Aufruf der Grafikbibliothek in einem Programm

In der Grafikbibliothek sind neben den Grafikbefehlen auch Funktionen für den Aufruf von Treiberprogrammen diverser Videoadapter enthalten. Wir verwenden den Standard-VGA-Modus mit einer Bildschirmauflösung von 640x480 Punkten. Die Videotreiber befinden sich in separaten BGI-Dateien und müssen normalerweise während des Programmlaufes bereitstehen. Um in dem Zusammenhang Probleme mit dem Auffinden der BGI-Dateien zu vermeiden, gibt es auch die Möglichkeit, die Dateien an die Programme zu binden.

3.1.1 Aufgabe: Aktivierung der VGA-Grafik

In dieser Aufgabe wollen wir die VGA-Grafik aktivieren und den Linker der TURBO PASCAL-Entwicklungsumgebung anweisen, die BGI-Datei für die

VGA-Grafik in ein Programm mit aufzunehmen. Weiterhin benötigen wir eine Prozedur, die auf Tastendruck den Grafikmodus verläßt.

Aufgabenstellung:

Konvertieren Sie zunächst die BGI-Treiber-Datei EGAVGA.BGI mit dem TURBO PASCAL-Hilfsprogramm BINOBJ.EXE in eine Objektdatei EGAVGA.OBJ, und weisen Sie den Prozedurnamen EGAVGADRIVERPROC zu. Binden Sie mit dem Compilerbefehl {$L} die Objektdatei an die Programmsequenz. Schreiben Sie jetzt eine Prozedur STARTVGA für die Aktivierung des VGA-Grafikmodus. Um zu verhindern, daß Ihre Prozedur beim Aufruf die BGI-Datei auf der Festplatte sucht, müssen Sie die Objektdatei mit dem Prozedurnamen registrieren lassen. Entwerfen Sie auch eine kurze Prozedur ENDEVGA, die nach Tastendruck in den Textmodus zurückkehrt.

Aufgabenlösung:

Im TURBO PASCAL-Unterverzeichnis \BIN befindet sich das Programm BINOBJ.EXE zur Konvertierung von Binärdateien in Objektdateien. Die DOS-Kommandozeile

```
BINOBJ EGAVGA.BIN EGAVGA.OBJ EGAVGADriverProc
```

übersetzt die Datei EGAVGA.BIN in die Datei EGAVGA.OBJ mit dem internen Prozedurnamen EGAVGADRIVERPROC. Diese Datei kopieren wir in den Arbeitspfad für unsere Programme und fahren mit der Entwicklung der Prozedur STARTVGA fort. Um den VGA-Treiber mit dem Compilerbefehl {$L} an ein Programm linken zu können, deklarieren wir die zugehörige Prozedur als externes Unterprogramm (ohne diesen Aufruf ist die Prozedur STARTVGA nicht ausführbar).

```
procedure EGAVGADriverProc; external; {Externes Unterprogramm}
{$L EGAVGA.OBJ}          {Objektfile zum externen Unterprogramm}
```

In der Prozedur STARTVGA wird die mit dem Treiber verbundene Prozedur zunächst registriert, indem die Adresse der Prozedur (@-Operator) mit der Anweisung REGISTERBGIDRIVER in eine interne Liste eingetragen wird [BOR92b]. Anschließend erfolgt mit DETECTGRAPH eine Überprüfung der Grafikkarte auf VGA-Kompatibilität und eine Zuweisung der Standardmodi an die Variablen GRAPHDR und GRAPHMO. Mit dem Befehl INITGRAPH wird dann der Standardmodus VGA 640x480 aktiviert.

```
procedure STARTVGA;              {VGA 640x480 initialisieren}
var
  i:integer;                           {dummy-Variable}
```

```
   GraphDr,GraphMo:integer;                  {Modi der Grafiktreiber}
begin
   i:=RegisterBGIdriver(@EGAVGADriverProc);      {Registrierung}
   DetectGraph(GraphDr,GraphMo);              {Standard VGA 640x480}
   InitGraph(GraphDr,GraphMo,'');             {Grafik initialisieren}
end;
```

Listing 3.1.2   Aktivierung der VGA-Grafik mit 640x480 Bildpunkten

Mit der folgenden Prozedur ENDEVGA kehren wir nach Betätigen der Eingabetaste in den Textmodus zurück:

```
procedure ENDEVGA;                              {VGA beenden}
begin
   readln;                                      {auf CR warten}
   CloseGraph;                              {Grafikmodus beenden}
end;
```

Listing 3.1.3   Rückkehr in den Textmodus

Im Verlauf der Grafikaktivierung werden von TURBO PASCAL eine Reihe von
möglichen Fehlern erkannt und für eine Bearbeitung an das aufrufende Programm
zurückgegeben. Wir haben im Hinblick auf eine bessere Übersichtlichkeit auf die
Fehlerbehandlung verzichtet.

3.1.2 Aufgabe: Einfache Achsensysteme

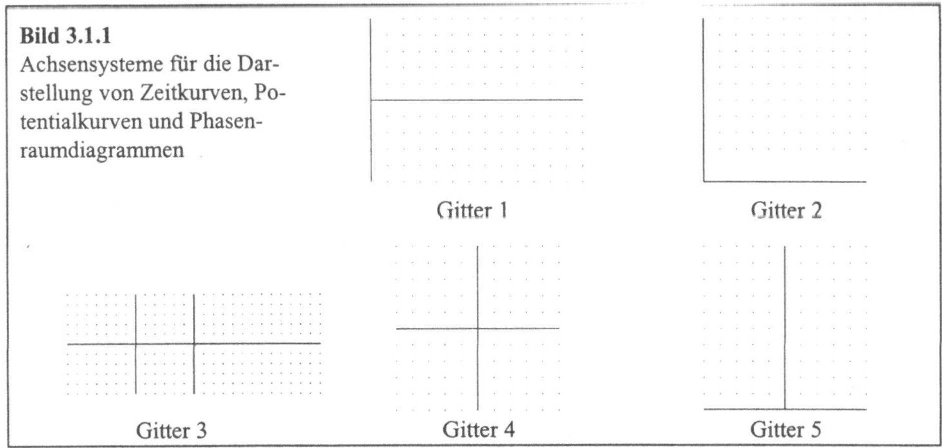

Bild 3.1.1
Achsensysteme für die Darstellung von Zeitkurven, Potentialkurven und Phasenraumdiagrammen

Für die grafische Darstellung physikalischer Ergebnisse benötigen wir die in Bild
3.1.1 dargestellten Achsensysteme mit den folgenden typischen Anwendungen:
Zeitdiagramme (Gitter 1 und Gitter 2), Zeitdiagramme mit variablen Markierungen für FOURIER-Perioden (Gitter 3), Phasenraumdiagramme oder kreisförmige

Bewegungen (Gitter 4) und Potentialdiagramme (Gitter 5). Um die Übersichtlichkeit der Achsensysteme zu verbessern, zeichnen wir jeweils auch ein Punktgitter in die Grafiken ein.

Aufgabenstellung:

Schreiben Sie jeweils eine kurze Prozedur für die Darstellung der in Bild 3.1.1 aufgeführten Achsensysteme.

Aufgabenlösung:

Alle von uns verwendeten Standardachsensysteme rufen dasselbe Punktgitter als externe Prozedur PGITTER auf. Diese Prozedur wird genau wie später alle weiteren vordefinierten Standardprozeduren als externer Quellcode mit dem Compilerbefehl {$I} in aufrufende Programme oder Prozeduren eingebunden. PGITTER basiert auf zwei verschachtelten REPEAT-Schleifen, in denen mit dem Befehl PUTPIXEL jeweils horizontale und vertikale Punkte festen Abstands gesetzt werden.

```
procedure PGITTER(x1,x2,y1,y2,d:integer);      {Punktgitter dxd}
var
  x,y:integer;                                  {Ortskoordinaten}
begin
  x:=x1;                                 {Anfangswert Punktgitter}
  repeat                                 {Horizontale abarbeiten}
    y:=y1;                               {Anfangswert Punktgitter}
    repeat                                  {Vertikale abarbeiten
      PutPixel(x,y,white);                        {Punkt setzen}
      y:=y+d;                                   {Schritt vertikal}
    until y>y2;                               {Ende vertikal}
    x:=x+d;                                 {Schritt horizontal}
  until x>x2;                                 {Ende horizontal}
end;
```

Listing 3.1.4   Punktgitter für Achsensysteme

Für die Ausgabe von Funktionen in der Zeitdarstellung benötigen wir eine Ordinate am linken Bildrand und eine Abszisse in der Bildmitte (bipolare Meßwertaufnahmen) oder am unteren Bildrand (unipolare Meßwertaufnahmen):

```
procedure GITTER1;                                 {Zeitdarstellung}
{$I PGITTER}       {Prozedur einbinden:  PGITTER.PAS (s.S. 36)}
begin
  line(0,240,639,240);                      {Abszisse in Bildmitte}
  line(0,0,0,479);                     {Ordinate am linken Bildrand}
  PUNKTGITTER(40,639,40,479,40);       {Punktgitter 40x40 Pixel}
end;
```

Listing 3.1.5   Achsensystem für Zeitdarstellungen in zwei Quadranten

```
procedure GITTER2;                        {Zeitdarstellung}
{$I PGITTER}        {Prozedur einbinden:  PGITTER.PAS (s.S. 36)}
begin
   line(0,479,479,479);           {Abszisse am unteren Bildrand}
   line(0,0,0,479);               {Ordinate am linken Bildrand}
   PUNKTGITTER(40,480,0,479,40);      {Punktgitter 40x40 Pixel}
end;
```

Listing 3.1.6   Achsensystem für Zeitdarstellungen in einem Quadrant

Für die Zeitfunktionen bei der FOURIER-Transformation verwenden wir ein schmales Gitter (200 Pixel) mit vertikalen Linien an den Grenzen der FOURIER-Periode.

```
procedure GITTER3(t1,t2:integer);          {Zeitdarstellung}
{$I PGITTER}        {Prozedur einbinden:  PGITTER.PAS (s.S. 36)}
begin
   line(0,100,639,100);            {Abszisse in Streifenmitte}
   line(t1,0,t1,200);              {Grenze der FOURIER-Periode}
   line(t2,0,t2,200);              {Grenze der FOURIER-Periode}
   PUNKTGITTER(40,639,0,200,40);      {Punktgitter 40x40 Pixel}
end;
```

Listing 3.1.7   Achsensystem für Zeitdarstellungen bei der FOURIER-Transformation

Das Achsensystem für Phasenraumdiagramme und Kreisbewegungen ist quadratisch und enthält ein Achsenkreuz in Bildmitte:

```
procedure GITTER4;                      {Phasenraumdiagramme}
{$I PGITTER}         {Prozedur einbinden:  PGITTER.PAS (s.S. 36)}
begin
   line(120,240,520,240);             {Abszisse in Bildmitte}
   line(320,0,320,479);               {Ordinate in Bildmitte}
   PUNKTGITTER(120,520,40,479,40);    {Punktgitter 40x40 Pixel}
end;
```

Listing 3.1.8   Achsensystem für Phasenraumdiagramme und Kreisbewegungen

Potentialkurven von Oszillatoren zeichnen wir in ein Diagramm mit einer Ordinate in Bildmitte und einer Abszisse am unteren Bildrand.

```
procedure GITTER5;                         {Potentialkurven}
{$I PGITTER}        {Prozedur einbinden:  PGITTER.PAS (s.S. 36)}
begin
   line(40,479,600,479);          {Abszisse am unteren Bildrand}
   line(320,0,320,479);               {Ordinate in Bildmitte}
   PUNKTGITTER(40,639,0,479,40);      {Punktgitter 40x40 Pixel}
end;
```

Listing 3.1.9   Achsensystem für Potentialdarstellungen

3.2 Aktivierung von Mausfunktionen

Für die Auswertung von computergestützten physikalischen Experimenten und Simulationen ist es oftmals notwendig, die Koordinaten von bestimmten Punkten in einer Grafik zu vermessen. Als Beispiele seien hier die Festlegung der Grenzen einer FOURIER-Periode oder die Bestimmung des Abklingkoeffizienten einer gedämpften Schwingung mit Hilfe zweier Funktionswerte genannt. Wir verwenden für die Vermessung von Grafiken eine spezielle Maussteuerung, die vom Programmierkonzept her ein besonders einfaches Verfahren darstellt.

Als Schnittstelle zwischen einem Programm und der Maus dient ein sogenannter Maustreiber. Die Funktionsweise von Maustreibern wurde im Jahre 1983 von MICROSOFT definiert und seitdem kontinuierlich weiterentwickelt. Heute wird das MICROSOFT Maus-API [TIS94] von Herstellern vieler Mäuse als Standard akzeptiert. Um die Maus mit selbstentwickelten Prozeduren ansprechen zu können, müssen wir uns daher mit einigen Funktionen des Maus-API vertraut machen. Die einzelnen Mausfunktionen (53 in der Version 8.0) werden über den Interrupt mit der Nummer 33H und den Registersatz des PC angesprochen. Das AX-Register enthält dabei immer die gewünschte Funktionsnummer, die weiteren Register dienen optional zur Übergabe und Rückgabe von Parametern. In der folgenden Aufgabenstellung beschreiben wir die für unsere Anwendungen erforderliche Behandlung der Mausbewegung und der Maustasten.

3.2.1 Aufgabe: Mausbewegung und Tastenstatus

Wir verwenden für die Ermittlung der Mauskoordinaten und des Tastenstatus drei Funktionen: die Resetfunktion des Maustreibers, eine Funktion, die erkennt, ob eine Maustaste losgelassen wurde, und eine weitere Funktion zur Abfrage der Mausposition und der Maustasten. Um eine Grafik auf dem Bildschirm mit der Maus vermessen zu können, benötigen wir eine Prozedur, die ein Fadenkreuz bewegt und auf Tastendruck die aktuellen Koordinaten an das aufrufende Programm zurückgibt. Die Prozedur muß zudem in der Lage sein, Mehrfacherkennungen eines Tastendruckes zu ignorieren.

Aufgabenstellung:

Entwerfen Sie auf der Grundlage des MICROSOFT Maus-API eine Prozedur MAUS, die ein Fadenkreuz an der Mausposition abbildet und nach Betätigen der Eingabetaste die aktuelle Mausposition als Parameter an ein Programm zurückgibt. Das Fadenkreuz muß dabei so mit dem Hintergrundbild kombiniert werden, daß der vorhandene Bildinhalt von einer Bewegung des Fadenkreuzes nicht beeinflußt wird (XOR-Verknüpfung).

Aufgabenlösung:

Im Kopf der Prozedur MAUS übergeben wir die Mausposition zum Zeitpunkt des Tastendrucks als variable Parameter zur weiteren Verarbeitung durch das aufrufende Programm.

```
procedure MAUS(var x,y:integer);      {Mausposition bei RETURN}
```

Anschließend definieren wir eine Variable mit einem speziellen vordefinierten Typen für den Registersatz des PC. Diese Deklaration erfordert das Einbinden des Units DOS mit dem Befehl USES im Hauptprogramm.

```
var
   register:registers;        {CPU-Register (erfordert uses DOS)}
```

Nun fahren wir mit einer lokalen Prozedur für die Erzeugung eines Fadenkreuzes an der Mausposition fort. Der Prozedurkopf enthält zwei Positionsangaben: die Koordinaten des letzten gezeichneten Fadenkreuzes und die Koordinaten des neu zu zeichnenden. Das ist notwendig, da das alte Fadenkreuz in dem von uns gewählten Zeichenmodus (s.u.) durch zweimaliges Zeichnen entfernt wird. Nach der Ausgabe wird die vorige Positionsangabe mit der aktuellen überschrieben (die alte Position wurde als variabler Parameter deklariert).

```
procedure FADENKREUZ(var a,b:integer;      {Position Fadenkreuz}
                         x,y:integer);          {neue Position}
begin
  if (x<>a) or (y<>b) then                  {Maus wurde bewegt}
    begin
      line(a-7,b,a-2,b); line(a+2,b,a+7,b);   {altes Fadenkreuz}
      line(a,b-7,a,b-2); line(a,b+2,a,b+7);        {entfernen}
      line(x-7,y,x-2,y); line(x+2,y,x+7,y);   {neues Fadenkreuz}
      line(x,y-7,x,y-2); line(x,y+2,x,y+7);         {zeichnen}
      a:=x; b:=y;                     {alte Koordinaten neu setzen}
    end;
end;
```

Listing 3.2.1 Mauscursor in Form eines Fadenkreuzes

Der Hauptteil der Prozedur MAUS beginnt mit einem Reset des Maustreibers. Dafür wird das AX-Register mit der Funktionsnummer 0 geladen und der Interrupt 33I ausgeführt. Wir plazieren die Anfangsposition des Fadenkreuzes außerhalb des Bildschirms, um die erste nicht löschbare Ausgabe zu unterdrücken.

```
begin
   register.AX := 0;                           {Maus Reset}
   intr($33,register);                      {Reset ausführen}
   x:=-10;               {Anfangswert außerhalb des Bildbereichs}
```

Unter TURBO PASCAL können wir zwischen verschiedenen Modi wählen, mit
denen ein grafisches Objekt mit dem Hintergrund verknüpft wird. Eine elegante
Möglichkeit für die Erzeugung von bewegten Objekten ist die XOR-Verknüpfung:
wird ein Objekt zweimal auf derselben Position gezeichnet, so verschwindet es
vom Bildschirm, ohne den vorigen Hintergrund zu beeinflussen.

```
SetWriteMode(XORput);              {Zeichenmodus XOR-Verknüpfung}
```

Für die Bewegung des Fadenkreuzes definieren wir eine Schleife, die erst nach
Betätigen der Eingabetaste verlassen wird. Innerhalb der Schleife wird mit der
Funktionsnummer 3 kontinuierlich die Mausposition abgefragt und im Falle einer
Bewegung ein neues Fadenkreuz gezeichnet. Der Interrupt gibt die aktuellen Ko-
ordinaten in den Registern CX und DX zurück. Register BX enthält die Information
über den Tastenstatus: ein Druck auf die Eingabetaste aktiviert Bit 0.

```
repeat                  {Maus bewegen bis Return gedrückt wurde}
   register.AX := 3;          {Funktion Cursor und Tastenstatus}
   intr($33,register);                    {Funktion ausführen}
   FADENKREUZ(x,y,register.CX,register.DX);         {Fadenkreuz}
until (register.BX and 1)=1;      {Ende nach Druck auf Return}
```

Nachdem unsere Prozedur die Mausposition ermittelt hat, versetzen wir den Zeichenmodus wieder in die Grundeinstellung und geben ein akustisches Signal aus.

```
SetWriteMode(NormalPut);      {Zurück in den Überschreibmodus}
write(#7);      {Signalton als Bestätigung des Tastendruckes}
```

Wird die Prozedur MAUS mehrfach nacheinander aufgerufen, so bricht eine Betä-
tigung der Maustaste aufgrund der relativ langen Druckdauer mehrere Prozeduraufrufe ab. Um diesen ungewollten Effekt zu vermeiden, wird die Prozedur
erst verlassen, nachdem die Maustaste wieder losgelassen wurde. Für die Abfrage
des Tastenstatus rufen wir die Funktion Nummer 6 auf und warten, bis Bit 0 des
AX-Registers rückgesetzt wurde.

```
repeat          {warten bis linke Maustaste losgelassen wurde}
   register.AX := 6;                      {Funktion Tastenstatus}
   register.BX := 0;                      {linke Taste abfragen}
   intr($33,register);                    {Funktion ausführen}
until (register.AX and 1) = 0;            {Taste losgelassen}
end;
```

Listing 3.2.2 Mausbewegung und Status der Eingabetaste

Das nachfolgenden Listing 3.2.3 zeigt exemplarisch die Verwendung der Prozedur
MAUS in einem Programm:

```
program MeinProgramm;              {Beispiel für ein Mausprogramm}
uses
   GRAPH,                              {TURBO PASCAL Grafik-Befehle}
   DOS;                            {TURBO PASCAL DOS-Schnittstelle}

{$I STARTVGA}      {Prozedur einbinden: STARTVGA.PAS (s.S. 34)}
{$I ENDEVGA}       {Prozedur einbinden:  ENDEVGA.PAS (s.S. 35)}
{$I MAUS}          {Prozedur einbinden:     MAUS.PAS (s.S. 39)}

var
   x,y:integer;                                  {Mauskoordinaten}
begin
   STARTVGA;                           {VGA-Grafik initialisieren}
   MAUS(x,y);             {Mausbewegung und Koordinatenrückgabe}
   ENDEVGA;               {Grafikmodus nach Tastendruck beenden}
end.
```

Listing 3.2.3 Beispielprogramm für Mausanwendungen

3.3 Zeitmessungen mit dem PC-Timer

Die quantitative Analyse von zeitaufgelösten Messungen oder die zeitliche Erfassung von Ereignissen erfordert genaue Kenntnisse über deren zeitlichen Verlauf. Wir wollen in zwei Aufgabenstellungen die Programmierung des PC-Timers für meßtechnische Anwendungen vorstellen. Zunächst beginnen wir mit einer einfachen Methode der Abtastratenbestimmung bei computergestützten Messungen analoger Signale. Anschließend beschäftigen wir uns mit einer Zeitmeßprozedur zur Detektion von Flankenwechseln am digitalen Port des ADT-Interfaces.

3.3.1 Aufgabe: Bestimmung der Abtastrate mit dem PC-Timer

In der digitalen Meßtechnik ist die Abtastrate die bestimmende Größe für die zeitliche Zuordnung von diskreten Meßwerten. Wir benötigen daher für die Meßwertaufnahmen eine Uhr, die in der Lage ist, während einer Messung die Abtastzeit für einen Meßpunkt mit möglichst großer Präzision zu erfassen. Die Uhr sollte dabei die zeitliche Entwicklung der Messung nicht beeinflussen, in der Sprache der Datenverarbeitung benötigen wir also ein echtes Parallelprozessing von Uhr und Meßwertaufnahme.

Der PC verfügt über einen internen Zeitgeberbaustein [STI88], der unabhängig vom Betrieb des CPU-Prozessors arbeitet. Drei Kanäle stehen im sogenannten PC-Timer zur Verfügung: Timer 0 generiert den Systemtakt, Timer 1 liefert bei den ursprünglichen PC-Designs das Zeitmaß für den Refresh der dynamischen Speicherbausteine, und Timer 2 steuert den internen Lautsprecher an. Da wir während einer Meßwertaufnahme keine Lautsprecherfunktionen benötigen, liegt es nahe, den Timer 2 für die Bestimmung der Meßdauer zu programmieren. Zunächst prüfen wir, ob die nachfolgend zusammengestellten technischen Daten des Zeitgeberbausteins eine Verwendung für unsere Zwecke zulassen.

Zählertiefe	16 Bit oder 65536 Zählschritte
Zählerfrequenz	1,193182 MHz
Zähldauer	54,9 ms für einen Durchlauf
Auflösung	838 ns für einen Zählschritt

Tabelle 3.3.1   Leistungsdaten des PC-Timers 2

Für die praktische Durchführung der Abtastratenbestimmung werden wir den Timer vor Meßbeginn zurücksetzen und am Ende der Messung den Zählerstand auswerten. Dabei ist es im Hinblick auf einen möglichst geringen Programmieraufwand sinnvoll, die Gesamtmeßdauer auf einen vollen Timerdurchlauf zu beschränken und keine Überläufe des Timers auszuwerten. Bei einer Meßwerteanzahl von 640 ergibt sich daraus eine untere Beschränkung der Abtastrate. Die obere Beschränkung der Abtastrate folgt aus der zeitlichen Auflösung des Timers: während der gesamten Meßwertaufnahme muß der Zähler in Abhängigkeit von der erwarteten Genauigkeit der Zeitmessung mindestens einige Schritte weitergezählt haben. Wir erhalten folgende Grenzen für die Abtastraten:

Min. Abtastrate	11652Hz
Max. Abtastrate	1,193182 MHz bei einem Schritt pro Wert

Tabelle 3.3.2   Grenzen für die Abtastraten

Die höchste Abtastrate der Meßwertaufnahme wird aber nicht durch die Zählrate des Timers beschränkt, sondern durch den Analog-Digital-Wandler des Meßsystems. Wir verwenden im ADT-Interface einen Wandler mit einer Abtastrate von über 50 kHz. Aus der Sicht des Experimentators sind Abtastraten von 11 kHz bis 50 kHz für die Aufnahme einer Vielzahl physikalischer Experimente sehr gut geeignet. Daraus ergibt sich unter Berücksichtigung des SHANNONschen Abtasttheorems (vgl. Kapitel 4.5.7) eine theoretische Beschränkung der Signalfrequenz auf 25 kHz, dieser Wert liegt weit über den Anforderungen der von uns durchgeführten Experimente.

Die Programmierung des PC-Timers erfordert tiefergehende Kenntnisse [WIL85] über den Zählerbaustein 8253 und die Freigabe des Timer 2 mit dem internen Portbaustein. Für die Kommunikation mit dem Timer 2 stellt der Baustein 8253 zwei 8-Bit-Register zur Verfügung: ein Zwischenregister für das Beschreiben und Auslesen des Zählerstandes (Adresse 42H) und ein Steuerwortregister für die Wahl der Betriebsmodi (Adresse 43H). Der Timer 2 läßt sich mit Bit 0 von Port B

(Adresse 61H) des internen Portbausteins 8255 verriegeln und freigeben, so daß der Timer unmittelbar vor Meßbeginn kontrolliert gestartet werden kann.

Aufgabenstellung:

Schreiben Sie eine Prozedur INITTI, die den Timer 2 des PC mit dem höchsten Startwert lädt und anschließend für Zeitmessungen freigibt. Lesen Sie mit einer Funktion READTI den Zählerstand aus, und rechnen Sie das Ergebnis in μs um.

Aufgabenlösung:

Da diese Aufgabenstellung ein systemnahes Problem beschreibt, nutzen wir wieder die Möglichkeit von TURBO PASCAL, Quellcodes direkt in Maschinensprache eingeben zu können. Wir beginnen mit der Prozedur INITTI und bereiten den Timer auf die Zeitmessung vor. Da unsere Prozedur keine Hochsprachenaufrufe enthält, versehen wir sie mit der Deklaration ASSEMBLER und fahren mit der Anweisung ASM (anstelle von BEGIN) fort:

```
procedure INITTI;assembler;        {Initialisierung von Timer 2}
  asm
```

Zunächst wollen wir den Timer anhalten, um die Initialisierungen vornehmen zu können. Dafür wird das Bit 0 des internen Ports B mit der entsprechenden Maske zurückgesetzt.

```
mov   dx,$61              {Adresse PC-Port B laden}
in    al,dx                     {Port B auslesen}
and   al,1111110b         {Maske Timer 2 anhalten}
out   dx,al                    {Timer 2 anhalten}
```

Bevor der Startwert an den Zähler übergeben werden kann, wird das Steuerwort entsprechend unserer Anforderungen gebildet und übertragen. Für Informationen über die genaue Zusammensetzung des Steuerwortes verweisen wir auf die Literatur [WIL85], von besonderem Interesse ist nur der Betriebsmodus des Timers: wir verwenden einen Modus, in dem der Timer den Inhalt des Zwischenregisters in das Zählerregister kopiert und seinen Zählerstand fortlaufend mit der Zählerfrequenz dekrementiert.

```
mov   dx,$43             {Adresse Timer-Steuerregister}
mov   al,10110100b          {Timer 2 Steuerwort}
out   dx,al              {Timer 2 Steuerwort ausgeben}
```

Anschließend laden wir das Zwischenregister in zwei Schritten mit dem größtmöglichen Startwert:

```
mov   dx,$42                 {Adresse Zählerregister}
```

```
        mov   al,0ffH                    {Timer 2 Startwert}
        out   dx,al                      {LSB Startwert ausgeben}
        out   dx,al                      {MSB Startwert ausgeben}
```

Nachdem Bit 0 von Port B gesetzt wurde, beginnt der Timer mit dem Zählvorgang. Um den restlichen Inhalt von Port B nicht zu verändern, lesen wir den Port zunächst aus und bilden dann mit einer OR-Verknüpfung die Maske zur Freigabe.

```
        mov   dx,$61                     {Adresse PC-Port B laden}
        in    al,dx                        {Port B auslesen}
        or    al,0000001b               {Maske Timer 2 starten}
        out   dx,al                        {Timer 2 starten}
end;
```

Listing 3.3.1   Initialisierung vom PC-internen Timer 2

Für den Auslesevorgang des Timers und die Berechnung der abgelaufenen Zeit verfassen wir eine Funktion READTI, die nicht als Assembleraufruf deklariert werden kann, da wir eine Variable für die Anzahl der Zählschritte in Hochsprache definieren wollen.

```
function READTI:real;                    {Zeit nach INITTI in µs}
var
   step:word;                            {Timer 2 Zählschritte}
begin
  asm
```

Im Anweisungsteil beginnen wir mit der Übergabe des Steuermodus für das Auslesen des Zählers:

```
        mov   dx,$43                     {Adresse Timer-Steuerregister}
        mov   al,132                     {Timer 2 Modus für Auslesen}
        out   dx,al                        {Modus ausgeben}
```

Der momentane Wert des Zählerregisters wird in zwei Schritten (der PC verfügt nur über 8-Bit Portzugriffe) in das Zwischenregister kopiert. Da der Zähler vom Startwert aus abwärts gezählt hat, verknüpfen wir das Ergebnis mit einem XOR-Befehl, um die abgelaufenen Schritte zu erhalten.

```
        mov   dx,$42                       {Adresse Zählerregister}
        in    al,dx                        {LSB Zählerstand auslesen}
        mov   bl,al               {LSB Zählerstand zwischenspeichern}
        in    al,dx                        {MSB Zählerstand auslesen}
        mov   bh,al               {MSB Zählerstand zwischenspeichern}
        xor   bx,0ffffH                   {Abwärtszählen aufheben}
        mov   step,bx                     {Zählerstand Timer 2}
end;
```

Die abgelaufene Zeit in µs ergibt sich jetzt einfach durch Division der Schrittzahl mit der Zählerfrequenz:

```
READTI := step/1.193180;              {abgelaufene Zeit in µs}
end;
```

Listing 3.3.2   Zeitmessung mit dem PC-internen Timer 2

3.3.2 Aufgabe: Messung von Ereignissen am Digitalport

Bei einer Vielzahl physikalischer Experimente werden Zeitmessungen mit Lichtschranken oder Kontaktschaltern durchgeführt. In der Regel wird dabei nicht nur ein Zeitpunkt gemessen, sondern zwei Ereignisse oder ganze Serien von Ereignissen. Beispielsweise läßt sich beim freien Fall mit zwei Zeitmessungen die Fallzeit bestimmen. Für den Nachweis der Abhängigkeit der Pendelperiode von der Auslenkung ist es sinnvoll, bis zum Stillstand des Pendels eine größere Anzahl von Meßwerten aufzunehmen.

Computergestützte Zeitmessungen [LIN92] lassen sich an einem Interface mit digitalen Eingängen realisieren, indem die Zeitpunkte der Flankenwechsel von einer Software erkannt werden. Für die Bestimmung des zeitlichen Verlaufs der Ereignisse kann dann ein Zeitgeberbaustein eingesetzt werden.

Aufgabenstellung:

Entwerfen Sie eine Prozedur EREIGNIS zur Detektion einer Serie von Ereignissen am digitalen Eingang des ADT-Interfaces, und bestimmen Sie die entsprechenden Zeiten in Sekunden mit Hilfe des PC-Timers.

Aufgabenlösung:

Als unabhängige Zeitbasis dient uns für die Lösung dieser Aufgabe wieder der Timer 2 des PC-Zeitgeberbausteins. Prinzipiell programmieren wir den Timer wie in Aufgabe 3.3.1 und lesen den Zählerstand beim Eintreten eines Flankenwechsels am digitalen Eingang aus. Wir wollen die Meßdauer aber nicht auf einen Zählerdurchlauf beschränken und müssen daher die Überläufe des Zählers erkennen und die Zeitpunkte der Ereignisse aus den jeweiligen Zählerständen und den aktuellen Anzahlen von Überläufen zusammensetzen. Der Zeitgeberbaustein des PC ist leider nicht auf allen Kanälen interruptfähig (Timer 0 löst beim Nulldurchgang einen Interrupt aus, der den PC-Ticker aktualisiert), so daß wir für die Erkennung der Überläufe das Verfahren des Polling anwenden. Dabei lesen wir in einer Schleife kontinuierlich den Zählerstand aus und vergleichen den aktuellen Stand mit dem vorigen. Da der PC-Timer abwärts zählt, hat ein Überlauf genau dann stattgefunden, wenn der aktuelle Wert größer geworden ist, als der Vorgängerwert. Ein ähn-

liches Verfahren wenden wir für die Detektion der Flankenwechsel an: der digitale
Eingang wird innerhalb der Zeitmeßschleife ausgelesen und mit dem vorigen Zustand verglichen. Für die praktische Umsetzung der Zeitmessung benötigen wir
jetzt noch eine Abbruchbedingung, mit der die Zeitmeßschleife und damit auch
die Prozedur EREIGNIS verlassen wird. Es bietet sich dafür an, eine gewünschte
Anzahl von Meßwertaufnahmen als Parameter an die Prozedur zu übergeben. Um
den digitalen Eingang des ADT-Interfaces auslesen zu können, binden wir zunächst die Funktionen des ADT-Interfaces in das aufrufende Programm ein:

```
program MeinProgramm;                        {Programm-Deklaration}
uses                              {Aufruf externer Bibliotheken}
  ADT;             {ADT-Interface-Befehle und Initialisierung}
```

Listing 3.3.3   Aufruf der ADT-Interfacefunktionen in einem Programm

Jetzt beginnen wir mit dem Programmkopf der Prozedur für die Messung von Ereignissen. Mit den Übergabeparametern legen wir die Anzahl von Messungen fest
und definieren ein Array für die Rückgabe der Zeitpunkte. Um die Definition des
Zeitfeldes nicht an einen bestimmten Datentypen binden zu müssen, deklarieren
wir das Feld als sogenannten *offenen Array-Parameter*, bei dem nur der Elementtyp, nicht aber die Anzahl der Elemente festgelegt wird. Offene Arrays können
nur in der Compilereinstellung { $P+ } verwendet werden [BOR92a]. Sie können
die Compilerdirektive direkt im Hauptprogramm aufrufen oder alternativ in der
Entwicklungsumgebung [BOR92c] fest einstellen.

```
procedure EREIGNIS(n:integer;            {Anzahl der Ereignisse}
                var t:array of real); {Rückgabe der Zeiten}
```

Da wir ein internes Array für die Speicherung der Ereignisdaten verwenden, benötigen wir eine Konstante zur Definition der Feldgröße:

```
const
  nmax=50;          {Maximale Anzahl von Ereignissen: nmax<=n}
```

Für den Pollingbetrieb und die Erkennung der Flankenwechsel definieren wir entsprechende Variablen, die jeweils aktuelle Werte und Vorgängerwerte speichern.
Weiterhin benötigen wir einen Schleifenzähler für die spätere Berechnung der
Zeiten und eine Variable zur Indizierung des internen Arrays.

```
var
  i:integer;                              {Schleifenzähler}
  ofl:word;                        {Zähler für Timerüberläufe}
  nev:word;                        {Zähler für Ereignisbuffer}
  tvo:word;                           {Alter Zählerstand}
  tvn:word;                           {Neuer Zählerstand}
```

```
dso:byte;                              {Alter Zustand Digitalport}
dsn:byte;                              {Neuer Zustand Digitalport}
```

Die interne Speicherung der Ereignisdaten verwalten wir mit einem zweidimensionalen Feld, welches die Zählerstände und die Anzahl der Überläufe enthält.

```
buf:array[1..nmax,1..2] of word;        {Daten der Ereignisse}
```

Der Hauptteil der Prozedur EREIGNIS beginnt mit der Initialisierung des Timers analog zur vorigen Aufgabe. Anschließend setzen wir die Variablen auf ihre Anfangswerte und starten den Zähler. Die Interrupts werden während der Zeitmessung gesperrt.

```
begin
   port[$43]:=180;                     {Steuerwort Timer 2}
   port[$42]:=$ff;                     {LSB Startwert Timer 2}
   port[$42]:=$ff;                     {MSB Startwert Timer 2}
   ofl:=0;                        {Zähler für Überläufe rücksetzen}
   nev:=0;                        {Zähler für Ereignisse rücksetzen}
   tvo:=$ffff;                         {Alter Zählerstand}
   dso:=READD;                     {Zustand Digitalport lesen}
   port[$61]:=1;                        {Timer 2 starten}
   inline($fa);                       {Interrupts sperren}
```

Die Meßschleife beginnt mit dem Auslesen des Timers. Dafür wird das entsprechende Steuerwort in das Steuerregister geschrieben, um den aktuellen Zählerstand in das Zwischenregister zu kopieren. Während der Zähler weiterläuft, kopieren wir den Inhalt (16-Bit) mit zwei Portzugriffen (8-Bit) in die Variable für den aktuellen Stand.

```
   repeat                       {Digitalport fortlaufend abfragen}
      port[$43]:=132;              {Steuerwort Timer 2 auslesen}
      tvn:=port[$42];               {LSB Zählerstand auslesen}
      tvn:=tvn+$ff*port[$42];          {Zählerstand Timer 2}
```

Wenn der aktuelle Zählerstand größer ist als der gespeicherte Vorgängerwert, inkrementieren wir den Überlaufzähler. Anschließend aktualisieren wir den alten Zählerstand für den nächsten Schleifendurchlauf.

```
      if tvn>tvo then inc(ofl);            {Überlauf erkannt}
      tvo:=tvn;                  {Alten Zählerstand aktualisieren}
```

Jetzt wird der digitale Eingang abgefragt und ebenfalls mit dem vorigen Zustand verglichen. Im Falle eines Flankenwechsels speichern wir den Zählerstand und den Überlaufzähler in dem internen Array und setzen den Ereigniszähler hoch.

Unabhängig davon wird der Portzustand für den nächsten Durchlauf aktualisiert.

```
dsn:=READD;                    {Aktueller Zustand Digitalport}
if dso<>dsn then    {Flankenwechsel am Digitalport erkannt}
begin
   buf[nev+1,1]:=tvn;                    {Zählerstand sichern}
   buf[nev+1,2]:=ofl;                     {Überläufe sichern}
   inc(nev);                        {Ereigniszähler hochsetzen}
end;
dso:=dsn;                          {Portzustand aktualisieren}
```

Die Abbruchbedingung ist erfüllt, wenn entweder die gewünschte Anzahl von
Ereignissen detektiert wurde, oder das interne Array überläuft. Nachdem die Messung beendet wurde, geben wir die Interrupts wieder frei.

```
until (nev>=n) or (nev>=nmax);           {Abbruchbedingungen}
inline($fb);                             {Interrupts freigeben}
```

Abschließend berechnen wir die Zeitpunkte bezogen auf den Start des Timers mit
Hilfe der Zählerstände, der Überläufe und der Zählerfrequenz und übergeben die
Ergebnisse in der Einheit Sekunde mit dem variablen Feld t an das aufrufende
Programm.

```
for i:=1 to nev do              {Zeiten in Sekunden berechnen}
   t[i]:=(65536-int(buf[i,1])+65536*int(buf[i,2]))/1193180;
end;
```

Listing 3.3.4   Zeitmessungen am Digitalport

Für experimentelle Anwendungen der Prozedur EREIGNIS ist die zeitliche Auflösung von Bedeutung. Diese wird durch die Abarbeitungszeit der Meßschleife
bestimmt und ist damit abhängig von der Rechnerleistung. Wir können die Laufzeit der Meßschleife mit den Unterprogrammen INITTI und READTI aus Aufgabe 3.3.1 messen und erhalten für die erreichbare Auflösung die Werte in der
folgenden Tabelle.

Computer	Takt	Auflösung
AMD486DX4	100MHz	12µs
PC AMDK5	100MHz	9µs
PC Pentium MMX	160MHz	8µs
Tabelle 3.3.3 Auflösung bei Zeitmessungen		

Um Überschneidungen der Timeraufrufe zu vermeiden, haben wir für diese Messungen innerhalb der Zeitmeßschleife alle Portzugriffe auf eine nicht verwendete
Adresse ($100) umgelenkt. Die von uns gemessene Auflösung ist zwar bedingt

durch das Pollingverfahren mit einem Jitter versehen, aber dennoch bemerkenswert hoch. Zum Vergleich: ein interruptgesteuertes 80C517 Mikrocontroller-Zeitmeßinterface [BER94] erreicht Auflösungen von etwa 63 µs.

3.4 Meßwertaufnahme und -ausgabe

In der experimentellen Physik verwenden wir eine Vielzahl von Sensoren, die physikalische Größen in analoge elektrische Signale umwandeln. Diese Signale werden für die Weiterverarbeitung mit dem Computer zunächst verstärkt und anschließend mit einem Analog-Digital-Wandler diskretisiert. Die Meßwertaufnahme erfolgt mit einer Software, die den Analog-Digital-Wandler mit einer bestimmten Abtastrate ausliest und anschließend die Meßwerte zeitaufgelöst und skaliert auf dem Bildschirm darstellt. Bei vielen Experimenten wird der Beginn der Meßwertaufnahme mit einer Triggerung vom Computer ausgelöst. Eine Triggerung ist besonders bei schnell ablaufenden Prozessen unvermeidlich, um das Zeitfenster der Meßwertaufnahme exakt mit dem Experiment zu synchronisieren. Wir wollen in diesem Abschnitt Prozeduren für eine einfache Meßwertaufnahme und Meßwertausgabe sowie eine flanken- und schwellensensitive Post- und Pre-Triggerung programmieren.

3.4.1 Aufgabe: Programmierung einer Post-Triggerung

Eine Post-Triggerung hat die Aufgabe, die Meßwertaufnahme auf ein bestimmtes Ereignis hin zu starten. Als Ereignis bezeichnen wir dabei das Durchlaufen des Signals durch einen einstellbaren Schwellwert. Die Richtung, mit der das Signal die Schwelle passiert, wird zusätzlich mit einer Angabe über die Flanke festgelegt. Um Verzögerungen zwischen der Triggerung und der eigentlichen Meßwertaufnahme zu vermeiden, ist es sinnvoll, den ersten Wert, der die Triggerbedingung erfüllt, an das aufrufende Programm zurückzugcbcn.

Aufgabenstellung:

Programmieren Sie eine Prozedur POSTTRIG, die eine Meßwertaufnahme abhängig vom Signalwert und von der Signalflanke startet.

Aufgabenlösung:

Da die Triggerung auf den analogen Eingang des Interfaces zugreift, müssen wir die Interfacefunktionen in das aufrufende Programm einbinden. Die Prozedur POSTTRIG beginnt mit der Deklaration der Übergabeparameter: Schwellenwert, Flanke und Rückgabe des ersten gültigen Meßwertes.

```
procedure POSTTRIG(S:integer;                {Triggerschwelle}
                   F:char;                    {Triggerflanke}
                   var y:integer);   {Erster gültiger Meßwert}
```

Für das weitere Vorgehen teilen wir die Wertemenge des A/D-Wandlers in zwei
Streifen ein, deren Trennung durch die Triggerschwelle gebildet wird. Je nach
Flanke warten wir dann in einer Schleife, bis das Signal bei positiver Flanke un-
terhalb und bei negativer Flanke oberhalb der Schwelle zu finden ist. Jetzt ist das
Signal in der Ausgangslage für ein Durchstoßen der Schwelle mit der gewünsch-
ten Flanke.

```
begin
  repeat
    y:=READAD;                              {A/D-Wandler auslesen}
  until ((y<S) and (F='+')) or ((y>S) and (F='-'));
```

Dafür warten wir, bis das Signal den Streifen gewechselt hat. Einen gesonderten
Befehl für die Rückgabe des gültigen Wertes benötigen wir nicht, da die Variable
innerhalb der Schleifen bereits beschrieben wurde.

```
  repeat
    y:=READAD;                              {A/D-Wandler auslesen}
  until ((y>=S) and (F='+')) or ((y<=S) and (F='-'));
end;
```

Listing 3.4.1   Post-Triggerung vor der Meßwertaufnahme

3.4.2 Aufgabe: Programmierung einer Meßwertaufnahme

Die grundlegenden Anforderungen an eine Meßwertaufnahme beinhalten neben
der reinen Datenaufnahme auch eine Triggerung für einen kontrollierbaren Beginn
von Meßwertaufnahmen und eine Steuerung der Aufnahmegeschwindigkeit. Die
Triggerung haben wir bereits in einer externen Prozedur implementiert. Um die
Komplexität der Prozedur zur Meßwertaufnahme möglichst gering zu halten, verzichten wir auf eine direkte Steuerung der Meßgeschwindigkeit und verwenden
statt dessen die Prozeduren aus Aufgabe 3.3.1 zur nachträglichen Abtastratenbestimmung. Die Anpassung der Abtastrate an ein Experiment kann dann mit einer
einfachen Warteschleife vorgenommen werden.

Aufgabenstellung:

Entwickeln Sie eine Prozedur AUFNAHME für die Erfassung genau eines Meßwertes zu jedem horizontalen Bildpunkt (640), und bestimmen Sie für quantitative
Analysen die Meßdauer. Stellen Sie die Abtastrate mit einer Warteschleife ein.

Aufgabenlösung:

Wie in der vorigen Aufgabe muß auch hier das Interface vom aufrufenden Programm initialisiert werden. Der Parameterblock unserer Prozedur AUFNAHME beginnt mit einem variablen offenen Array für die Meßwerte und den zugehörigen Indizes für den Meßbeginn und das Meßende. Der Index für den Meßbeginn muß im Falle einer Post-Triggerung auf 1 gesetzt werden, um den ersten gültigen Triggerwert nicht zu überschreiben. Anschließend folgen die Dimensionierung der Warteschleife und ein variabler Parameter für die Rückgabe der Meßdauer.

```
procedure AUFNAHME(var Daten:array of integer;      {Datenfeld}
                   t1:integer;                  {Index Meßbeginn}
                   t2:integer;                    {Index Meßende}
                   warten:integer;          {Index Warteschleife}
                   var MessT:real);             {Meßdauer in µs}
```

Innerhalb der Prozedur benötigen wir Schleifenzähler für die Aufnahme und die Warteschleife. Die Bestimmung der Meßdauer erfordert das Einbinden der externen Prozeduren INITTI und READTI.

```
var
  t:integer;                        {Laufvariable für die Zeit}
  w:integer;                           {Index Warteschleife}

{$I INITTI}     {Prozedur einbinden:   INITTI.PAS (s.S. 43)}
{$I READTI}     {Prozedur einbinden:   READTI.PAS (s.S. 44)}
```

Vor Meßbeginn setzen wir die Zeitmeßroutine zurück und sperren alle Interrupts, um zeitliche Eingriffe in den Meßablauf zu unterbinden. Die Datenaufnahme erfolgt in einer Meßschleife, deren Abarbeitungszeit mit der Warteschleife einstellbar ist. Nach der Messung wird sofort die Meßdauer festgehalten, und die Interrupts werden ordnungsgemäß wieder freigegeben.

```
begin
  inline($fa);                      {alle Interrupts ausschalten}
  INITTIMER;                          {Beginn der Zeitmessung}
  for t:=t1 to t2 do                  {Meßbereich abarbeiten}
  begin
    Daten[t]:=READAD;                     {Aufnahme Meßwerte}
    for w:=1 to warten do;                {Warteschleife}
  end;
  MessT:=READTIMER;                   {Meßdauer in µs bestimmen}
  inline($fb);                      {alle Interrupts einschalten}
end;
```

Listing 3.4.2 Meßwertaufnahme am ADT-Interface

3.4.3 Aufgabe: Programmierung einer Pre-Triggerung

Eine Pre-Triggerung unterscheidet sich von der Post-Triggerung durch die Lage des Zeitfensters zur Datenaufnahme. Die Post-Triggerung reagiert auf ein bestimmtes Ereignis zum Beginn der Messung, bei der Pre-Triggerung werden auch Daten vor dem Triggerereignis aufgenommen. Der Triggerpunkt liegt also nicht am Anfang des Zeitfensters, sondern an einem beliebigen Punkt innerhalb des Meßintervalls. Wir behandeln die Pre-Triggerung erst im Anschluß an die Datenaufnahme, da eine Prozedur zur Pre-Triggerung selbst Daten aufnehmen muß.

Aufgabenstellung:

Entwerfen Sie eine Prozedur PRETRIG, die auf ein Triggerereignis innerhalb des gewünschten Meßintervalls anspricht und nach Eintreten des Triggerereignisses die weitere Datenaufnahme verwaltet.

Aufgabenlösung:

Der Parameterteil des Prozedurkopfes muß neben der Angabe des Triggerpunktes alle Angaben der Prozeduren POSTTRIG aus Aufgabe 3.4.1 und AUFNAHME aus Aufgabe 3.4.2 enthalten:

```
procedure PRETRIG(T:integer;                 {Index Triggerpunkt}
                  S:integer;                   {Triggerschwelle}
                  F:char;                       {Triggerflanke}
                  var y:array of integer;         {Datenfeld}
                  t1:integer;                  {Index Meßbeginn}
                  t2:integer;                   {Index Meßende}
                  warten:integer;          {Index Warteschleife}
                  var MessT:real);            {Meßdauer in µs}
     var
       w:integer;                            {Index Warteschleife}
```

Da die Pre-Triggerung vor und nach dem Triggerpunkt Daten aufnimmt, binden wir die Prozedur AUFNAHME als externen Quellcode ein.

```
{$I AUFNAHME}     {Prozedur einbinden: AUFNAHME.PAS (s.S. 51)}
```

Wir beginnen die Aufnahme der Daten bis zum Triggerpunkt und warten anschließend wie bei der Post-Triggerung, bis sich das Signal im richtigen Streifen befindet. Die Besonderheit der Pre-Triggerung finden wir in dem MOVE-Befehl: das Datenfeld vor dem Triggerpunkt wird vor der folgenden Messung genau um einen Meßwert nach links verschoben. Der älteste Meßwert wird also verworfen, so daß die Pre-Triggerung immer ein aktuelles Zeitfenster vor dem Triggerpunkt bereithält. Um die Abtastratensteuerung während der Triggerung zu berücksichtigen, binden wir die Warteschleife unmittelbar nach der Meßwertaufnahme ein.

```
begin
  AUFNAHME(y,t1,T,warten,MessT);  {Daten bis zum Triggerpunkt}

  repeat
    move(y[t1+1],y[t1],2*(T-t1)); {Daten nach links schieben}
    y[T]:=READAD;               {Datum beim Triggerpunkt aufnehmen}
    for w:=1 to warten do;                    {Warteschleife}
  until ((y[T]<S) and (F='+') or (y[T]>S) and (F='-'));
```

Hat das Signal den Streifen vor dem Triggerereignis verlassen, so warten wir wieder auf das Erfüllen der Triggerbedingung. Auch in diesem Abschnitt aktualisieren wir ständig das Zeitfenster vor dem Triggerpunkt.

```
  repeat
    move(y[t1+1],y[t1],2*(T-t1)); {Daten nach links schieben}
    y[T]:=READAD;               {Datum beim Triggerpunkt aufnehmen}
    for w:=1 to warten do;                    {Warteschleife}
  until ((y[T]>=S) and (F='+') or (y[T]<=S) and (F='-'));
```

Ist die Triggerbedingung erfüllt, so fahren wir mit der Aufnahme der restlichen Meßwerte fort. Eine geringe Unzulänglichkeit unseres Verfahrens zur Pre-Triggerung ist die zeitliche Synchronisation bis zum Triggerpunkt. Da die Befehlsfolge während der Triggerung von der der Aufnahmeprozedur abweicht, stimmen die entsprechenden Abarbeitungszeiten in dem Zeitraum nicht exakt überein.

```
  AUFNAHME(y,T+1,t2,warten,MessT); {Bis zum Meßende aufnehmen}
  MessT:=MessT*(t2-t1+1)/(t2-T); {gesamte Meßdauer berechnen}
end;
```

Listing 3.4.3   Pre-Triggerung während der Meßwertaufnahme

Am Ende der Prozedur berechnen wir aus dem letzten Aufruf der Aufnahmeprozedur unter Vernachlässigung des Fehlers die Meßdauer für die gesamte Anzahl von Meßwerten.

3.4.4 Aufgabe: Programmierung einer Meßwertausgabe

In der letzten Aufgabe dieses Kapitels beschäftigen wir uns mit der Ausgabe der in 3.4.2 aufgenommenen Daten. Wir stellen die Meßwerte zeitaufgelöst in einem skalierten Diagramm mit dem Achsensystem für Zeitdarstellungen aus Aufgabe 3.1.2 dar. Dabei berechnen wir den Skalierungsfaktor so, daß der Wertebereich des A/D-Wandlers (4096 Digits) genau auf die vertikale Grafikauflösung (480 Pixel) abgebildet wird. Die hohe Auflösung des A/D-Wandlers wird für Meßdiagramme in VGA-Grafik eigentlich nicht benötigt, denn durch die Skalierung wer-

den etwa acht Wandlungswerte pro Bildpunkt abgebildet. Vorteile ergeben sich
erst, wenn entweder das Meßsignal nicht auf den Eingangsspannungsbereich des
A/D-Wandlers verstärkt werden kann, oder wenn eine Messung unipolar abgebildet wird. In den Fällen können wir Ausschnitte des A/D-Wertebereiches weiterhin
in voller VGA-Auflösung darstellen.

Aufgabenstellung:

Programmieren Sie eine Prozedur AUSGABE für die zeitaufgelöste Darstellung
von Meßwerten in einem Achsensystem.

Aufgabenlösung:

Im Prozedurkopf lesen wir die Meßdaten, die Indizes des darzustellenden Zeitfensters und den Skalierungsfaktor für die Darstellung auf dem Bildschirm ein.

```
procedure AUSGABE(Daten:array of integer;              {Datenfeld}
                  t1:integer;                  {Index Ausgabebeginn}
                  t2:integer;                   {Index Ausgabeende}
                  scale:real);              {Skalierung der Ausgabe}
var
  t:integer;                             {Laufvariable für die Zeit}
```

Das Achsensystem für Funktionen in der Zeitdarstellung binden wir als externen
Quellcode ein, der Aufruf erfolgt im Hauptteil der Prozedur.

```
{$I GITTER1}      {Prozedur einbinden:  GITTER1.PAS (s.S. 36)}

begin
  GITTER1;     {Achsensystem für zeitaufgelöste Darstellungen}
  MoveTo(t1,240-trunc((Daten[0]-2048)*scale));    {1. Meßwert}
  for t:=t1+1 to t2 do                      {Ausgabeschleife}
    LineTo(t,240-trunc((Daten[t]-2048)*scale));   {Meßwerte}
end;
```

Listing 3.4.4   Meßwertausgabe

Für die grafische Darstellung der Meßwerte bewegen wir zunächst den Grafikzei-
ger mit dem Befehl MOVETO auf die Position des ersten Ausgabewertes. Alle
weiteren Werte werden anschließend mit Linienstücken (LINETO) zu einem Polygonzug verbunden.

4 Numerische Methoden

In der Physik wird eine große Anzahl numerischer Verfahren [PRE86] für die Systemanalyse eingesetzt. Vielfältige Anwendungen finden sich bei der Modellierung und Auswertung von physikalischen Fragestellungen. Numerische Verfahren eignen sich sehr gut für eine computergestützte Behandlung [ENG93] und haben daher im Bereich „Computational Physics" einen hohen Stellenwert.

Im Zusammenhang mit der computergestützten Messung physikalischer Größen werden verschiedene Verfahren der numerischen Funktionalanalysis für die Analyse von Zeitsignalen eingesetzt. Die Komplexität der Verfahren ist bei der Behandlung analytischer und diskreter Funktionen sehr unterschiedlich und oftmals im diskreten Fall deutlich geringer.

Beispielsweise lassen sich Nullstellen einer diskreten Zahlenfolge durch den Vergleich benachbarter Werte finden (vgl. Kapitel 5.3.2), für analytische Funktionen ist das aufwendigere NEWTON-Verfahren [KOS89] praktikabel. Die Integration diskreter Funktionen geht unmittelbar in eine Summation über und ist trivial gegenüber den Methoden von NEWTON-COTES oder GAUSS [STO83]. Andererseits ist die numerische Differentiation von diskreten Funktionen besonders bei realen Meßwerten problematisch, was sich sehr eindrucksvoll am freien Fall demonstrieren läßt: Die zweimalige Differentiation von diskreten Ortskoordinaten führt normalerweise bei einer Berechnung der Differenzenquotienten keinesfalls auf eine konstante Funktion für die Erdbeschleunigung. Ein relativ komplexer Ansatz für realistischere Ergebnisse ist beispielsweise die Differentiation mit approximierenden kubischen Splinefunktionen [BÜL92].

Wir behandeln in diesem Kapitel ausgewählte numerische Verfahren zu den Themen Integration, Differentialgleichungen und Frequenzanalyse. Zunächst wenden wir uns der numerischen Integration analytischer Funktionen mit NEWTON-COTES-Formeln zu. Praktische Anwendungen für die Integration analytischer Funktionen im Zusammenhang mit der computergestützten Behandlung physikalischer Themen finden sich beispielsweise bei der Simulation von Systemen. Da der Behandlung von Differentialgleichungen in der Physik eine grundlegende Bedeutung zukommt, stellen wir anschließend die Verfahren von EULER-CAUCHY und RUNGE-KUTTA für Differentialgleichungen und Differentialgleichungssysteme erster und zweiter Ordnung vor. Weiterhin beschäftigen wir uns mit einem Themenkreis der Transformationsanalyse und untersuchen mit der FOURIER-Reihe das Frequenzverhalten periodischer Zeitsignale. Neben der rein algorithmischen Umsetzung der numerischen Verfahren werden wir tiefergehende Aspekte der Verfahrenstheorie diskutieren und anschließend die praktische Anwendung der Verfahren anhand physikalischer Beispiele aufzeigen.

4.1 Numerische Integration

Wir behandeln in diesem Kapitel die numerische Integration von analytischen Funktionen und werden das Integral

$$Y = \int_a^b y(x)\,\mathrm{d}x \tag{4.1.1}$$

mit der Trapezregel und der Methode von SIMPSON annähern. Die Integrationsverfahren gehören beide zur Klasse der geschlossenen NEWTON-COTES Formeln [PRE86] und basieren auf einer äquidistanten Diskretisierung eines bekannten Integranden und der Flächenberechnung über Mittelwertbildungen.

4.1.1 Aufgabe: Die Trapezregel

Zunächst betrachten wir das wohl einfachste Verfahren zur numerischen Integration: die bekannte Trapez-Formel. Bei der Sehnentrapezregel wird der Flächeninhalt Y unter einer Funktion $y(x)$ für einen Einzelschritt $[a,b]$ mit der Trapezfläche nach der Formel

$$Y = \int_a^b y(x)\,\mathrm{d}x \approx \frac{b-a}{2}\big(y(a) + y(b)\big) \tag{4.1.2}$$

approximiert. Dieses Verfahren hat eine Genauigkeit von zweiter Ordnung und kann daher nur begrenzt eingesetzt werden.

Aufgabenstellung:

Entwerfen Sie einen Algorithmus für die numerische Integration einer Funktion mit der Sehnentrapezregel.

Aufgabenlösung:

Die Umsetzung von Gl. (4.1.2) in eine Funktion TRAPEZ ist sehr einfach und wird hier nur kurz erläutert. Wir übergeben die Schrittweite und das Intervall an die Funktion und setzen die externe Integrandenfunktion F(x) als vorhanden voraus.

```
function TRAPEZ(h,                          {Schrittweite}
             xa,xe:real):real;          {Intervallgrenzen}
  var
    x:real;                             {Aktuelle Koordinate}
    summe:real;                           {Integralsumme}
  begin
    x:=xa;                                 {Anfangswert}
```

```
  summe:=0;                                    {Anfangswert}
  repeat
    summe:=summe+F(x)+F(x+h);                  {Integralsumme}
    x:=x+h;                                    {Nächste Stützstelle}
  until x>xe;                                  {Intervall abgearbeitet}
  TRAPEZ:=h*summe/2;                           {Integral}
end;
```

Listing 4.1.1   Integration einer Funktion mit der Sehnentrapezregel

4.1.2 Aufgabe: Das SIMPSON-Verfahren

Es lassen sich wesentlich bessere Ergebnisse erzielen, wenn der Integrand nicht mit einer Sehne angenähert wird, sondern wenn die Krümmung der Integrandenfunktion in die Berechnung des Integrals eingeht [BRE93]. Dafür wird die Sehne durch eine Interpolationsparabel ersetzt, die durch die Funktionswerte des Integranden an den Intervallbegrenzungen (Stützstellen) verläuft. Eine Parabel läßt sich bekannterweise durch drei Punkte eindeutig festlegen, so daß ein weiterer Kurvenpunkt in der Intervallmitte berücksichtigt werden muß. Dieses Verfahren wird als SIMPSON-Regel (oder auch Faßregel von KEPLER) bezeichnet und weist gegenüber der TAYLOR-Reihenentwicklung eine Genauigkeit vierter Ordnung auf.

Die Mittelwertbildung wird jetzt im Vergleich zur Trapezregel an drei Stützstellen durchgeführt. SIMPSON verwendet dafür kein arithmetisches Mittel, sondern ein gewichtetes Mittel, bei dem der Einfluß des Integranden an der mittleren Stützstelle überwiegt:

$$Y = \int_a^b y(x)\,\mathrm{d}x \approx \frac{b-a}{6}\left(y(a) + 4y(\frac{a+b}{2}) + y(b) \right). \tag{4.1.3}$$

In der Praxis wird ein Intervall $[x_a, x_e]$ mit einer bestimmten Anzahl Stützstellen s diskretisiert, und es gilt für die Schrittweite h die Beziehung

$$h = \frac{x_e - x_a}{s-1}. \tag{4.1.4}$$

Gl. (4.1.3) läßt sich dann als Summe von Interpolationsschritten auffassen:

$$Y = \frac{h}{6}\sum_{i=0}^{s-1}\left(y(x_a + ih) + 4y(x_a + ih + \frac{h}{2}) + y(x_a + (i+1)h) \right). \tag{4.1.5}$$

Aufgabenstellung:

Schreiben Sie eine Funktion SIMPSON für die Integration einer Funktion mit der

SIMPSON-Regel nach Gl. (4.1.5), und prüfen Sie die Konvergenzeigenschaften bei unterschiedlichen Schrittweiten anhand des folgenden Integrals in den Grenzen [1,5]:

$$\int \ln x \, dx = x \ln x - x \,. \tag{4.1.6}$$

Aufgabenlösung:

Wir berechnen das Integral einer extern aufzurufenden Funktion F(x) in dem Intervall [xa, xe] und geben die Anzahl Stützstellen s vor. Der Parametersatz der Funktion SIMPSON wird dann folgendermaßen deklariert:

```
function SIMPSON(s,                      {Anzahl Stützstellen}
                xa,xe:real;):real;       {Intervallgrenzen}
```

Die Variablenliste enthält eine aktuelle Koordinate für die Berechnung der Integranden an den Stützstellen und eine Variable für die genaue Aufteilung des Intervalls entsprechend der Anzahl Stützstellen. Eine weitere Variable dient der Aufsummierung der einzelnen Interpolationen.

```
var
  x:real;            {Aktuelle Koordinate des Schrittanfangs}
  h:real;                                  {Schrittweite}
  summe:real;                          {Integrationssumme}
```

Im Hauptteil berechnen wir zunächst die Schrittweite h und setzen dann die Variablen auf ihre Anfangswerte. Anschließend werden die gewichteten Funktionswerte an den Stützstellen entsprechend Gl. (4.1.5) berechnet und aufsummiert. Das Ergebnis der Integration folgt dann durch Multiplikation mit dem Vorfaktor.

```
begin
  h:=(xe-xa)/(s-1);                   {Berechnete Schrittweite}
  summe:=0;                         {Anfangswert Integralsumme}
  x:=xa;                             {Anfangswert Koordinate}

  repeat                                 {Intervallschleife}
    summe:=summe+F(x)+4*F(x+h/2)+F(x+h); {Summe aktualisieren}
    x:=x+h;                              {Neue Stützstelle}
  until x>xe;                    {Intervallgrenze überschritten}

  SIMPSON:=summe*h/6;                            {Integral}
end;
```

Listing 4.1.2 Numerische Integration mit der Methode von SIMPSON

Für den Konvergenztest mit dem Integral aus Gl. (4.1.6) entwerfen wir ein Programm SIMPKONV und vergleichen das Ergebnis der numerischen Integration mit der exakten Lösung.

```
program SIMPKONV;                {Konvergenztest der SIMPSON-Methode}
const
  s=100;                         {Anzahl Stützstellen (variieren)}

function F(x:real):real;                   {Integrandenfunktion}
begin
  F:=x*ln(x);                    {Funktion entsprechend Gl. (4.1.6)}
end;

function LSGF(xa,xe:real):real;        {Lösung von Gl. (4.1.6)}
begin
  LSGF:=xe*ln(xe)-xe-xa*ln(xa)+xa;
end;

{$I SIMPSON}        {Prozedur einbinden:  SIMPSON.PAS (s.S. 58)}

begin
  writeln(SIMPSON(s,1,5):10:6,LSGF(1,5):10:6);
end.
```

Listing 4.1.3   Konvergenztest der SIMPSON-Methode

Wir berechnen jetzt die exakte Lösung und nähern das Integral mit verschiedenen Schrittweiten an. Eine Analyse der Ergebnisse zeigt, daß sich das relativ einfache Verfahren von SIMPSON durch eine hohe Genauigkeit auszeichnet. Der Fehler läßt sich durch Verringern der Schrittweite generell kleiner machen, allgemein nimmt der Fehler bei der SIMPSON Methode mit der fünften Potenz der Schritt weite ab.

4.2 Differentialgleichungen erster Ordnung

Als Differentialgleichung (DGL) erster Ordnung wird allgemein eine Beziehung zwischen einer unabhängigen Veränderlichen x, einer davon abhängigen Veränderlichen $y(x)$ und deren erster Ableitung bezeichnet. Läßt sich die Beziehung nach der Ableitung auflösen, so kann die Differentialgleichung erster Ordnung in der Form

$$y' = f(x, y) \tag{4.2.1}$$

ausgedrückt werden. In der Physik wird das dynamische Verhalten von Systemen häufig mit Differentialgleichungen oder Differentialgleichungssystemen (vgl. Kapitel 4.4) mathematisch beschrieben. Von besonderer Bedeutung sind Anfangswertprobleme mit gewöhnlichen Differentialgleichungen erster oder zweiter Ordnung (vgl. Kapitel 4.3) sowie partielle Differentialgleichungen zweiter Ordnung. Als Beispiel sei das Anfangswertproblem erster Ordnung für Zerfallsprozesse genannt:

$$\frac{dN(t)}{dt} = -k\,N(t) \text{ mit } N(0) = N_0. \tag{4.2.2}$$

Für die analytische Behandlung von Differentialgleichungen sind zahlreiche Lösungsmethoden entwickelt worden [WAL76], die jedoch keine allgemeinen Verfahren darstellen und nur auf sehr spezielle Typen anzuwenden sind. In der Praxis ist die analytische Lösbarkeit eher als Ausnahme anzusehen, so daß andere Verfahren zur Lösung von Anfangswertproblemen eingesetzt werden. Genügt die Differentialgleichung im gewünschten Lösungsintervall bestimmten Voraussetzungen, so lassen sich Lösungen von Anfangswertproblemen mittels Reihenentwicklung, zeichnerisch oder numerisch näherungsweise bestimmen. Numerische Verfahren sind besonders für computergestützte Anwendungen von Interesse und erlauben eine Näherung der Lösung mit beliebiger (rechenzeitabhängiger) Genauigkeit.

Das Prinzip numerischer Verfahren basiert auf einer Diskretisierung des Anfangswertproblems: Ausgehend von einem Startwert wird die Lösung näherungsweise durch Fortschreiten in einem Gitter gefunden. Verschiedene Verfahren unterscheiden sich im wesentlichen durch die Anzahl der beim Fortschreiten für einen Folgewert verwendeten bekannten vorangehenden Werte und lassen sich einteilen in Einschritt- und Mehrschrittverfahren. Einschrittverfahren verwenden zur Berechnung eines Folgewertes nur einen vorangehenden Wert, Mehrschrittverfahren greifen auch auf weitere Vorgänger zurück. Das einfachste Einschrittverfahren ist das Polygonzugverfahren von EULER-CAUCHY, in der Praxis am wichtigsten einzustufen ist die Klasse der RUNGE-KUTTA-Verfahren.

Wir beginnen die Behandlung von Differentialgleichungen erster Ordnung mit einem kurzen Abschnitt über die Theorie der Einschrittverfahren und beschäftigen uns anschließend mit Ansätzen zur grafischen Bestimmung von Lösungen und der Programmierung und Anwendung von Polygonzugverfahren. Im einzelnen stellen wir die Aufgaben:

1. Das Richtungsfeld einer Differentialgleichung
Grafische Darstellung des Richtungsfeldes einer analytisch lösbaren Differentialgleichung erster Ordnung und einer Lösungsfunktion für einen bestimmten Anfangswert.

2. Das EULER-CAUCHY-Verfahren
Entwurf eines Algorithmus für die numerische Berechnung von Differentialgleichungen erster Ordnung.

3. Freier Fall mit Reibung

Integration der Bewegungsgleichung des freien Falls mit geschwindigkeits-abhängiger Reibung mit der EULER-CAUCHY-Methode und Darstellung des Geschwindigkeits-Zeit-Diagramms.

4. Das RUNGE-KUTTA-Verfahren

Programmierung des in der Praxis häufig angewendeten RUNGE-KUTTA-Verfahrens vierter Ordnung für die numerische Lösung von Differentialgleichungen erster Ordnung.

5. Das Iterationsprinzip des RUNGE-KUTTA-Verfahrens

Grafische Darstellung des Prinzips eines Iterationsschrittes des RUNGE-KUTTA-Verfahrens und Vergleich der Fortschreitungsrichtungen der RUNGE-KUTTA-Methode mit der EULER-CAUCHY-Methode.

6. Konvergenztest mit dem Zerfallsgesetz

Untersuchung der Konvergenzeigenschaften des EULER-CAUCHY-Verfahrens und des RUNGE-KUTTA-Verfahrens anhand der bekannten Lösung eines Zerfallsgesetzes.

4.2.1 Theorie der Einschrittverfahren

Die allgemeine Form der Differentialgleichung cincs Anfangswertproblems erster Ordnung lautet

$$y' = f(x,y) \text{ mit } x \in \left[x_0,\beta\right] \text{ und } y(x_0) = y_0. \tag{4.2.3}$$

Für die Existenz und Eindeutigkeit der Lösung des Anfangswertproblems muß die Funktion $f(x,y)$ im Definitionsbereich $[x_0,\beta]$ stetig sein

$$f(x,y) \text{ sei stetig in einem Streifen } I := \left[x_0,\beta\right] \times \mathbf{R} \tag{4.2.4}$$

und einer Lipschitzbedingung für $x, z \in [x_0,\beta]$ genügen:

$$\left|f(x,y - f(z,y)\right| \le \mathrm{L}\left|x - z\right|. \tag{4.2.5}$$

Das grundlegende Prinzip numerischer Lösungsverfahren ist die Diskretisierung eines Anfangswertproblems durch die Einteilung des Streifens I in ein äquidistantes Gitter lokaler Schrittweite h:

$$x_k = x_0 + k\,\mathrm{h} \text{ mit } k = 0,..,m \text{ und } x_m = \beta. \tag{4.2.6}$$

Um die Lösung des Anfangswertproblems an den Gitterpunkten x_k zu bestimmen, wird die Differentialgleichung in Gl. (4.2.3) zwischen zwei Gitterpunkten x_i und x_{i+1} integriert:

$$\int\limits_{x_i}^{x_{i+1}} y'(x)\mathrm{d}x = \int\limits_{x_i}^{x_{i+1}} f(x,y(x))\mathrm{d}x . \tag{4.2.7}$$

Daraus ergibt sich die exakte Bestimmungsgleichung für den folgenden Funktionswert $y(x_{i+1})$ des Polygons:

$$y(x_{i+1}) = y(x_i) + \int\limits_{x_i}^{x_{i+1}} f(x,y(x))\mathrm{d}x . \tag{4.2.8}$$

Die verschiedenen Einschrittverfahren unterscheiden sich in der Vorschrift, wie das Integral in Gl. (4.2.8) berechnet wird. Das EULER-CAUCHY-Verfahren und das RUNGE-KUTTA-Verfahren nähern das Integral numerisch an, so daß an jedem Gitterpunkt lokale Näherungsfehler [BÖH77] auftreten. An folgenden Gitterpunkten summiert sich der Fehler unter Berücksichtigung aller vorhergehenden Fehler zum globalen Näherungsfehler.

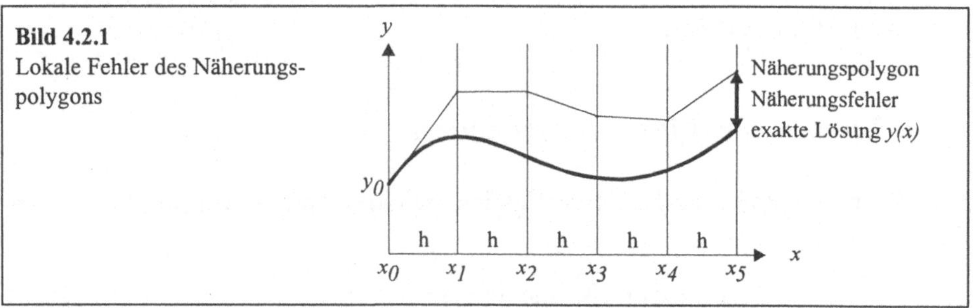

Bild 4.2.1
Lokale Fehler des Näherungspolygons

Die Konvergenz der Verfahren hängt entscheidend von den lokalen Näherungsfehlern ab, wobei das RUNGE-KUTTA-Verfahren im Vergleich zum EULER-CAUCHY-Verfahren eine bessere Konvergenz aufweist. Wir untersuchen diesen Sachverhalt in Abschnitt 4.2.7 anhand der bekannten Lösung einer Zerfallsgleichung.

4.2.2 Aufgabe: Das Richtungsfeld einer Differentialgleichung

Anschaulich ausgedrückt stellt die Differentialgleichung in Gl. (4.2.1) ein Richtungsfeld dar: An einem bestimmten Punkt (x,y) wird durch die Funktion $f(x,y)$ eine Steigung y' festgelegt. Die Differentialgleichung hat im Richtungsfeld eine Schar von Lösungen, wobei die Steigung in jedem Punkt (x,y) der Tangente an einer Lösungskurve entspricht. Eine eindeutige Lösung der Differentialgleichung erfordert die Angabe von Anfangswerten (x_0, y_0). Mit Hilfe von Richtungsfeldern lassen sich spezielle Lösungen von Differentialgleichungen erster Ordnung zeichnerisch gewinnen, indem der Lösungsverlauf tangential zu den lokalen Steigungen gesucht wird. Wir wollen in dieser Aufgabe das Verständnis für die grafische Interpretation von Differentialgleichungen vertiefen und in einem Richtungsfeld eine spezielle Lösungsfunktion darstellen.

Aufgabenstellung:

Berechnen Sie mit einem Programm RFELD das Richtungsfeld der Differentialgleichung

$$y' = x + y \tag{4.2.9}$$

in einem Streifen

$$I := \left[-2,2\right] \times \left[-2,2\right]. \tag{4.2.10}$$

Lösen Sie zunächst die Differentialgleichung analytisch, und bestimmen Sie in allgemeiner Form die Integrationskonstante in Abhängigkeit von den Anfangswerten. Bilden Sie anschließend das Richtungsfeld auf dem Monitor in einem Bereich von 400x400 Pixeln ab, und zeichnen Sie mit den Anfangswerten x_0=-2 und y_0=1,09 eine Lösungskurve.

Aufgabenlösung:

Wir skizzieren zunächst den Weg zur analytischen Integration der Differentialgleichung Gl. (4.2.9) und beginnen mit der Substitution

$$z = x + y. \tag{4.2.11}$$

Der Ausdruck für die Differentialgleichung nimmt dann die Form

$$\frac{\mathrm{d}z}{\mathrm{d}x} = z + 1 \tag{4.2.12}$$

an. Nach der Trennung der Veränderlichen ist die Differentialgleichung mit elementaren Funktionen integrierbar [ZEI96]

$$\int \frac{1}{1+z}\,\mathrm{d}z = \int \mathrm{d}x + C, \tag{4.2.13}$$

und wir erhalten die Lösung

$$z = \exp(x + C) - 1. \tag{4.2.14}$$

Nach der Rücktransformation ist die Lösung bis auf die Integrationskonstante C bestimmt:

$$y(x) = \exp(x)\exp(C) - x - 1. \tag{4.2.15}$$

Mit den Anfangswerten x_0 und y_0 können wir die Konstante in der für die weitere Behandlung günstigen Form

$$\exp(C) = \frac{x_0 + y_0 + 1}{\exp(x_0)} \tag{4.2.16}$$

ausdrücken. Nachdem die analytische Lösung vorliegt, beginnen wir mit der Programmierung des Richtungsfeldes. Das Feld wird aus Linienelementen bestehen, die an den einzelnen Punkten im definierten Streifen die momentane Steigung der Lösungsschar angeben. Wir berechnen in der Prozedur LINIE die Achsenabschnitte einer festgelegten Linienlänge in Abhängigkeit vom Steigungswinkel und zeichnen die Linie mit einem Ankerpunkt in der Mitte.

```pascal
procedure LINIE(x,y,l:integer;m:real);   {Steigung darstellen}
var
  dx,dy:integer;                              {Längen der Linien}
begin
  dx:=trunc(l*cos(arctan(m)));                      {x-Anteil}
  dy:=trunc(l*sin(arctan(m)));                      {y-Anteil}
  circle(x,y,2);                   {Markierung an der Koordinate}
  line(x-dx,y+dy,x+dx,y-dy);                    {Linie zeichnen}
end;
```

Listing 4.2.1 Linienelement im Richtungsfeld

Die Funktionen DGL und LSG enthalten die explizite Definition der Differentialgleichung und der analytischen Lösung aus Gl. (4.2.15) und Gl. (4.2.16) mit den Anfangswerten (x_0, y_0).

```pascal
function DGL(x,y:real):real;                 {Differentialgleichung}
begin
  DGL:=x+y;
end;

function LSG(x0,y0,x:real):real;                  {Lösung der DGL}
begin
  LSG:=exp(x)*(y0+x0+1)/exp(x0)-x-1;
end;
```

Listing 4.2.2 Definition und Lösung der Differentialgleichung

Mit der Prozedur FELD erzeugen wir ein Richtungsfeld mit variabler Größe, Position und Rasterung:

```pascal
procedure FELD(xK0,yK0:integer;               {Ursprung der Achsen}
               dx,dy:integer;             {Wertebereich der Achsen}
               d:integer);            {Abstand der Linienelemente}
```

```pascal
var
  x,y:integer;                              {Ortskoordinaten}

{$I LINIE}         {Prozedur einbinden:     LINIE.PAS (s.S. 64)}
{$I DGL}           {Prozedur einbinden:     DGL.PAS (s.S. 64)}

begin
  line(xK0-dx,yK0,xK0+dx,yK0);             {Abszisse in Bildmitte}
  line(xK0,yK0-dy,xK0,yK0+dy);             {Ordinate in Bildmitte}

  x:=xK0-dx;                               {Anfangswert Gitter}
  repeat                                   {Horizontale abarbeiten}
    y:=yK0-dy;                             {Anfangswert Gitter}
    repeat                                 {Vertikale abarbeiten}
      LINIE(x,y,18,DGL(int(x-xK0)*2/dx,int(yK0-y)*2/dy));
      y:=y+d;                              {Schritt vertikal}
    until y>yK0+dy;                        {Ende vertikal}
    x:=x+d;                                {Schritt horizontal}
  until x>xK0+dx;                          {Ende horizontal}
end;
```

Listing 4.2.3   Richtungsfeld einer Differentialgleichung

Die Prozedur AWP stellt eine Lösung der Differentialgleichung als Polygonzug im
Richtungsfeld dar. Im Prozedurkopf werden die Anfangswerte und die Parameter
des Koordinatensystems übergeben.

```pascal
procedure AWP(x0,y0:real;                         {Anfangswerte}
              xK0,yK0;integer;            {Ursprung der Achsen}
              dx,dy:integer);            {Wertebereich der Achsen}
var
  x:real;                                       {Laufvariable}

{$I LSG}           {Prozedur einbinden:     LSG.PAS (s.S. 64)}

begin
  x:=x0;                                 {Anfangswert zuweisen}
  SetLineStyle(SolidLn,0,ThickWidth);       {Line dick zeichnen}
  MoveTo(xK0+trunc(x*dx/2),yK0-trunc(LSG(x0,y0,x)*dy/2));
  repeat                          {Lösung als Polygonzug ausgeben}
    x:=x+0.1;                           {Einen Schritt weitergehen}
    LineTo(xK0+trunc(x*dx/2),yK0-trunc(LSG(x0,y0,x)*dy/2));
  until x>=2;                     {Bis zum Streifenende zeichnen}
end;
```

Listing 4.2.4   Ausgabe einer Lösungskurve mit Anfangswerten

Das Hauptprogramm enthält neben den Befehlen für das Einbinden der externen
Quellcodes die Initialisierung der VGA-Grafik und die Aufrufe der Prozeduren für
die Grafik des Richtungsfeldes und der speziellen Lösung:

```
program RFELD;                             {Richtungsfeld einer DGL}
uses                                       {Einbinden externer Units}
   GRAPH;                                  {TURBO PASCAL Grafik-Befehle}

{$I STARTVGA}    {Prozedur einbinden: STARTVGA.PAS (s.S. 34)}
{$I FELD}        {Prozedur einbinden:     FELD.PAS (s.S. 64)}
{$I AWP}         {Prozedur einbinden:      AWP.PAS (s.S. 65)}
{$I ENDEVGA}     {Prozedur einbinden: ENDEVGA.PAS (s.S. 35)}

begin
   STARTVGA;                     {VGA Grafik 640x480 initialisieren}
   FELD(320,240,200,200,40);               {Richtungsfeld zeichnen}
   AWP(-2,1.08,320,240,200,200);  {Anfangswertproblem zeichnen}
   ENDEVGA;                      {Programm nach Tastendruck beenden}
end.
```

Listing 4.2.5   Richtungsfeld und Anfangswertproblem

Das Ergebnis fassen wir in Bild 4.2.2 zusammen. Ausgehend vom Anfangswert am linken Streifenrand verläuft die Lösungskurve (entsprechend dem Vorgehen bei zeichnerischen Lösungen) tangential zu den einzelnen Steigungswerten.

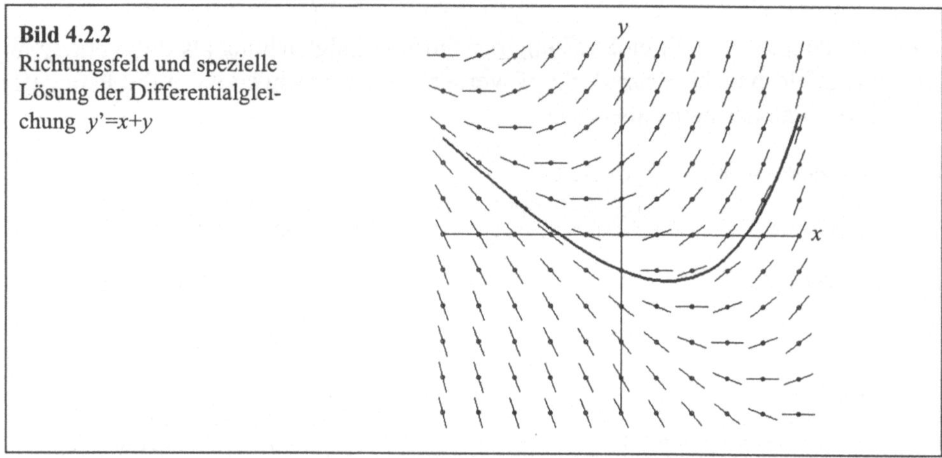

Bild 4.2.2
Richtungsfeld und spezielle
Lösung der Differentialglei-
chung $y'=x+y$

Eine weitere Möglichkeit der grafischen Analyse einer Differentialgleichung ist die Berechnung von Punkten konstanter Steigung und deren Darstellung als Iso-kline [ZUR65]. In unserem Fall können wir aus der Isoklinengleichung

$$f(x,y) = K \tag{4.2.17}$$

eine Geradengleichung mit der Steigung -1 und dem Achsenabschnitt K ableiten:

$$y = -x + K. \tag{4.2.18}$$

Ein Vergleich mit Bild 4.2.2 bestätigt konstante Steigungen auf den (hier diago-nalen) Isoklinengeraden (mit Ausnahme des Ursprungs).

4.2.3 Aufgabe: Das EULER-CAUCHY-Verfahren

Mit dem EULER-CAUCHY-Verfahren lassen sich Lösungen von Anfangswertproblemen erster und zweiter Ordnung sowie von gekoppelten Systemen mehrerer
Differentialgleichungen numerisch annähern. Das Verfahren ist sehr einfach
nachvollziehbar und stellt den Grundbaustein für die Klasse der Einschrittverfahren dar. Bei dem Polygonzugverfahren von EULER-CAUCHY für Differentialgleichungen erster Ordnung wird das Integral aus Gl. (4.2.8) unter Anwendung
der Rechteckregel berechnet:

$$\int_{x_i}^{x_{i+1}} f(x, y(x))\,dx = \left(x_{i+1} - x_i\right) f(x_i, y(x_i)).$$

(4.2.19)

Mit der Definition der Schrittweite

$$h = \left(x_{i+1} - x_i\right)$$

(4.2.20)

und der Vorschrift für die Steigung

$$y' = f(x, y)$$

(4.2.21)

folgt aus Gl. (4.2.19) die Darstellung des EULER-CAUCHY-Verfahrens:

$$y(x_{i+1}) = y(x_i) + h\,y'(x_i).$$

(4.2.22)

Das Verfahren beginnt am Anfangswert (x_0, y_0) mit der Steigung $y'=f(x_0, y_0)$. Um
den darauffolgenden Funktionswert $y(x_{i+1})$ des Polygonzuges zu bestimmen, wird
zunächst mit dem aktuellen Wert $y(x_i)$ um die Schrittweite h geradlinig fortgeschritten. Anschließend wird die Gegenkathete des aus der Steigung $y'(x_i)$ und
der Schrittweite h gebildeten Steigungsdreiecks dazuaddiert.

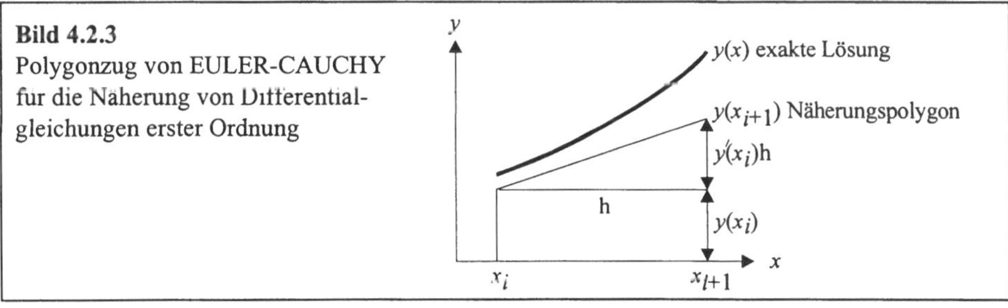

Bild 4.2.3
Polygonzug von EULER-CAUCHY
für die Näherung von Differentialgleichungen erster Ordnung

Alle weiteren Punkte des Polygonzuges werden dann aus den jeweils vorangehenden berechnet, wobei die verwendeten Steigungen nur Näherungswerte der exakten Lösungsfunktion sind. Die Näherungslösung entfernt sich also von der exakten
Lösung. Eine Ursache dafür ist der Quadraturfehler bei der Integration nach der
Rechteckregel: die Flächen zwischen den Rechtecken und der Funktion werden

nicht berücksichtigt. Der Quadraturfehler des Rechteckverfahrens ist näherungsweise

$$Q_i \approx \tfrac{1}{2} f'(x_i, y(x_i))\, h^2 \tag{4.2.23}$$

und damit von der Ordnung h². Eine weitere Fehlerquelle ergibt sich aus der Vorschrift der Differentialgleichung $y'=f(x,y(x))$, denn die Steigung hängt außer von x auch von y ab, die Ungenauigkeit in y führt also zu einem Fehler in y'.

Aufgabenstellung:

Entwerfen Sie einen Algorithmus für die Lösung von Anfangswertproblemen mit der EULER-CAUCHY-Methode.

Aufgabenlösung:

Mit dem Polygonzugverfahren von EULER-CAUCHY (vgl. Gl. (4.2.22)) berechnen wir die Lösung $y(x)$ einer Differentialgleichung ausgehend von einem Startwert y_0 in einem Intervall $[x_0,\beta]$ mit der Schrittweite h. Zunächst übergeben wir die Parameter im Prozedurkopf und deklarieren Variablen für die Berechnung der einzelnen Punkte des Polygonzuges.

```
procedure EULER1(h,                              {Schrittweite}
                 xa,xe,                  {x-Anfangs- und Endwert}
                 ya:real);                      {y-Anfangswert}
var
  x,y:real;                          {Punkt des Polygonzuges}
begin
```

Das eigentliche Verfahren beginnt mit der Zuweisung der Anfangswerte an den ersten Punkt des Polygonzuges

```
x:=xa;y:=ya;                        {Anfangswerte zuweisen}
```

und iteriert anschließend die Funktionswerte in einer Schleife, die das Intervall mit der Schrittweite abarbeitet. Bei jedem Schleifendurchlauf steht also ein Wertepaar der Lösungsfunktion zur Verfügung. Da die Darstellung der Ergebnisse (Tabelle, Grafik, ...) während der Iteration nicht festgelegt werden soll, rufen wir eine externe Prozedur DOPLOT für die Verarbeitung auf.

```
repeat             {Streifen mit Schrittweite h abarbeiten}
   DOPLOT(x,y);           {Ergebnisse extern verarbeiten}
```

In der folgenden Programmzeile sehen wir die Umsetzung von Gl. (4.2.22): Der nächste Funktionswert wird aus dem vorigen und dem mit der Rechteckregel angenäherten Integral gebildet. Für die Berechnung des darauffolgenden Wertes schreitet die Iteration um die Schrittweite bis zum Streifenende fort.

```
       y:=y+F(x,y)*h;                    {Anwenden der Rechteckregel}
       x:=x+h;                      {Um die Schrittweite weitergehen}
     until x>xe;                    {Weitergehen bis Streifenende}
   end;
```

Listing 4.2.6   EULER-CAUCHY-Methode für Differentialgleichungen erster Ordnung

Die Anpassung der Lösung an das Richtungsfeld läßt sich mit einer Variante des EULER-CAUCHY-Verfahrens, bei der die Approximation des Integrals in Listing 4.2.6 durch die Rekursion [ENG93]

```
     y:=y+F(x+h/2,y+h/2*F(x,y))*h;            {Verbessertes Verfahren}
```

ersetzt wird, wesentlich verbessern. Hier wird die Steigung des Richtungsfeldes nicht mehr an der linken Intervallgrenze ausgewertet, der Punkt im Richtungsfeld befindet sich jetzt in der Mitte der Schrittweite und wird in Ordinatenrichtung um die Gegenkathete des Steigungsdreiecks aus der Richtung am Ausgangspunkt und der halben Schrittweite verschoben.

4.2.4 Aufgabe: Freier Fall mit Reibung

Der freie Fall mit geschwindigkeitsabhängiger Reibung wird durch die Bewegungsgleichung

$$m\ddot{x} = -mg - \beta\dot{x} \qquad\qquad (4.2.24)$$

mit der Reibungskonstanten β beschrieben. Wir wollen in dieser Aufgabe die Differentialgleichung mit der EULER-CAUCHY-Methode integrieren und die Geschwindigkeit in Abhängigkeit von der Zeit berechnen.

Aufgabenstellung:

Wenden Sie das EULER-CAUCHY-Verfahren auf die Differentialgleichung für den freien Fall mit geschwindigkeitsabhängiger Reibung an.

Aufgabenlösung:

Um den Algorithmus in Listing 4.2.6 ausführen zu können, definieren wir zunächst die Differentialgleichung Gl. (4.2.24) mit der Prozedur F und anschließend die Prozedur DOPLOT für die Ausgabe des Polygonzuges:

```
   function F(x,y:real):real;   {Definition Differentialgleichung}
   const
     m=1.4;                                              {Masse}
     g=9.81;                                  {Erdbeschleunigung}
```

```
  b=0.03;                                              {Dämpfung}
begin
  F:=-g-b*y/m;                                  {Fall mit Reibung}
end;
```

Listing 4.2.7   Differentialgleichung für den freien Fall mit Reibung

```
procedure DOPLOT(x,y:real);
begin
  PutPixel(trunc(x),479+trunc(y),white);
end;
```

Listing 4.2.8   Grafische Ausgabe der Punkte des Polygonzuges

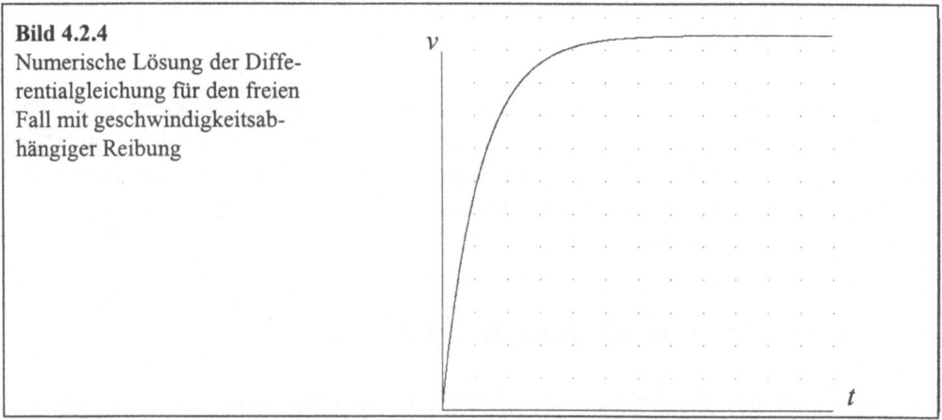

Bild 4.2.4
Numerische Lösung der Differentialgleichung für den freien Fall mit geschwindigkeitsabhängiger Reibung

Die für die Lösung in Bild 4.2.4 verwendeten Anfangswerte gehen aus dem Aufruf EULER1 im Hauptprogramm RFALL hervor:

```
program RFALL;                      {Freier Fall mit Reibung}
uses                                {Einbinden externer Units}
  GRAPH;                            {TURBO PASCAL Grafik-Befehle}

{$I STARTVGA}    {Prozedur einbinden: STARTVGA.PAS (s.S. 34)}
{$I GITTER5}     {Prozedur einbinden:  GITTER5.PAS (s.S. 37)}
{$I DOPLOT}      {Prozedur einbinden:   DOPLOT.PAS (s.S. 70)}
{$I F}           {Prozedur einbinden:        F.PAS (s.S. 69)}
{$I EULER1}      {Prozedur einbinden:   EULER1.PAS (s.S. 68)}
{$I ENDEVGA}     {Prozedur einbinden:  ENDEVGA.PAS (s.S. 35)}

begin
  STARTVGA;                {VGA Grafik 640x480 initialisieren}
  GITTER5;                             {Gitter zeichnen}
  EULER1(0.1,0,479,0);          {DGL mit EULER-CAUCHY lösen}
  ENDEVGA;              {Programm nach Tastendruck beenden}
end.
```

Listing 4.2.9   Programm für die Behandlung des freien Falls mit Reibung

Wir erhalten die in Bild 4.2.4 dargestellte Lösung der Differentialgleichung und erkennen den für geschwindigkeitsabhängige Reibungskräfte typischen Verlauf der asymptotischen Annäherung an eine Grenzgeschwindigkeit.

4.2.5 Aufgabe: Das RUNGE-KUTTA-Verfahren erster Ordnung

Mit dem Polygonzugverfahren von EULER-CAUCHY haben wir in Kapitel 4.2.3 ein einfaches Einschrittverfahren vorgestellt, das im Vergleich zu anderen Verfahren weniger gute Konvergenzeigenschaften aufweist, aber dennoch eine Bedeutung als Grundlage für präzisere Einschrittverfahren hat.

Die für praktische Anwendungen wichtigste Klasse der Einschrittverfahren bilden die RUNGE-KUTTA-Verfahren verschiedener Ordnungsstufen. Am häufigsten verwendet wird das sogenannte klassische RUNGE-KUTTA-Verfahren vierter Ordnung. Durch die besondere Iterationsvorschrift wird, verglichen mit der Entwicklung der Lösungsfunktion in einer TAYLOR-Reihe, eine Übereinstimmung bis zur vierten Ordnung erzielt.

Der wesentliche Unterschied zwischen dem EULER-CAUCHY-Verfahren und dem RUNGE-KUTTA-Verfahren ist die Methode, mit der die Differenz zweier aufeinanderfolgender Funktionswerte des Näherungspolygons berechnet wird. Beim EULER-CAUCHY-Verfahren wird nur die Steigung am Ausgangspunkt berücksichtigt, das RUNGE-KUTTA-Verfahren berechnet den Zuwachs des Polygons aus mehreren Zwischenschritten und erzielt damit eine höhere Genauigkeit. Bei Anfangswertproblemen erster Ordnung wird ausgehend vom aktuellen Gitterpunkt x_i der Zuwachs k des Polygonzuges bis zum nächsten Gitterpunkt x_{i+1} aus den Anteilen k_1 bis k_4 nach dem folgenden Schema in vier Schritten bestimmt:

Die Berechnungsmethode des ersten Anteils k_1 ist identisch mit dem EULER-CAUCHY-Verfahren. Mit der Steigung bei den Koordinaten

$$x_1 = x_i \, , \, y_1 = y(x_i) \qquad (4.2.25)$$

wird k_1 als Ordinatenabschnitt des Dreiecks bezüglich der Schrittweite h bestimmt:

$$k_1 = f(x_1, y_1)\,h. \qquad (4.2.26)$$

Die Verbesserung gegenüber dem EULER-CAUCHY-Verfahren resultiert nun aus der Verringerung des Quadraturfehlers durch die Berechnung weiterer Zuwachsanteile und deren Kombination mit einer speziellen Rechenvorschrift. Anteil k_2 wird ähnlich wie k_1 bestimmt, unterschiedlich ist jedoch die in die Berechnung eingehende Steigung. Für k_2 wird eine Steigung des Richtungsfeldes in der Schrittmitte bei den Koordinaten

$$x_2 = x_1 + \tfrac{1}{2}h \, , \, y_2 = y_1 + \tfrac{1}{2}k_1 \qquad (4.2.27)$$

verwendet. Der Zuwachs k_2 wird wieder analog zum EULER-CAUCHY Prinzip über die gesamte Schrittweite erfaßt:

$$k_2 = f(x_2, y_2)\,h\,. \tag{4.2.28}$$

Es folgt k_3 durch nochmaliges Anwenden der Methode für k_2 in der Schrittmitte:

$$x_3 = x_2\ ,\ y_3 = y_1 + \tfrac{1}{2}k_2\,. \tag{4.2.29}$$

Für die Ordinate der Koordinaten des Richtungsfeldes wird jetzt der halbe Zuwachs k_2 zum Anfangswert addiert. Wiederum ergibt sich der Zuwachs k_3 nach dem bekannten Prinzip über die volle Schrittweite:

$$k_3 = f(x_3, y_3)\,h\,. \tag{4.2.30}$$

Im letzten Schritt wird der Zuwachs k_4 am Schrittende an einer Koordinate im Richtungsfeld errechnet, deren Ordinate aus dem Anfangswert und dem gesamten Zuwachs k_3 gebildet wird:

$$x_4 = x_{i+1}\ ,\ y_4 = y_1 + k_3\,. \tag{4.2.31}$$

Der Zuwachs k_4 folgt wieder aus der Steigung im Richtungsfeld und der gesamten Schrittweite nach EULER-CAUCHY:

$$k_4 = f(x_4, y_4)\,h\,. \tag{4.2.32}$$

Aus den vier Zuwächsen $k_1,...,k_4$ wird jetzt ein Mittelwert k derart gebildet, daß möglichst viele Glieder der TAYLOR-Entwicklung der exakten Lösung $y(x)$ um x_i mit der genäherten Lösung übereinstimmen. KUTTA entwickelte die Rechenvorschrift:

$$k = \tfrac{1}{6}(k_1 + 2k_2 + 2k_3 + k_4)\,. \tag{4.2.33}$$

Der folgende Funktionswert $y(x_{i+1})$ des Polygonzuges wird analog zum EULER-CAUCHY-Verfahren aus dem Anfangswert y_i und dem Zuwachs k am Schrittende bestimmt:

$$x_{i+1} = x_i + h\ \ \text{und} \tag{4.2.34}$$

$$y(x_{i+1}) = y_i + k\,. \tag{4.2.35}$$

Die gegenüber dem EULER-CAUCHY-Verfahren verbesserten Konvergenzeigenschaften sind eine Folge der Einbeziehung weiterer Steigungen aus dem Richtungsfeld in die Berechnung des Zuwachses von einem zum nächsten Polygonwert. Ein Nachteil des RUNGE-KUTTA-Verfahrens ist der höhere Rechenaufwand für die Zwischenschritte, in der Regel kann jedoch die Schrittweite im Vergleich zum EULER-CAUCHY-Verfahren größer gewählt werden.

Aufgabenstellung:

Entwerfen Sie analog zum EULER-CAUCHY-Algorithmus in Listing 4.2.6 eine Prozedur `RKUTTA1` für das RUNGE-KUTTA-Verfahren vierter Ordnung.

Aufgabenlösung:

Wir beginnen die Prozedur `RKUTTA1` mit einem zum EULER-CAUCHY-Verfahren identischen Satz von Parametern und deklarieren Variablen für die laufenden Funktionswerte und die Berechnung der einzelnen Zuwächse k_1 bis k_4:

```
procedure RKUTTA1(h,                        {Schrittweite}
                xa,xe,                  {x-Anfangs- und Endwert}
                ya:real);                   {y-Anfangswert}
var
  x,y:real;                                 {Koordinaten}
  k1,k2,k3,k4:real;             {Zuwächse 1. bis 4. Schritt}
begin
  x:=xa;y:=ya;                      {Anfangswerte Zuweisen}

  repeat             {Streifen mit Schrittweite h abarbeiten}
    DOPLOT(x,y);              {Ergebnisse extern verarbeiten}
```

In den folgenden Zeilen wird der Unterschied zu der EULER-CAUCHY-Methode deutlich: Die Fortschreitungsrichtung ergibt sich aus der Berechnung von vier Zuwächsen und der Mittelwertbildung nach der empirischen Formel von KUTTA:

```
    k1:=F(x,y)*h;                       {Zuwachs 1. Schritt}
    k2:=F(x+h/2,y+k1/2)*h;              {Zuwachs 2. Schritt}
    k3:=F(x+h/2,y+k2/2)*h;             {Zuwachs 3. Schritt}
    k4:=F(x+h,y+k3)*h;                  {Zuwachs 4. Schritt}

    y1:=y1+(k1+2*k2+2*k3+k4)/6;     {Neuer Funktionswert}
    x1:=x1+h;               {Um die Schrittweite weitergehen}
  until x1>xe;                 {Weitergehen bis Streifenende}
end;
```

Listing 4.2.10 RUNGE-KUTTA-Verfahren für Anfangswertprobleme erster Ordnung

4.2.6 Aufgabe: Das Iterationsprinzip von RUNGE-KUTTA

Um den mathematischen Formalismus der RUNGE-KUTTA-Methode in einer verständlicheren Form aufzuzeigen, untersuchen wir in dieser Aufgabe die Einzelheiten eines Iterationsschritts und zeichnen dafür die einzelnen Steigungselemente und die resultierenden Zuwächse für die RUNGE-KUTTA-Methode und das EULER-CAUCHY-Verfahren.

Aufgabenstellung:

Fertigen Sie die Grafik einer Lösung der Differentialgleichung aus Aufgabe 4.2.2 mit den Anfangswerten $x_0=-2$ und $y_0=1,09$ an, und tragen Sie im Intervall [0,3...1,8] die Steigungen des Richtungsfeldes an den vier Punkten zur Ermittlung der Fortschreitungsrichtung ein. Zeichnen Sie für einen Vergleich der Näherungsfehler die Approximationsgeraden des RUNGE-KUTTA- und des EULER-CAUCHY-Verfahrens ein.

Aufgabenlösung:

Für die Darstellung der Lösungskurve und der Steigungen verwenden wir aus Aufgabe 4.2.2 die Prozeduren DGL, LSG, AWP und LINIE. Das Programm RKINTV ruft diese Prozeduren extern auf und enthält nur den Teil für die grafische Darstellung der Iteration.

```
program RKINTV;
uses                            {Einbinden externer Units}
  GRAPH;                        {TURBO PASCAL Grafik-Befehle}

{$I STARTVGA}     {Prozedur einbinden: STARTVGA.PAS (s.S. 34)}
{$I DGL}          {Prozedur einbinden:     DGL.PAS (s.S. 64)}
{$I LSG}          {Prozedur einbinden:     LSG.PAS (s.S. 64)}
{$I AWP}          {Prozedur einbinden:     AWP.PAS (s.S. 65)}
{$I LINIE}        {Prozedur einbinden:   LINIE.PAS (s.S. 64)}
{$I ENDEVGA}      {Prozedur einbinden: ENDEVGA.PAS (s.S. 35)}
```

Wir beginnen die Prozedur ITERATION mit der Übergabe der Koordinaten und Anfangswerte und führen Variablen für den Startpunkt und die einzelnen Zuwächse ein:

```
procedure ITERATION(xK0,yK0,dx,dy:integer;        {Achsensystem}
                    x0,y0:real;                    {Anfangswerte}
                    xI1,xI2:real);                 {Intervallgrenzen}
  var
    x1,y1:real;                            {Laufende Koordinaten}
    k1,k2,k3,k4:real;                      {Zuwächse nach RUNGE-KUTTA}
    h:real;                                {Schrittweite (Intervallbreite)}
```

Für die weiteren Berechnungen ist es vorteilhaft, die Umrechnung der laufenden Koordinaten aller grafischen Elemente auf Bildschirmkoordinaten in zwei lokalen Funktionen x und y auszulagern:

```
function x(xr:real):integer;              {Bildschirmkoordinaten}
begin
  x:=xK0+trunc(xr*dx/2)
end;
```

```
function y(yr:real):integer;              {Bildschirmkoordinaten}
begin
  y:=yK0-trunc(yr*dy/2)
end;
```

Im Ausführungsteil zeichnen wir zunächst einen Ausschnitt des Achsenkreuzes aus Bild 4.2.2 und fügen die Intervallgrenzen ein.

```
begin
   line(xK0,yK0,xK0+dx,yK0);                  {Abszisse}
   line(xK0,yK0-dy,xK0,yK0+dy);               {Ordinate}

   h:=xI2-xI1;{Schrittweite}
   line(x(xI1),479,x(xI1),y(LSG(x0,y0,xI1))); {Intervallgrenze}
   line(x(xI2),479,x(xI2),y(LSG(x0,y0,xI2))); {Intervallgrenze}
   line(x(xI1),479,x(xI2),479);               {Abszisse Intervall}
```

Die Iteration beginnt an einem Anfangspunkt im Richtungsfeld, der in der Regel nur bei den Anfangswerten mit der exakten Lösung übereinstimmt und daher in diesem Fall geringfügig vertikal verschoben wird.

```
   x1:=xI1;                      {Anfangspunkt im Richtungsfeld}
   y1:=LSG(x0,y0,xI1)-0.03;      {Anfangspunkt im Richtungsfeld}
   SetLineStyle(SolidLn,0,ThickWidth);    {Line dick zeichnen}
```

Es folgt die Darstellung der Steigungen an den von RUNGE-KUTTA festgelegten Punkten im Richtungsfeld. Der Anfang entspricht genau dem EULER-CAUCHY-Verfahren:

```
   k1:=F(x1,y1)*h;                            {Zuwachs k1}
   LINIE(x(x1),y(y1),50,k1/h);                {Steigungselement}
```

In der Mitte des Intervalls werden die Zuwächse aus den Steigungen an zwei verschiedenen Ordinatenwerten ermittelt:

```
   k2:=F(x1+h/2,y1+k1/2)*h;                      {Zuwachs k2}
   LINIE(x(x1+h/2),y(y1+k1/2),50,k2/h);          {Steigungselement}

   k3:=F(x1+h/2,y1+k2/2)*h;                      {Zuwachs k3}
   LINIE(x(x1+h/2),y(y1+k2/2),50,k3/h);          {Steigungselement}
```

Bei dem Verfahren nach RUNGE-KUTTA wird auch ein Punkt am Ende des Intervalls berücksichtigt:

```
   k4:=F(x1+h,y1+k3)*h;                          {Zuwachs k4}
   LINIE(x(x1+h),y(y1+k3),50,k4/h);              {Steigungselement}
```

Am Ende der Prozedur zeichnen wir ausgehend vom Startpunkt die Approximationsgeraden für das RUNGE-KUTTA- und das EULER-CAUCHY-Verfahren.

```
    SetLineStyle(SolidLn,0,NormWidth);      {Line dünn zeichnen}
    MoveTo(x(x1),y(y1));
    LineTo(x(xI2),y(y1+(k1+2*k2+2*k3+k4)/6));      {RUNGE-KUTTA}
    MoveTo(x(x1),y(y1));
    LineTo(x(xI2),y(y1+k1));                        {EULER-CAUCHY}
  end;
```

Im Hauptprogramm berechnen wir das Anfangswertproblem und stellen das Iterationsverfahren grafisch dar.

```
  begin
    STARTVGA;                    {VGA Grafik 640x480 initialisieren}
    ITERATION(0,300,400,400,0,-0.4,0.3,1.8);             {Iteration}
    AWP(0,-0.4,0,300,400,400);       {Anfangswertproblem zeichnen}
    ENDEVGA;                     {Programm nach Tastendruck beenden}
  end.
```

Listing 4.2.11 Simulation eines Iterationsschrittes nach RUNGE-KUTTA

Das Diagramm in Bild 4.2.5 illustriert das Iterationsverfahren von RUNGE-KUTTA und zeigt eine deutlich verbesserte Konvergenz gegenüber dem EULER-CAUCHY-Verfahren. Der mit der EULER-CAUCHY-Methode berechnete Folgewert weicht stark vom exakten Verlauf der Lösung ab und kann in diesem Beispiel zu einer Divergenz der Iteration führen. Das Konvergenzverhalten kann bei der EULER-CAUCHY-Methode mit kleineren Schrittweiten zwar verbessert werden, die Konvergenzordnung des RUNGE-KUTTA-Verfahren wird aber nicht erreicht.

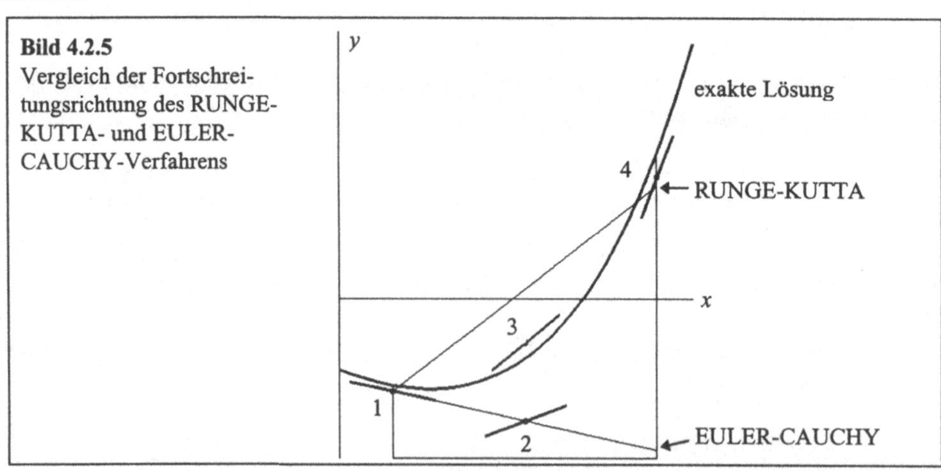

Bild 4.2.5 Vergleich der Fortschrei-tungsrichtung des RUNGE-KUTTA- und EULER-CAUCHY-Verfahrens

4.2.7 Aufgabe: Konvergenztest mit einer Zerfallsgleichung

Die gute Konvergenz des RUNGE-KUTTA-Verfahrens läßt sich am Zerfallsgesetz aus Gl. (4.2.2) mit der bekannten Lösung [GRO91]

$$N(t) = N_0 \exp(-kt) \tag{4.2.36}$$

zeigen. Wir vergleichen in dieser Aufgabe die Abweichungen der Verfahren von EULER-CAUCHY und RUNGE-KUTTA mit der exakten Lösung.

Aufgabenstellung:

Untersuchen Sie anhand des Zerfallsgesetzes die Konvergenzeigenschaften der vorgestellten numerischen Verfahren für die Anfangswerte $k=2$ und $N_0=1$ im Intervall $0<t<1$ mit der Schrittweite h=0,25. Stellen Sie die Iterationen und die exakte Lösung grafisch dar.

Aufgabenlösung:

Die Prozeduren für das EULER-CAUCHY- und RUNGE-KUTTA-Verfahren rufen die externe Verarbeitungsroutine

```
procedure DOPLOT(x,y:real);
begin
  if x=0 then MoveTo(0,479-trunc(N(0,1,2)*479))
         else LineTo(trunc(x*479),479-trunc(y*479))
end;
```

Listing 4.2.12 Grafische Ausgabe des Polygonzuges

und die Differentialgleichung

```
function F(t,y:real):real;              {Differentialgleichung}
begin
  F:=-2*y;                             {Zerfallsgesetz}
end;
```

Listing 4.2.13 Differentialgleichung für den Zerfallsprozeß

auf. Um die exakte Lösung in der Grafik darzustellen, benötigen wir die explizite Angabe der Lösungsfunktion und eine Prozedur zur Ausgabe von Meßpunkten:

```
function N(t,N0,k:real):real;           {Exakte Lösung}
begin
  N:=N0*exp(-k*t);                     {Lösung der Zerfallsgleichung}
end;
```

Listing 4.2.14 Lösung der Differentialgleichung für den Zerfallsprozeß

```
procedure FEXAKT;                       {Grafik der exakten Lösung}
var
  i:integer;
begin
  i:=0;                                            {Anfangswert}
  while i<479 do     {Vertikale Bildschirmauflösung abarbeiten}
  begin
    Circle(i,479-trunc(N(i/479,1,2)*479),2);       {Markierung}
    i:=i+25;                                       {weitergehen}
  end;
end;
```

Listing 4.2.15 Grafische Ausgabe der exakten Lösung

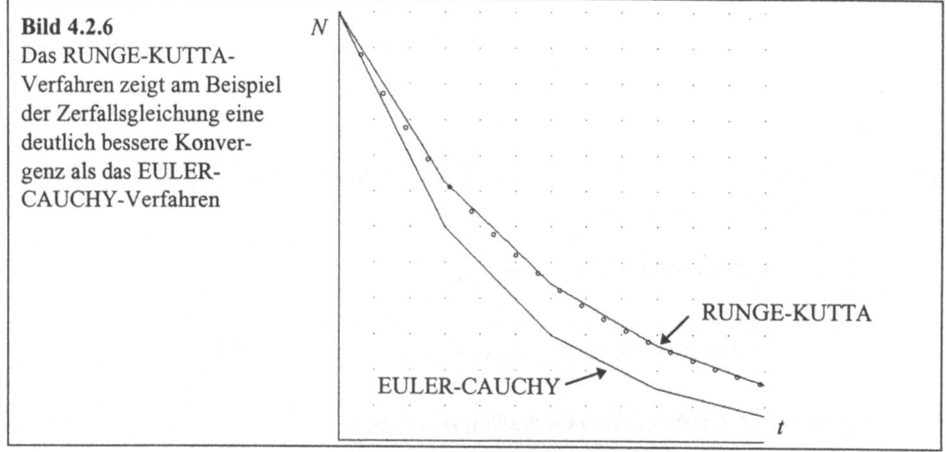

Für die Berechnung der Grafik in Bild 4.2.6 schreiben wir ein kurzes Programm
ZERFALL, das die externen Prozeduren einbindet und ausführt.

```
program ZERFALL;                              {Konvergenztest}
uses                                  {Einbinden externer Units}
  GRAPH;                          {TURBO PASCAL Grafik-Befehle}

{$I STARTVGA}   {Prozedur einbinden: STARTVGA.PAS (s.S. 34)}
{$I GITTER2}    {Prozedur einbinden:  GITTER2.PAS (s.S. 37)}
{$I DOPLOT}     {Prozedur einbinden:   DOPLOT.PAS (s.S. 77)}
{$I F}          {Prozedur einbinden:        F.PAS (s.S. 77)}
{$I N}          {Prozedur einbinden:        N.PAS (s.S. 77)}
{$I FEXAKT}     {Prozedur einbinden:    EXAKT.PAS (s.S. 78)}
{$I EULER1}     {Prozedur einbinden:   EULER1.PAS (s.S. 68)}
{$I RKUTTA1}    {Prozedur einbinden:  RKUTTA1.PAS (s.S. 73)}
{$I ENDEVGA}    {Prozedur einbinden:  ENDEVGA.PAS (s.S. 35)}

begin
  STARTVGA;                    {VGA Grafik 640x480 initialisieren}
```

```
GITTER2;                           {Achsen zeichnen}
FEXAKT;                            {Exakte Lösung zeichnen}
EULER1(0.25,0,1,1);               {Näherung nach EULER-CAUCHY}
RKUTTA1(0.25,0,1,1);              {Näherung nach RUNGE-KUTTA}
ENDEVGA;                      {Programm nach Tastendruck beenden}
end.
```

Listing 4.2.16 Konvergenztest mit einer Zerfallsgleichung

Obwohl die Schrittweise für diese Untersuchung sehr groß gewählt wurde, zeigt das Ergebnis in Bild 4.2.6 eine gute Konvergenz bei der RUNGE-KUTTA-Methode. Die Lösung nach EULER-CAUCHY entfernt sich zunächst rasch von der exakten Lösung und zeigt im späteren Verlauf eine konvergente Annäherung. Dieser bei dem EULER-CAUCHY-Verfahren häufig beobachtete Effekt kann besonders bei periodischen Lösungsfunktionen die Konvergenzeigenschaften verbessern und eine erfolgreiche Anwendung des EULER-CAUCHY-Verfahrens ermöglichen.

4.3 Differentialgleichungen zweiter Ordnung

Bei der Behandlung physikalischer Problemstellungen treten besonders häufig Differentialgleichungen zweiter Ordnung auf. Als Beispiele seien das als NEWTONsche Bewegungsgleichung [PFE97] bekannte Grundgesetz der klassischen Mechanik

$$\vec{F}(\vec{r}) = m\frac{\mathrm{d}^2\vec{r}}{\mathrm{d}t^2} \tag{4.3.1}$$

und die Schrödingergleichung [MET88] für die quantenmechanische Beschreibung der Zustände eines Elektrons mit der Wellenfunktion Ψ

$$\Delta\Psi + \frac{8\pi^2 m_e}{h^2}\left(E - E_{pot}\right)\Psi = 0 \tag{4.3.2}$$

genannt. Die Polygonzugverfahren von EULER-CAUCHY und RUNGE-KUTTA lassen sich auf Anfangswertprobleme zweiter Ordnung mit der allgemeinen Form

$$y'' = f(x, y(x), y'(x)) \, , \, y(x_0) = 0 \, , \, y'(x_0) = y_0' \tag{4.3.3}$$

ausweiten.

Eine Differentialgleichung zweiter Ordnung stellt kein Richtungsfeld wie bei Differentialgleichungen erster Ordnung dar (vgl. Bild 4.2.2 aus Aufgabe 4.2.2), sondern ein Krümmungsfeld. Die numerische Näherung läßt sich daher als Fortschreiten auf Kurvenstücken konstanter Krümmungen (Parabeln) und nicht wie bei Differentialgleichungen erster Ordnung auf Kurven konstanter Steigungen (Geraden) beschreiben.

Bei den numerischen Lösungsverfahren für Differentialgleichungen zweiter Ordnung ist das EULER-CAUCHY-Verfahren wieder als grundlegendes Verfahren mit einer leicht einsehbaren grafischen Interpretation zu bewerten. Das Rechenschema des RUNGE-KUTTA-Verfahrens weicht im Detail von dem beim EULER-CAUCHY-Verfahren angewendeten Prinzip des Fortschreitens auf Parabeln ab und erreicht damit eine wesentlich höhere Komplexität. In praktischen Anwendungen wird das RUNGE-KUTTA-Verfahren aber aufgrund der höheren Konvergenzordnung in der Regel vorgezogen.

Wir wollen in diesem Abschnitt zunächst die Erweiterung des EULER-CAUCHY-Verfahrens auf Differentialgleichungen zweiter Ordnung untersuchen und darauf aufbauend das RUNGE-KUTTA-Verfahren vierter Ordnung behandeln. Dafür bearbeiten wir die folgenden Aufgaben:

1. Das EULER-CAUCHY-Verfahren zweiter Ordnung

Entwurf eines Algorithmus für die Lösung von Differentialgleichungen zweiter Ordnung mit dem EULER-CAUCHY-Verfahren.

2. Zuwachs konstanter Krümmung bei Verfahren zweiter Ordnung

Darstellung des Prinzips der Berechnung von Zuwächsen bei den Verfahren zweiter Ordnung: Eine kubische Funktion und deren Ableitungen wird zusammen mit dem Zuwachs konstanter Krümmung als Ordinatenabschnitt einer Parabel gezeichnet.

3. Das RUNGE-KUTTA-Verfahren zweiter Ordnung

Erweiterung des Algorithmus für das EULER-CAUCHY-Verfahren um die für das RUNGE-KUTTA-Verfahren typischen Zwischenschritte und Entwicklung einer Prozedur für das RUNGE-KUTTA-Verfahren zweiter Ordnung.

4. Numerische Lösung einer Schwingungsgleichung

Numerische Lösung der Differentialgleichung einer viskos gedämpften Schwingung mit dem EULER-CAUCHY-Verfahren und Berechnung der Lösungstypen Schwingfall, Kriechfall und aperiodischer Grenzfall.

5. Der harmonische Oszillator im Phasenraum

Untersuchung der Konvergenzeigenschaften des EULER-CAUCHY-Verfahrens anhand der Phasenraumdarstellung des harmonischen Oszillators.

4.3.1 Aufgabe: Das EULER-CAUCHY-Verfahren

Das EULER-CAUCHY-Verfahren zweiter Ordnung läßt sich unter Berücksichtigung der Interpretation der Differentialgleichung als Krümmungsfeld unmittelbar aus dem Verfahren erster Ordnung ableiten. Die Lösung wird wieder durch konstantes Fortschreiten auf einem Raster mit einer bestimmten Schrittweite gesucht. Ein Folgewert wird also ausgehend vom aktuellen Punkt auf einer Parabel im Abstand der Schrittweite festgelegt. Ausgehend von einem Startpunkt mit bekannter Steigung und Krümmung erhalten wir die Funktion zum ersten genäherten Wert mit Hilfe der allgemeinen Parabelgleichung

$$y(x) = y_0 + mx + \frac{1}{2}ax^2 \, . \tag{4.3.4}$$

Einsetzen der Anfangswerte liefert die gesuchte Gleichung:

$$y(x_1) = y_0 + y_0'\mathrm{h} + \frac{1}{2}y_0''\mathrm{h}^2 \, . \tag{4.3.5}$$

Die geometrische Interpretation von Gl. (4.3.5) unterscheidet sich im Vergleich zum EULER-CAUCHY-Verfahren für Differentialgleichungen erster Ordnung um den Term, der die Krümmung beschreibt.

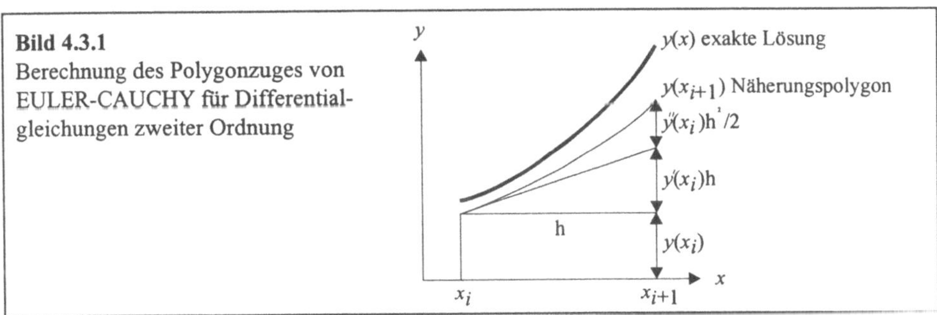

Bild 4.3.1
Berechnung des Polygonzuges von EULER-CAUCHY für Differentialgleichungen zweiter Ordnung

Ist der erste Näherungswert gefunden, so wird Gl. (4.3.5) analog für den nächsten Wert angewendet. An dieser Stelle tritt aber unmittelbar das Problem auf, daß die für die Berechnung erforderliche Steigung am Ausgangspunkt fehlt. Um die Steigung zu bestimmen, setzen wir einfach das Prinzip des EULER-CAUCHY-Verfahrens erster Ordnung ein

$$y'(x_1) = y_0' + y_0''\mathrm{h} \tag{4.3.6}$$

und erhalten mit Gl. (4.3.5) die allgemeine Iterationsvorschrift für Differentialgleichungen zweiter Ordnung:

$$y(x_{i+1}) = y(x_i) + y'(x_i)\mathrm{h} + \frac{1}{2}y''(x_i)\mathrm{h}^2 \quad \text{und} \qquad (4.3.7)$$

$$y'(x_{i+1}) = y'(x_i) + y''(x_i)\mathrm{h}. \qquad (4.3.8)$$

Ein Vergleich [ZUR65] von Gl. (4.3.7) mit der TAYLOR-Entwicklung des exakten Funktionswertes zeigt, daß der Quadraturfehler des EULER-CAUCHY-Verfahrens zweiter Ordnung für die Berechnung des Folgewertes von dritter Ordnung ist:

$$Q_i = \frac{1}{6}f''(x_i, y(x_i), y'(x_i))\mathrm{h}^3. \qquad (4.3.9)$$

Die Berechnung der Steigung für den Folgeschritt (vgl. Gl. (4.3.8)) wurde mit dem EULER-CAUCHY-Verfahren erster Ordnung durchgeführt und konvergiert nach Gl. (4.2.23) nur quadratisch. Insgesamt erreicht das EULER-CAUCHY-Verfahren zweiter Ordnung keine Konvergenz dritter Ordnung.

Aufgabenstellung:

Entwerfen Sie eine Prozedur EULER2 für die numerische Lösung von Anfangswertproblemen zweiter Ordnung mit dem EULER-CAUCHY-Verfahren.

Aufgabenlösung:

Wir beginnen die Prozedur EULER2 mit der Übergabe der Anfangswerte und der Schrittweite im Prozedurkopf. Im Vergleich zum EULER-CAUCHY-Verfahren erster Ordnung aus Aufgabe 4.2.3 erweitern wir die Parameterliste um die Steigung am Anfangspunkt.

```
procedure EULER2 (h,                            {Schrittweite}
                  xa,xe,                  {x-Anfangs- und Endwert}
                  ya,yla:real);           {y und y'-Anfangswerte}
var
  x,y:real;                               {Punkt des Polygonzuges}
  yl:real;                              {Ableitung am Gitterpunkt}
  y2:real;                              {Krümmung am Gitterpunkt}
begin
```

Der Ausführungsteil der Prozedur beginnt mit der Zuweisung der Anfangswerte an die entsprechenden Prozedurvariablen.

```
    x:=xa;y:=ya;yl:=yla;                    {Anfangswerte zuweisen}
```

In der folgenden Schleife wird das Intervall mit der Schrittweite abgearbeitet und bei jedem Durchlauf ein Wertetripel -bestehend aus den Koordinaten und der Steigung- für eine externe Verarbeitung an die Prozedur DOPLOT übergeben.

```
repeat                    {Streifen mit Schrittweite h abarbeiten}
   DOPLOT(x,y,y1);        {Ergebnisse extern verarbeiten}
```

Für die Berechnung des Folgewertes nach Gl. (4.3.7) und der Folgesteigung nach Gl. (4.3.8) ermitteln wir zunächst die zweite Ableitung am aktuellen Punkt.

```
y2:=F(x,y,y1);            {Zweite Ableitung am aktuellen Punkt}
```

Anschließend wird der nächste Funktionswert bestimmt, indem vom aktuellen Wert aus mit der aktuellen Krümmung um die Schrittweite fortgeschritten wird.

```
y:=y+y1*h+y2*h*h/2;       {Funktionswert am nächsten Punkt}
y1:=y1+y2*h;              {Steigung für Folgeberechnung}
x:=x+h;                   {Um die Schrittweite weitergehen}
  until x>xe;             {Weitergehen bis Streifenende}
end;
```

Listing 4.3.1 EULER-CAUCHY-Methode für Differentialgleichungen zweiter Ordnung

4.3.2 Aufgabe: Zuwachsberechnung mit konstanter Krümmung

Wir sahen bei den Verfahren erster Ordnung, daß die Zuwächse für die Berechnung des Folgewertes eines Polygonzuges als Ordinate des Steigungsdreiecks bezüglich der Schrittweite definiert waren. Die Fortschreitungsrichtung war also eine Gerade mit der Steigung des Richtungsfeldes am Ausgangspunkt des folgenden Iterationsschrittes. Bei Verfahren zweiter Ordnung ist die Interpretation der Bestimmungsgleichung für den folgenden Näherungswert komplizierter, da Gl. (4.3.7) im Vergleich zu Verfahren erster Ordnung einen zusätzlichen Term enthält, der von der Krümmung abhängt. Um das Fortschreiten auf Kurven konstanter Krümmung und die Weise der Berechnung der Funktionszuwächse bei den Näherungsschritten deutlich zu machen, berechnen wir den krümmungsabhängigen Term einer bekannten Lösung und stellen den Zuwachs grafisch dar.

Aufgabenstellung:

Schreiben Sie ein Programm ZUWACHS für die Simulation der Ermittlung eines Folgewertes mit der Methode der konstanten Krümmung. Verwenden Sie als exakte Lösung eine kubische Funktion

$$f(x) = x^3 \tag{4.3.10}$$

und setzen Sie deren Ableitungen als Fortschreitungsrichtung für die erste und zweite Ordnung an. Zeichnen Sie entsprechend Bild 4.3.1 den krümmungsabhängigen Zuwachs ein. Untersuchen Sie die kubische Funktion im Intervall [3,4].

Aufgabenlösung:

Um die Situation in Bild 4.3.1 wiederzugeben, verschieben wir die kubische Funktion und ihre Ableitungen in einen gemeinsamen Anfangspunkt am Intervallbeginn. Anschließend zeichnen wir den krümmungsabhängigen Zuwachs als Ordinate in das Steigungsdreieck aus der Krümmung am Schrittbeginn und der Schrittweite. Das Programm ZUWACHS beginnt mit den Deklarationen für die VGA-Grafik:

```
program ZUWACHS;
uses
  GRAPH;                          {TURBO PASCAL Grafik Befehle}

{$I STARTVGA}     {Prozedur einbinden: STARTVGA.PAS (s.S. 34)}
{$I ENDEVGA}      {Prozedur einbinden:  ENDEVGA.PAS (s.S. 35)}
```

Anschließend führen wir Konstanten für den Schrittbeginn und die Schrittweite ein. Weiterhin benötigen wir für eine Ausgabe auf dem Bildschirm Skalierungswerte in x- und y-Richtung.

```
const
  x:real=3;                              {Schrittbeginn}
  h:real=1;                              {Schrittweite}
  sx:real=400;                      {x-Skalierung Ausgabe}
  sy:real=10;                       {y-Skalierung Ausgabe}
```

Wir definieren nun die kubische Funktion und deren erste und zweite Ableitung:

```
function F3(x:real):real;                {Kubische Funktion}
begin
  F3:=x*x*x;
end;

function F1(x:real):real;         {1. Ableitung der Funktion}
begin
  F1:=3*x*x;
end;

function F2(x:real):real;         {2. Ableitung der Funktion}
begin
  F2:=6*x;
end;
```

Für die Umrechnung der Funktionswerte und Koordinaten auf die Bildschirmskalierung verwenden wir die Funktionen XMON und YMON. Die Abszisse wird dabei auf 400 Bildpunkte skaliert, der Faktor für die Ordinate ist ein empirisch bestimmter Wert.

```pascal
function XMON(x:real):integer;              {x-Wert auf dem Monitor}
begin
  XMON:=x1+trunc(x*sx/h);
end;

function YMON(y:real):integer;              {y-Wert auf dem Monitor}
begin
  YMON:=y1-trunc(sy*y);
end;
```

Mit der Prozedur `PLOTF` stellen wir die kubische Funktion und deren Ableitungen im Intervall dar:

```pascal
procedure PLOTF(x1,y1:integer);    {Grafik der Funktionskurven}
var
  xi:real;                              {Laufende Koordinate}
begin
  xi:=x;                             {Anfangswert am Schrittbeginn}
  while xi<=x+h do                    {Schrittweite abarbeiten}
  begin
    PutPixel(XMON(xi-x),YMON(F3(xi)-F3(x)),white);  {Funktion}
    PutPixel(XMON(xi-x),YMON(F2(xi)-F2(x)),white);   {1. Abl.}
    PutPixel(XMON(xi-x),YMON(F1(xi)-F1(x)),white);   {2. Abl.}
    xi:=xi+h/200;          {200 Punkte im Intervall berechnen}
  end;
  line(x1,y1,x1,0);                              {Ordinate}
  line(x1,y1,x1+trunc(sx),y1);                   {Abszisse}
end;
```

Der Zuwachs wird jetzt wie in Bild 4.3.1 als fette Linie am Schrittende unter die erste Ableitung gezeichnet:

```pascal
procedure PLOTZ(x1,y1:integer);                {Zuwachs ausgeben}
begin
  SetLineStyle(SolidLn,0,ThickWidth);            {Fette Linie}
  line(x1-1,y1+3,x1-1,y1+trunc(sy*F2(x)*h*h/2)+10);
end;
```

Im Hauptteil des Programms ZUWACHS nehmen wir nur noch die einzelnen Prozeduraufrufe vor und erhalten die Grafik in Bild 4.3.2.

```pascal
begin
  STARTVGA;                              {VGA-Grafik initialisieren}
  PLOTF(70,380);                         {Funktion und Ableitungen}
  PLOTZ(70+trunc(sx),380-trunc(sy*(F2(x+h)-F2(x)))); {Zuwachs}
  ENDEVGA;                               {Grafik und Programm beenden}
end.
```

Listing 4.3.2 Grafische Darstellung der Berechnung des Folgewertes

Wir haben den Zuwachs als Ordinatenabschnitt eines Steigungsdreiecks bezeichnet, was streng genommen nicht exakt ist, da ein krummliniges Dreieck vorliegt. Beachten Sie aber, daß das Dreieck nach einer „Differentiation" genau in das Steigungsdreieck aus erster Ableitung und Schrittweite übergeht. Bild 4.3.2 macht deutlich, wie der Folgewert als Summe aus dem vorigen Wert, der Ordinate des Steigungsdreiecks aus Schrittweite und zweiter Ableitung (hier nicht eingezeichnet) und dem mit dem Programm ZUWACHS berechneten Anteil gebildet wird.

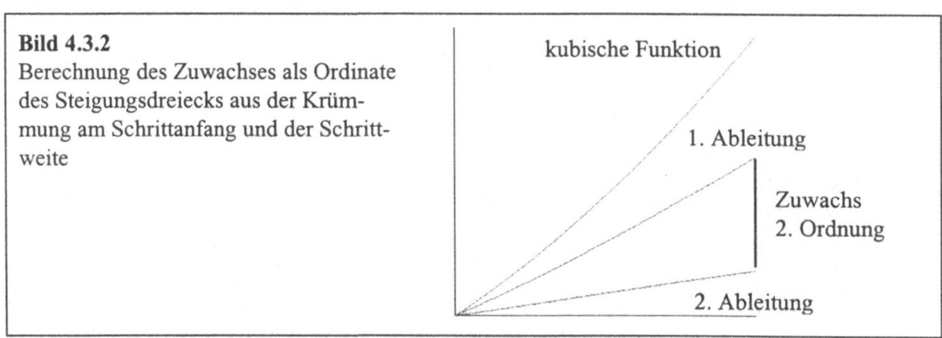

Bild 4.3.2
Berechnung des Zuwachses als Ordinate des Steigungsdreiecks aus der Krümmung am Schrittanfang und der Schrittweite

4.3.3 Aufgabe: Das RUNGE-KUTTA-Verfahren

Das in Aufgabe 4.2.5 vorgestellte RUNGE-KUTTA-Verfahren wurde von NYSTRÖM [NYS25] auf Differentialgleichungen zweiter Ordnung erweitert. Nach RUNGE-KUTTA-NYSTRÖM wird das Fortschreiten im Krümmungsfeld wie beim Verfahren erster Ordnung in mehreren Schritten am Anfang, in der Mitte und am Ende des durch die Schrittweite vorgegebenen Intervalls berechnet. Die Fortschreitungsrichtung wird dabei an den einzelnen Berechnungspunkten im Intervall durch Parabelbögen mit jeweils unterschiedlicher konstanter Krümmung vorgegeben. Wie beim EULER-CAUCHY-Verfahren zweiter Ordnung muß auch hier wieder die Steigung am aktuellen Punkt bekannt sein. Am Ende eines Iterationsschrittes werden die Mittelwerte der Zuwächse so kombiniert, daß die Näherungswerte für den neuen Funktionswert und die neue Ableitung bis zur vierten Ordnung mit den Gliedern einer TAYLOR-Reihe übereinstimmen.

Der Quadraturfehler des RUNGE-KUTTA-NYSTRÖM-Verfahrens zweiter Ordnung läßt sich dann abschätzen zu:

$$Q_i = \frac{1}{4!} f'''(x_i, y(x_i), y'(x_i), y''(x_i)) h^4 .$$ (4.3.11)

Wir stellen jetzt das Rechenschema des RUNGE-KUTTA-Verfahrens vor und beginnen mit der Berechnung am Intervallanfang. Der Zuwachs k_1 ist der Ordinatenabschnitt einer Parabel bezogen auf die gesamte Schrittweite h:

$$k_1 = f(x_i, y_i, y_i') \frac{1}{2} h^2 \, . \tag{4.3.12}$$

Der Zuwachs k_2 wird wie bei dem Verfahren erster Ordnung in der Schrittmitte berechnet, die y-Koordinate des Krümmungsfeldes folgt aus der Steigung und dem Zuwachs vom ersten Schritt. An der aktuellen Koordinate wird die zur Lösung der Differentialgleichung nötige Steigung aus dem Anfangswert und dem Steigungsdreieck aus k_1 und der Schrittweite h berechnet. Wie vorher wird k_2 auf einer Kurve konstanter Krümmung nach dem Prinzip von RUNGE-KUTTA gefunden:

$$k_2 = f(x_i + \frac{1}{2}h, y_i + \frac{1}{2}y_i' + \frac{1}{4}k_1, y_i' + \frac{k_1}{h}) \frac{1}{2} h^2 \, . \tag{4.3.13}$$

Der Zuwachs k_3 wird an derselben Koordinate im Krümmungsfeld wie k_2 berechnet, für den Ordinatenabschnitt des Steigungsdreiecks wird aber der Zuwachs k_2 verwendet:

$$k_3 = f(x_i + \frac{1}{2}h, y_i + \frac{1}{2}y_i' + \frac{1}{4}k_1, y_i' + \frac{k_2}{h}) \frac{1}{2} h^2 \, . \tag{4.3.14}$$

Die Berechnung von k_4 erfolgt wieder am Schrittende, wobei die Steigung im Unterschied zu den vorigen Schritten doppelt eingeht:

$$k_4 = f(x_i + h, y_i + y_i'h + k_3, y_i' + 2\frac{k_3}{h}) \frac{1}{2} h^2 \, . \tag{4.3.15}$$

Der Folgewert des Polygonzuges kann jetzt analog zum EULER-CAUCHY-Verfahren für Differentialgleichungen zweiter Ordnung nach Gl. (4.3.7) gebildet werden. Eine wesentliche Voraussetzung für die guten Konvergenzeigenschaften des RUNGE-KUTTA-Verfahrens verbirgt sich in der empirische Mittelwertformel

$$k = \frac{1}{3}(k_1 + k_2 + k_3) \tag{4.3.16}$$

für den Gesamtzuwachs im Intervall. Mit Hilfe des Gesamtzuwachses und der Steigung am Schrittanfang lauten die Koordinaten des im Abstand der Schrittweite festgelegten Folgewertes:

$$x_{i+1} = x_i + h \, ,$$

$$y(x_{i+1}) = y_i + y_i'h + k \, . \tag{4.3.17}$$

Für den nächsten Näherungsschritt muß auch die aktuelle Steigung bekannt sein, dafür wird ein weiterer empirischer Mittelwert aus den einzelnen Zuwächsen bestimmt:

$$l = \frac{1}{3}(k_1 + 2k_2 + 2k_3 + k_4).$$ (4.3.18)

Die Steigung des Folgewertes ergibt sich dann aus der Beziehung:

$$y'(x_{i+1}) = y_i' + \frac{l}{h}.$$ (4.3.19)

Wir fahren mit der algorithmischen Umsetzung des RUNGE-KUTTA-Verfahrens fort und beginnen die Prozedur RKUTTA2 mit der Parameterübergabe, die identisch zum EULER-CAUCHY-Verfahren zweiter Ordnung ist.

```
procedure RKUTTA2 (h,                         {Schrittweite}
                   xa,                        {x-Anfangswert}
                   xe,                          {x-Endwert}
                   ya,                        {y-Anfangswert}
                   yla:real);                 {y'-Anfangswert}
```

In die Variablenliste nehmen wir zusätzlich zu den laufenden Koordinaten Deklarationen für die einzelnen Zuwächse und die empirischen Mittelwerte auf:

```
var
  x,y,y1:real;                      {Laufende Koordinaten}
  k1,k2,k3,k4:real;                         {Zuwächse}
  k,l:real;                       {Empirische Mittelwerte}
```

Im Hauptteil der Prozedur RKUTTA2 werden die Anfangswerte an die laufenden Koordinaten übergeben und innerhalb der Iterationsschleife mit der externen Prozedur DOPLOT ausgegeben.

```
begin
  x:=xa; y:=ya; y1:=yla;                    {Anfangswerte}

  repeat                               {Iterationsschleife}
    DOPLOT(x,y,y1);                      {Externe Ausgabe}
```

Die nun folgenden Anweisungen entsprechen genau den oben aufgeführten Gleichungen Gl. (4.3.12) bis Gl. (4.3.19). Als Abbruchbedingung wird am Ende der Schleife die laufende x-Koordinate auf das Überschreiten der Streifengrenze geprüft.

```
k1:=F(x,y,y1)*h*h/2;                         {Zuwachs k1}
k2:=F(x+h/2,y+y1/2+k1/4,y1+k1/h)*h*h/2;      {Zuwachs k2}
k3:=F(x+h/2,y+y1/2+k1/4,y1+k2/h)*h*h/2;      {Zuwachs k3}
k4:=F(x+h,y+y1*h+k3,y1+2*k3/h)*h*h/2;        {Zuwachs k4}

k:=(k1+k2+k3)/3;                {Empirischer Mittelwert k}
```

```
   l:=(k1+2*k2+2*k3+k4)/3;          {Empirischer Mittelwert l}

     x:=x+h;                              {Neue x-Koordinate}
     y:=y+y1*h+k;                         {Neue y-Koordinate}
     y1:=y1+l/h;                            {Neue Steigung}
   until x>xe;                          {Streifen abarbeiten}
 end;
```

Listing 4.3.3   RUNGE-KUTTA-Verfahren für Differentialgleichungen zweiter Ordnung

4.3.4 Aufgabe: Die Schwingungsgleichung mit viskoser Reibung

Als Beispiel für die Anwendung numerischer Verfahren für die Lösung von Differentialgleichungen zweiter Ordnung wollen wir in dieser Aufgabe die Schwingungsgleichung mit geschwindigkeitsabhängiger (viskoser) Reibung lösen. Die Differentialgleichung für eine viskos gedämpfte Schwingung lautet in allgemeiner Form:

$$m\ddot{y} + b\dot{y} + cy = 0 \,. \tag{4.3.20}$$

Der zweite Term beschreibt dabei eine Reibungskraft, die proportional zur Geschwindigkeit ist, der dritte Term entspricht im mechanischen Fall der Rückstellkraft. Mit dem für die Schwingung charakteristischen Dämpfungsgrad

$$D = \frac{b}{2\sqrt{mc}} \tag{4.3.21}$$

und der Eigenfrequenz (THOMSON-Formel)

$$\omega_0 = \sqrt{\frac{c}{m}} \tag{4.3.22}$$

des ungedämpften Systems läßt sich die Differentialgleichung in der Form

$$\ddot{y} + 2D\omega\dot{y} + \omega_0^2 y = 0 \tag{4.3.23}$$

schreiben. Eine analytische Behandlung [HER95] der Schwingungsgleichung führt auf drei mögliche Lösungsfälle, die vom Dämpfungsgrad abhängen:

$D<1$: Schwingfall,
$D>1$: Kriechfall,
$D=1$: aperiodischer Grenzfall.

Aufgabenstellung:

Lösen Sie die Schwingungsgleichung Gl. (4.3.23) numerisch, und stellen Sie die drei Lösungstypen mit den Anfangswerten $y(0)=1$, $y'(0)=0$, $\omega_0=0,05$ und den

Dämpfungskonstanten $D=0{,}1$ (Schwingfall), $D=1$ (aperiodischer Grenzfall), $D=3$ (Kriechfall) grafisch dar.

Aufgabenlösung:

Wir beginnen das Programm GSCHWING mit den Aufrufen der externen Prozeduren für die Grafik und das Achsenkreuz.

```
program GSCHWING;                       {Viskos gedämpfte Schwingung}
uses
   GRAPH;                               {TURBO PASCAL Grafik Befehle}

{$I STARTVGA}      {Prozedur einbinden: STARTVGA.PAS (s.S. 34)}
{$I GITTER1}       {Prozedur einbinden:  GITTER1.PAS (s.S. 36)}
{$I ENDEVGA}       {Prozedur einbinden:  ENDEVGA.PAS (s.S. 35)}
```

Anschließend definieren wir die Schwingungsgleichung innerhalb der von der Prozedur EULER2 aufgerufenen Funktion F. Die Konstantendeklaration enthält bereits die Dämpfungskonstanten für alle drei Fälle, jeweils nicht verwendete Konstanten müssen als Kommentar eingeklammert werden.

```
function F(x,y,y1:real):real;             {Definition der DGL}
const
  D=0.1;                        {Dämpfungskonstante Schwingfall}
{ D=1; }          {Dämpfungskonstante aperiodischer Grenzfall}
{ D=3; }                        {Dämpfungskonstante Kriechfall}
  w=0.05;                                     {Eigenfrequenz}
begin
  F:=-2*D*w*y1-w*w*y;                     {Schwingungsgleichung}
end;
```

Mit der Prozedur DOPLOT geben wir die Lösungskurve in dem Gitter für Zeitdarstellungen grafisch aus:

```
procedure DOPLOT(x,y,y1:real);            {Grafische Ausgabe}
begin
  if x=0 then MoveTo(trunc(x),240-trunc(200*y))
         else LineTo(trunc(x),240-trunc(200*y));
end;
```

Die externe Prozedur EULER2 kann erst an dieser Stelle eingebunden werden, da EULER2 die Prozeduren F und DOPLOT aufruft. Der TURBO PASCAL Compiler folgt einer streng seriellen Abarbeitung des Quellcodes und erlaubt nur die Verwendung von bereits deklarierten Funktionen und Prozeduren. Auf Konstruktionen wie beispielsweise die Header-Dateien der Programmiersprache C wurde zugunsten einer höheren Compilierungsgeschwindigkeit verzichtet.

```
{$I EULER2}          {Prozedur einbinden:  EULER2.PAS  (s.S. 82)}
```

Im Hauptteil des Programms folgen die Anweisungen für die Berechnung und Ausgabe der Grafik in Bild 4.3.3.

```
begin
  STARTVGA;                {VGA-Grafik 640x480 initialisieren}
  GITTER1;                    {Gitter für Zeitdarstellungen}
  EULER2(1,0,639,1,0);            {EULER-CAUCHY 2. Ordnung}
  ENDEVGA;               {Grafik nach Tastendruck beenden}
end.
```

Listing 4.3.4 Numerische Lösung einer Schwingungsgleichung mit viskoser Dämpfung

Ein Vergleich der Ergebnisse in Bild 4.3.3 mit den erwarteten Lösungskurven macht deutlich, daß das EULER-CAUCHY-Verfahren in diesem Fall konvergiert. Das folgende Beispiel des harmonischen Oszillators im Phasenraum läßt sich ebenfalls mit EULER-CAUCHY behandeln, im Abschnitt über Differentialgleichungssysteme zweiter Ordnung werden wir aber anhand der Bewegung einer Ladung unter dem Einfluß der LORENTZ-Kraft eine physikalische Anwendung sehen, bei der erst das RUNGE-KUTTA-Verfahren konvergent ist.

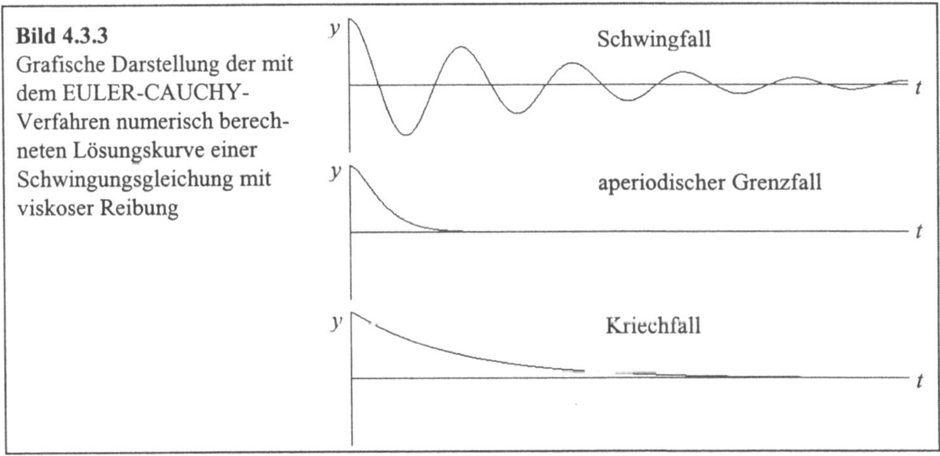

Bild 4.3.3
Grafische Darstellung der mit dem EULER-CAUCHY-Verfahren numerisch berechneten Lösungskurve einer Schwingungsgleichung mit viskoser Reibung

4.3.5 Aufgabe: Der harmonische Oszillator im Phasenraum

Als abschließendes Beispiel für die numerische Lösung von Differentialgleichungen zweiter Ordnung stellen wir das Phasenraumdiagramm des harmonischen Oszillators grafisch dar. Da bei abgeschlossenen Systemen das Prinzip der Energieerhaltung eine geschlossene Kurve im Phasenraum erfordert, können wir die Konvergenz des verwendeten numerischen Verfahrens prüfen.

Aufgabenstellung:

Stellen Sie das Anfangswertproblem des harmonischen Oszillators

$$F(y) = -ky\,,\ k = 1\,,\ y_0 = 150\,,\ y_0' = 0 \tag{4.3.24}$$

im Phasenraum dar, und prüfen Sie die Konvergenz des EULER-CAUCHY-Verfahrens mit unterschiedlichen Schrittweiten.

Aufgabenlösung:

Für die Lösung dieser Aufgabe schreiben wir ein kurzes Programm HOSZI mit einem Programmaufbau wie in Listing 4.3.4, in diesem Beispiel wird lediglich die Prozedur DOPLOT an die Phasenraumdarstellung (Geschwindigkeit über Ortskoordinate) angepaßt.

```pascal
program HOSZI;            {Harmonischer Oszillator im Phasenraum}
uses
  GRAPH;                          {TURBO PASCAL Grafik-Befehle}
const
  h=0.01;                   {Schrittweite divergentes Verhalten}

procedure DOPLOT(x,y,y1:real);    {Ausgabe Phasenraumdiagramm}
begin
  PutPixel(320+trunc(y),240-trunc(y1),white);
end;

function F(x,y,y1:real):real;        {Funktion y''=f(x,y,y')}
begin
  F:=-y;
end;

{$I STARTVGA}    {Prozedur einbinden: STARTVGA.PAS (s.S. 34)}
{$I GITTER4}     {Prozedur einbinden:  GITTER4.PAS (s.S. 37)}
{$I ENDEVGA}     {Prozedur einbinden:  ENDEVGA.PAS (s.S. 35)}
{$I EULER2}      {Prozedur einbinden:   EULER2.PAS (s.S. 82)}

begin
  STARTVGA;                  {VGA-Grafik 640x480 initialisieren}
  GITTER4;                       {Achsenkreuz in Bildmitte}
  EULER2(h,0,20*2*pi,150,0);        {EULER-CAUCHY 2. Ordnung}
  ENDEVGA;                   {Programm nach Tastendruck beenden}
end.
```

Listing 4.3.5   Harmonischer Oszillator im Phasenraum

Wir beginnen mit der relativ groben Schrittweite von h=0,01 und erhalten das in Bild 4.3.4 dargestellte divergente Verhalten. Die Phasenraumbahn ist nach 20 Umläufen nicht geschlossen und weitet zunehmend auf. Das Prinzip der Energieerhaltung läßt sich daher mit dieser numerischen Näherung nicht nachvollziehen.

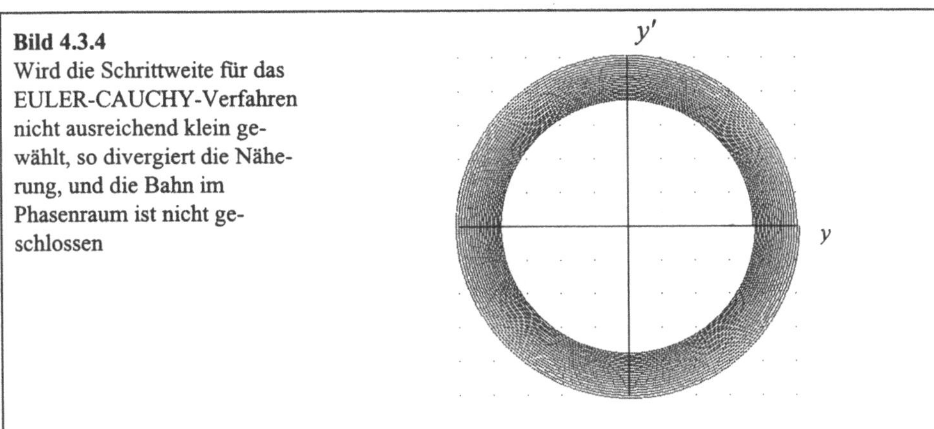

Bild 4.3.4
Wird die Schrittweite für das
EULER-CAUCHY-Verfahren
nicht ausreichend klein gewählt, so divergiert die Näherung, und die Bahn im
Phasenraum ist nicht ge-
schlossen

Eine Verringerung der Schrittweite auf h=0,0001 führt auf die konvergente numerische Näherung in Bild 4.3.5 mit der geschlossenen Kurve im Phasenraum.

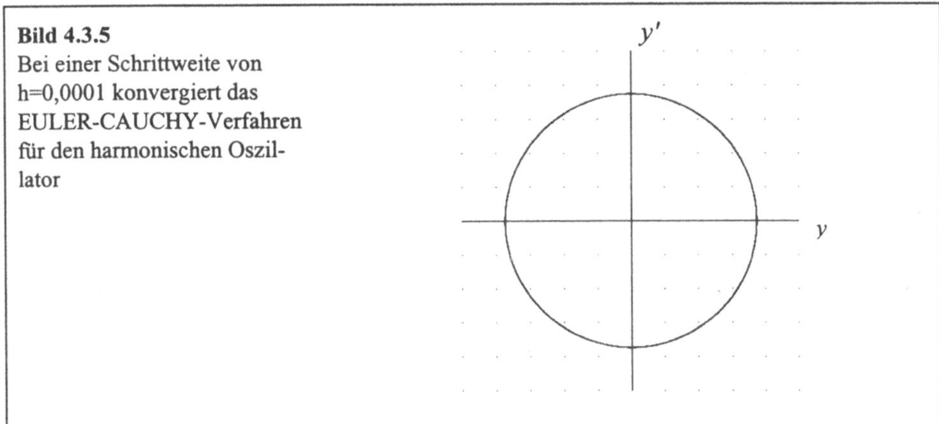

Bild 4.3.5
Bei einer Schrittweite von
h=0,0001 konvergiert das
EULER-CAUCHY-Verfahren
für den harmonischen Oszillator

4.4 Differentialgleichungssysteme zweiter Ordnung

Das Prinzip der Einschrittverfahren läßt sich auch auf Systeme von gekoppelten
Differentialgleichungen anwenden. In der Physik treten häufig Anfangswertprobleme zweiter Ordnung mit der Zeit als unabhängiger Variable auf:

$$\ddot{x} = f(t,x,\dot{x},y,\dot{y},z,\dot{z}) \, , \, x(0) = x_0 \, , \, \dot{x}(0) = \dot{x}_0 \qquad (4.4.1)$$

$$\ddot{y} = g(t,x,\dot{x},y,\dot{y},z,\dot{z}) \, , \, y(0) = y_0 \, , \, \dot{y}(0) = \dot{y}_0 \qquad (4.4.2)$$

$$\ddot{z} = h(t,x,\dot{x},y,\dot{y},z,\dot{z}) \, , \, z(0) = z_0 \, , \, \dot{z}(0) = \dot{z}_0 \, . \qquad (4.4.3)$$

Liegt ein entkoppeltes System vor, so können die Differentialgleichungen der einzelnen Koordinaten mit den bereits diskutierten Verfahren zweiter Ordnung von EULER-CAUCHY oder RUNGE-KUTTA separat gelöst werden. Beim allgemeinen Fall gekoppelter Systeme ist es erforderlich, während der Iterationsschritte die Kopplung zu berücksichtigen. Da die gekoppelten Größen im Verlauf der Iteration bekannt sind, erweitern wir einfach die einzelnen Schritte aus Listing 4.3.1 (EULER-CAUCHY) und Listing 4.3.3 (RUNGE-KUTTA) um die Anweisungen für die zusätzlichen Koordinaten. Im einzelnen behandeln wir im Abschnitt über die Lösungsverfahren für gekoppelte Systeme zweiter Ordnung folgende Aufgaben:

1. Erweiterung des EULER-CAUCHY-Verfahrens

Erweiterung des EULER-CAUCHY-Verfahrens zweiter Ordnung auf gekoppelte Systeme unter Einbeziehung der neuen Koordinaten in den Iterationsprozeß.

2. Erweiterung des RUNGE-KUTTA-Verfahrens

Modifikation des in der Praxis wichtigeren Verfahrens von RUNGE-KUTTA für die Anwendung auf gekoppelte Systeme zweiter Ordnung.

3. Konvergenztest mit der LORENTZ-Kraft

Untersuchung der Konvergenz der Verfahren von EULER-CAUCHY und RUNGE-KUTTA am klassischen Beispiel der Bewegung einer Ladung im Magnetfeld.

4.4.1 Aufgabe: Erweiterung des EULER-CAUCHY-Verfahrens

Das EULER-CAUCHY-Verfahren für Systeme zweiter Ordnung geht unmittelbar aus dem Verfahren für Differentialgleichungen aus Aufgabe 4.3.1 hervor, indem die einzelnen Schritte jeweils für alle Koordinaten durchgeführt werden. Die Berücksichtigung der Kopplung geht dabei automatisch in das Verfahren ein.

Aufgabenstellung:

Erweitern Sie die Prozedur EULER2 aus Listing 4.3.1 um die y- und z-Koordinate, und stellen Sie die unabhängige Variable auf die Zeit um. Fassen Sie den Quellcode in einer Prozedur EULER2S für die Lösung von Systemen zweiter Ordnung zusammen.

Aufgabenlösung:

Wir beginnen die Prozedur EULER2S mit der Übergabe des Satzes von Anfangswerten, der jetzt aus dem Zeitintervall, den Koordinaten und deren erster Ableitung besteht. Anschließend definieren wir Laufvariablen für die aktuellen Koordinaten und Ableitungen der einzelnen Iterationsschritte.

```
procedure EULER2S(h,ta,te,     {Schrittweite und Zeitintervall}
                  xa,x1a,      {x-Anfangswert und Ableitung}
                  ya,y1a,      {y-Anfangswert und Ableitung}
                  za,z1a:real); {z-Anfangswert und Ableitung}
var
  t:real;                            {Laufvariable für die Zeit}
  x,y,z:real;                     {Näherungswert am Gitterpunkt}
  x1,y1,z1:real;                  {1. Ableitung am Gitterpunkt}
  x2,y2,z2:real;                  {2. Ableitung am Gitterpunkt}
```

Der Ausführungsteil der Prozedur beginnt mit der Zuweisung der Anfangswerte an die Laufvariablen.

```
begin
  t:=ta;                       {Anfangswert der Zeit zuweisen}
  x:=xa;   y:=ya;   z:=za;        {Anfangswerte Koordinaten}
  x1:=x1a; y1:=y1a; z1:=z1a;      {Anfangswerte 1. Ableitung}
```

Wie bei den Prozeduren der vorher diskutierten Verfahren wird in der Iterationsschleife zunächst der aktuelle Näherungswert (hier: Zeit, Koordinaten und Ableitungen) mit DOPLOT ausgegeben.

```
repeat                               {Iterationsschleife}
  DOPLOT(t,x,y,z,x1,y1,z1);                  {Ausgabe}
```

In den folgenden Zeilen berechnen wir als Vorbereitung für die Ausführung des EULER-CAUCHY-Schrittes die zweite Ableitung aller Koordinaten mit den entsprechenden Funktionsaufrufen aus der Definition des Differentialgleichungssystems. Die Kopplung der Koordinaten und Ableitungen kann an dieser Stelle vollständig berücksichtigt werden, da alle Koordinaten und Ableitungen am momentanen Punkt der Iteration bekannt sind.

```
x2:=F(t,x,y,z,x1,y1,z1);    {2. Ableitung in x aus DGL}
y2:=G(t,x,y,z,x1,y1,z1);    {2. Ableitung in y aus DGL}
z2:=I(t,x,y,z,x1,y1,z1);    {2. Ableitung in z aus DGL}
```

Jetzt werden entsprechend Gl. (4.3.7) die Zuwächse aller Koordinaten bezogen auf den Startpunkt aus dem Steigungsdreieck und dem Anteil der Richtung konstanter Krümmung berechnet:

```
x:=x+x1*h+x2*h*h/2;                        {Zuwachs in x}
y:=y+y1*h+y2*h*h/2;                        {Zuwachs in y}
z:=z+z1*h+z2*h*h/2;                        {Zuwachs in z}
```

Für den Folgeschritt muß wieder die Ableitung am nächsten Startpunkt bekannt sein, wir berechnen also die ersten Ableitungen nach Gl. (4.3.8):

```
x1:=x1+x2*h;              {x-Ableitung für den Folgeschritt}
y1:=y1+y2*h;              {y-Ableitung für den Folgeschritt}
z1:=z1+z2*h;              {z-Ableitung für den Folgeschritt}
```

Der Iterationsschritt ist damit abgeschlossen, und die aktuelle Zeitkoordinate kann um die Schrittweite zum nächsten Iterationspunkt verschoben werden.

```
  t:=t+h;                {Mit der Schrittweite zum nächsten Punkt}
  until t>te;                       {Bis zum Intervallende}
end;
```

Listing 4.4.1   Das EULER-CAUCHY-Verfahren für DGL-Systeme zweiter Ordnung

Das EULER-CAUCHY-Verfahren läßt sich also relativ einfach auf Differentialgleichungssysteme erweitern. Im Falle des RUNGE-KUTTA-Verfahrens sind die Modifikationen aufgrund der Komplexität des Prinzips von RUNGE-KUTTA weniger anschaulich darstellbar.

4.4.2 Aufgabe: Erweiterung des RUNGE-KUTTA-Verfahrens

Bei der Erweiterung des RUNGE-KUTTA-Verfahrens auf Differentialgleichungssysteme zweiter Ordnung wird das Iterationsprinzip aus Aufgabe 4.3.3 exakt beibehalten und lediglich auf die zusätzlichen Koordinaten angewendet. Dadurch wird der Algorithmus vom Rechenschema her nicht komplizierter, aber deutlich länger.

Aufgabenstellung:

Entwerfen Sie eine Prozedur RKUTTA2S für die numerische Lösung von gekoppelten Differentialgleichungssystemen zweiter Ordnung in drei Koordinaten x, y, z und mit der Zeit als unabhängiger Variable.

Aufgabenlösung:

Wir beginnen die Prozedur RKUTTA2S mit einem Prozedurkopf, der identisch mit dem der Prozedur EULER2S aus Listing 4.4.1 ist:

```
procedure RKUTTA2S(h,ta,te,    {Schrittweite und Zeitintervall}
                   xa,xla,        {x-Anfangswert und Ableitung}
                   ya,yla,        {y-Anfangswert und Ableitung}
                   za,zla:real); {z-Anfangswert und Ableitung}
var
  t:real;                        {Laufvariable für die Zeit}
```

```
x,y,z:real;                      {Näherungswert am Gitterpunkt}
x1,y1,z1:real;                    {1. Ableitung am Gitterpunkt}
x2,y2,z2:real;                    {2. Ableitung am Gitterpunkt}
```

Im Unterschied zu dem Algorithmus für das EULER-CAUCHY-Verfahren deklarieren wir weitere Variablen für die einzelnen Zuwächse in den Koordinatenrichtungen und für die entsprechenden empirischen Mittelwerte.

```
kx1,kx2,kx3,kx4:real;            {Zuwächse in x-Richtung}
ky1,ky2,ky3,ky4:real;            {Zuwächse in y-Richtung}
kz1,kz2,kz3,kz4:real;            {Zuwächse in z-Richtung}
kx,ky,kz,lx,ly,lz:real;          {Empirische Mittelwerte}
```

Der Hauptteil beginnt wieder mit der Zuweisung der Anfangswerte und der Ausgabe der Koordinaten und ersten Ableitungen am aktuellen Zeitpunkt.

```
begin
  t:=ta;                                   {Anfangswert Zeit}
  x:=xa;   y:=ya;   z:=za;       {Anfangswerte Koordinaten}
  x1:=x1a; y1:=y1a; z1:=z1a;     {Anfangswerte Ableitungen}

  repeat
    DOPLOT(t,x,y,z,x1,y1,z1);                        {Ausgabe}
```

Jetzt berechnen wir analog zu Listing 4.3.3 die für das RUNGE-KUTTA-Verfahren typischen vier Zuwächse am Intervallanfang, in der Intervallmitte und am Intervallende jeweils für die Koordinaten x, y und z. Wir setzen voraus, daß das Differentialgleichungssystem durch drei Differentialgleichungen zweiter Ordnung F, G, und I repräsentiert wird.

```
    kx1:=F(t,x,y,z,x1,y1,z1)*h*h/2;                     {kx1}
    ky1:=G(t,x,y,z,x1,y1,z1)*h*h/2;                     {ky1}
    kz1:=I(t,x,y,z,x1,y1,z1)*h*h/2;                     {kz1}
```

Die Anweisungen für die Bestimmung der folgenden Zuwächse sind aufgrund der Komplexität der Koordinaten- und Ableitungsberechnung sehr unübersichtlich und werden daher mehrzeilig dargestellt:

```
    kx2:=F(t+h/2,x+x1/2+kx1/4,y+y1/2+ky1/4,
        z+z1/2+kz1/4,x1+kx1/h,y1+ky1/h,z1+kz1/h)*h*h/2; {kx2}
    ky2:=G(t+h/2,x+x1/2+kx1/4,y+y1/2+ky1/4,
        z+z1/2+kz1/4,x1+kx1/h,y1+ky1/h,z1+kz1/h)*h*h/2; {ky2}
    kz2:=I(t+h/2,x+x1/2+kx1/4,y+y1/2+ky1/4,
        z+z1/2+kz1/4,x1+kx1/h,y1+ky1/h,z1+kz1/h)*h*h/2; {kz2}

    kx3:=F(t+h/2,x+x1/2+kx1/4,y+y1/2+ky1/4,
        z+z1/2+kz1/4,x1+kx2/h,y1+ky2/h,z1+kz2/h)*h*h/2; {kx3}
```

```
ky3:=G(t+h/2,x+x1/2+kx1/4,y+y1/2+ky1/4,
       z+z1/2+kz1/4,x1+kx2/h,y1+ky2/h,z1+kz2/h)*h*h/2; {ky3}
kz3:=I(t+h/2,x+x1/2+kx1/4,y+y1/2+ky1/4,
       z+z1/2+kz1/4,x1+kx2/h,y1+ky2/h,z1+kz2/h)*h*h/2; {kz3}

kx4:=F(t+h,x+x1*h+kx3,y+y1*h+ky3,z+z1*h+kz3,
       x1+2*kx3/h,y1+2*ky3/h,z1+2*kz3/h)*h*h/2;          {kx4}
ky4:=G(t+h,x+x1*h+kx3,y+y1*h+ky3,z+z1*h+kz3,
       x1+2*kx3/h,y1+2*ky3/h,z1+2*kz3/h)*h*h/2;          {ky4}
kz4:=I(t+h,x+x1*h+kx3,y+y1*h+ky3,z+z1*h+kz3,
       x1+2*kx3/h,y1+2*ky3/h,z1+2*kz3/h)*h*h/2;          {kz4}
```

Die empirischen Mittelwerte für den Funktionswert und die Ableitung am Intervallende werden ebenfalls in allen Koordinaten berechnet:

```
kx:=(kx1+kx2+kx3)/3;            {Empirischer Mittelwert kx}
ky:=(ky1+ky2+ky3)/3;            {Empirischer Mittelwert ky}
kz:=(kz1+kz2+kz3)/3;            {Empirischer Mittelwert kz}

lx:=(kx1+2*kx2+2*kx3+kx4)/3;    {Empirischer Mittelwert lx}
ly:=(ky1+2*ky2+2*ky3+ky4)/3;    {Empirischer Mittelwert ly}
lz:=(kz1+2*kz2+2*kz3+kz4)/3;    {Empirischer Mittelwert lz}
```

Am Ende der Prozedur RKUTTA2S bestimmen wir wieder den nächsten Iterationspunkt mit den entsprechenden Koordinaten und Steigungen.

```
t:=t+h;          {Neuer Zeitpunkt für die nächste Iteration}

x:=x+x1*h+kx;                            {Neue Koordinate}
y:=y+y1*h+ky;                            {Neue Koordinate}
z:=z+z1*h+kz;                            {Neue Koordinate}

x1:=x1+lx/h;                             {Neue Ableitung}
y1:=y1+ly/h;                             {Neue Ableitung}
z1:=z1+lz/h;                             {Neue Ableitung}
  until t>te;              {Weiter bis zum Intervallende}
end;
```

Listing 4.4.2   RUNGE-KUTTA-Verfahren für gekoppelte Systeme zweiter Ordnung

4.4.3 Aufgabe: Konvergenztest mit der LORENTZ-Kraft

Wir untersuchen in dieser Aufgabe das Konvergenzverhalten des EULER-CAUCHY- und des RUNGE-KUTTA-Verfahrens anhand der Bewegung eines geladenen Teilchens unter dem Einfluß der LORENTZ-Kraft. Betrachtet wird eine Ladung q, die sich mit der konstanten Geschwindigkeit v_0 im Bereich eines homogenen Magnetfelds $\vec{B}$ bewegt. Die Wechselwirkung zwischen der Ladung und einem elektromagnetischen Feld wird allgemein mit der LORENTZ-Kraft

$$\vec{F} = q(\vec{E} + \vec{v} \times \vec{B})$$
(4.4.4)

beschrieben. Hat das Magnetfeld nur eine Komponente in z-Richtung und existiert kein elektrisches Feld, so läßt sich Gl. (4.4.4) in vektorieller Form schreiben als:

$$\begin{pmatrix} \ddot{x} \\ \ddot{y} \\ \ddot{z} \end{pmatrix} = qB_z \begin{pmatrix} \dot{y} \\ -\dot{x} \\ 0 \end{pmatrix}.$$
(4.4.5)

Wir erkennen an Gl. (4.4.5) zunächst eine Kopplung der Differentialgleichungen in den x- und y-Koordinaten. Weiterhin sehen wir, daß in diesem speziellen Fall eine Bewegung der Ladung in z-Richtung nicht von der Wechselwirkung beeinflußt wird. Besitzt die Ladung keine Geschwindigkeit in z-Richtung, so findet die Bewegung unter dem Einfluß der LORENTZ-Kraft in der xy-Ebene auf einer Kreisbahn statt.

Aufgabenstellung:

Untersuchen Sie das Anfangswertproblem

$$\begin{pmatrix} \ddot{x} \\ \ddot{y} \end{pmatrix} = \begin{pmatrix} \dot{y} \\ -\dot{x} \end{pmatrix}, \; x(0) = 0 \,, \; y(0) = 100 \,, \; \dot{x}(0) = 100 \,, \; \dot{y}(0) = 0$$
(4.4.6)

mit den Verfahren von EULER-CAUCHY und RUNGE-KUTTA und qualifizieren Sie die Ergebnisse der Verfahren nach physikalischen Gesichtspunkten.

Aufgabenlösung:

Wir schreiben ein Programm LORENTZ für die numerische Näherung des Differentialgleichungssystems und die grafische Darstellung der Bahnkurve in der xy-Ebene.

```
program LORENTZ;           {Bewegung einer Ladung im Magnetfeld}
uses
   GRAPH;                  {TURBO PASCAL Grafik-Befehle}
```

Um die Algorithmen der numerischen Verfahren anwenden zu können, wird das Differentialgleichungssystem in Gl. (4.4.6) mit den folgenden Funktionen F, G und I ausgedrückt:

```
function F(t,x,y,z,x1,y1,z1:real):real;        {DGL in x}
begin
   F:=y1;
end;
```

```pascal
function G(t,x,y,z,x1,y1,z1:real):real;                 {DGL in y}
begin
  G:=-x1;
end;


function I(t,x,y,z,x1,y1,z1:real):real;                 {DGL in z}
begin
  I:=0;             {Die z-Koordinate wird hier nicht verwendet}
end;
```

Die Prozeduren EULER2S und RKUTTA2S rufen eine externe Prozedur DOPLOT
für die grafische Ausgabe der Ergebnisse auf:

```pascal
procedure DOPLOT(t,x,y,z,x1,y1,z1:real);                 {Ausgabe}
begin
  if t=0 then MoveTo(320+trunc(x),240-trunc(y))
         else LineTo(320+trunc(x),240-trunc(y));
end;
```

Es folgen wieder die Anweisungen für das Einbinden der externen Quellcodes und
der Hauptteil mit den Prozedur-Aufrufen (wir beginnen hier mit dem EULER-
CAUCHY-Verfahren).

```pascal
{$I STARTVGA}        {Prozedur einbinden: STARTVGA.PAS (s.S. 34)}
{$I GITTER4}         {Prozedur einbinden:  GITTER4.PAS (s.S. 37)}
{$I RKUTTA2S}        {Prozedur einbinden: RKUTTA2S.PAS (s.S. 96)}
{$I EULER2S}         {Prozedur einbinden:  EULER2S.PAS (s.S. 95)}


begin
  STARTVGA;                              {VGA-Grafik initialisieren}
  GITTER4;                         {Gitter für Phasenraumdiagramme}
  EULER2S(0.05,0,4*2*pi,0,100,100,0,0,0);            {DGL lösen}
  ENDEVGA;                   {Programm nach Tastendruck beenden}
end.
```

Listing 4.4.3   Bewegung einer Ladung im Magnetfeld

Im Parameterteil der Prozedur für das EULER-CAUCHY-Verfahren haben wir
das Zeitintervall so festgelegt, daß das geladene Teilchen vier Umläufe absolviert.
Da die Kraft in diesem Beispiel immer senkrecht zur Geschwindigkeit orientiert
ist (vgl. Gl. (4.4.5)), erwarten wir eine geschlossene Kreisbahn. Bild 4.4.1 zeigt
aber einen stetig zunehmenden Bahnradius, das EULER-CAUCHY-Verfahren
berechnet also ein physikalisch nicht sinnvolles Ergebnis. Wir stellen daher fest,
daß die Konvergenz des Verfahrens für die Berechnung der Bahn eines geladenen
Teilchens unter dem Einfluß der LORENTZ-Kraft nicht ausreicht. Auch eine Verringerung der Schrittweite verbessert die Konvergenzeigenschaften nur unzureichend, so daß hier ein Verfahren höherer Konvergenzordnung verwendet werden

muß. Wir ersetzen daher den Aufruf des EULER-CAUCHY-Verfahrens im Hauptteil des Programms durch die entsprechende Anweisung für das RUNGE-KUTTA-Verfahren:

```
RKUTTA2S(0.05,0,4*2*pi,0,100,100,0,0,0);          {DGL lösen}
```

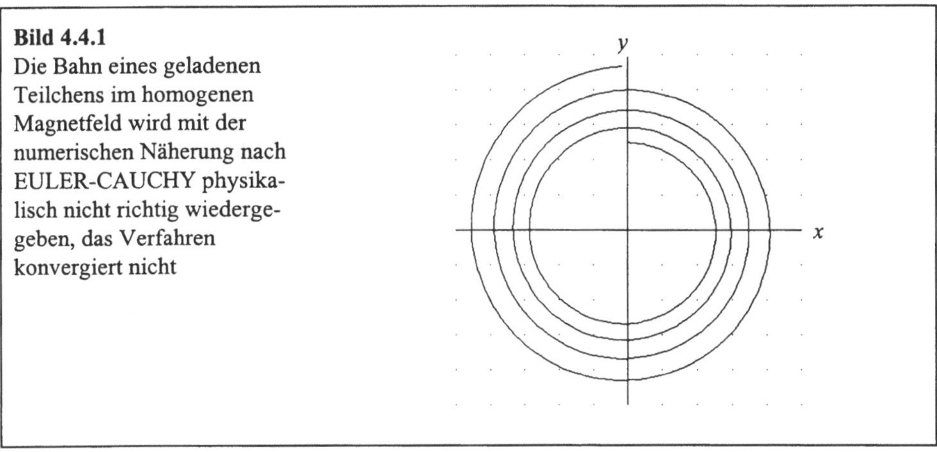

Bild 4.4.1
Die Bahn eines geladenen Teilchens im homogenen Magnetfeld wird mit der numerischen Näherung nach EULER-CAUCHY physikalisch nicht richtig wiedergegeben, das Verfahren konvergiert nicht

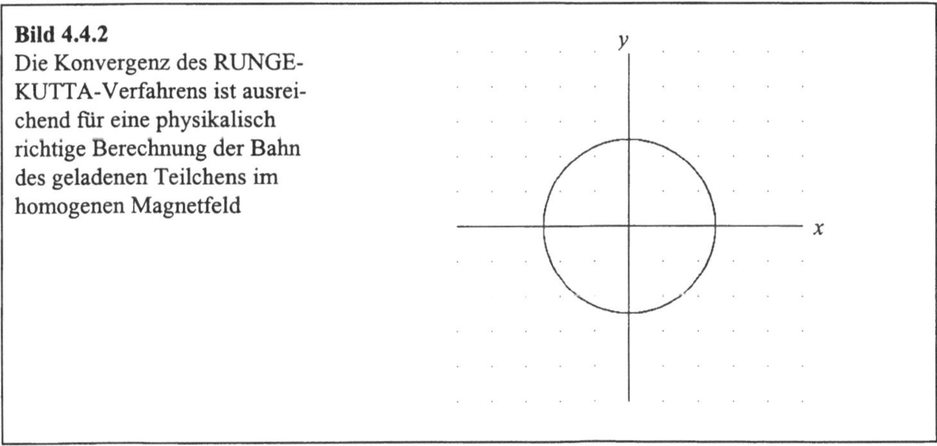

Bild 4.4.2
Die Konvergenz des RUNGE-KUTTA-Verfahrens ist ausreichend für eine physikalisch richtige Berechnung der Bahn des geladenen Teilchens im homogenen Magnetfeld

Das Ergebnis in Bild 4.4.2 gibt das Verhalten des geladenen Teilchens im Magnetfeld physikalisch richtig wieder: das Teilchen läuft auf einer geschlossenen kreisförmigen Bahn um. Wir sehen an diesem Beispiel, daß die Konvergenz der numerischen Verfahren für die Lösung von Differentialgleichungen nicht immer für eine physikalisch sinnvolle Näherung ausreichend ist. Im Einzelfall muß daher stets (wie in dieser Aufgabenstellung demonstriert wurde) geprüft werden, ob die numerische Lösung tatsächlich eine Lösung der Differentialgleichung repräsentiert, oder ob ein divergentes Verhalten mit unkorrekten Lösungen vorliegt.

4.5 Die diskrete FOURIER-Transformation

In diesem Kapitel wollen wir einen mathematischen Formalismus zur Transformation von Signalen in den Frequenzraum untersuchen. Um einerseits die Signalanalyse mit dem Computer durchführen zu können und andererseits den mathematischen Aufwand zu begrenzen, beschränken wir uns auf diskrete periodische Signale. In dem Fall können wir die diskrete FOURIER-Transformation (DFT) zur Frequenzanalyse anwenden. Anhand der folgenden Aufgaben wollen wir einen Zugang zu elementaren Aspekten der DFT auf eine Weise finden, die weniger mathematisch orientiert ist und mehr die Interpretation der grafischen Ergebnisse in den Vordergrund stellt [BÜL96a].

1. Programmierung der DFT

Die FOURIER-Koeffizienten einer abgetasteten Funktion werden berechnet und das Frequenzspektrum auf dem Bildschirm grafisch dargestellt. Mit der inversen FOURIER-Transformation (FOURIER-Synthese) wird die Abtastfunktion eines Rechtecksignals mit der synthetisierten Funktion verglichen.

2. Bedeutung der FOURIER-Periode

Untersuchung der Auswirkungen der Definition der FOURIER-Periode auf das Frequenzspektrum eines sinusförmigen Signals. Berechnet werden die Amplitudenspektren einer vollen Sinusperiode, einer halben Sinusperiode (gleichgerichtetes Signal) und einer dreiviertel Sinusperiode (Signal mit Sprungstelle).

3. Frequenzspektren einfacher Signalformen

Die FOURIER-Transformation einer Schwebung und eines amplitudenmodulierten Signals liefert einfache Frequenzspektren mit endlich vielen Oberwellen. Das amplitudenmodulierte Signal wird synthetisch erzeugt, die Schwebung mit zwei geringfügig verstimmten Stimmgabeln gemessen.

4. Frequenzspektren von Rechteckfunktionen

Die Analyse von Rechteckfunktionen führt auf Amplitudenspektren mit unendlich vielen Oberwellen. Je nach Wahl des Tastverhältnisses bilden sich Spektren mit typischen Nullstellen aus. Untersucht werden eine Rechteckfunktion mit dem Tastverhältnis 1:3 und ein pulsförmiges Rechtecksignal mit dem Tastverhältnis 1:100.

5. Frequenzspektrum der δ-Funktion

Messung des Frequenzspektrums einer deltaförmigen Funktion aus einem minimal kurzen digitalen Puls und Vergleich des Spektrums mit dem theoretischen einer δ-Funktion.

6. Abtasttheorem

Eine stark unterabgetastete Sinusfunktion mit einer Periode aus nur zehn Abtastwerten wird synthetisch erzeugt und mit der FOURIER-Transformation in den Frequenzraum überführt. Das Erscheinen zusätzlicher Frequenzanteile beidseitig der Abtastfrequenz wird anhand einer Darstellung der entsprechenden Signale im Zeitbereich untersucht. Frequenzbänder lassen sich mit einer weiteren Frequenzkomponente im Signal simulieren. Die Betrachtungen zeigen an den Spektren das SHANNONsche Abtasttheorem, die NYQUIST-Frequenz und den Begriff des Aliasing

7. Fensterfunktionen

Das Problem der möglichen Verfälschung von Frequenzspektren durch die festen Zeitfenster (FOURIER-Perioden) bei Echtzeit-Frequenzanalysen läßt sich durch die Anwendung von HANNING-Fensterfunktionen mindern.

Die FOURIER-Transformation ist ein sehr komplexer Teilbereich der Transformationsanalysis und setzt fortgeschrittene mathematische Kenntnisse voraus. Um einen Zugang zur Diskreten FOURIER-Transformation zu finden, geben wir zunächst eine kurze Einführung in die Theorie der Transformationsanalysis.

4.5.1 Einführung in die FOURIER-Transformation

In der technischen Physik läßt sich die Lösung von Problemstellungen oder die Beschreibung von Systemen häufig mit Hilfe der Transformationsanalysis vereinfachen. Die Anwendungsbereiche sind sehr vielfältig, als Beispiele seien die Behandlung von Differentialgleichungen [LÖH79], die Berechnung von digitalen Filtern [AZI88] oder die Frequenzanalyse von Signalen [POU85] genannt. Bekannte Transformationen sind die LAPLACE-Transformation, die Z-Transformation und die FOURIER-Transformation.

Das grundlegende Prinzip der Transformationsanalysis basiert auf den durch die Transformationsvorschrift vorgegebenen Rechenregeln [FÖL94], die im Vergleich zur konventionellen Analysis eine deutlich vereinfachte Problembehandlung zulassen. Anwendungen beginnen daher in der Praxis immer mit der Transformation des zu analysierenden Systems, die eigentliche Analyse wird anschließend am transformierten System durchgeführt. Am Ende erfolgt gegebenenfalls die Rücktransformation zur konventionellen Beschreibung der Problemlösung.

Der LAPLACE-Transformation kommt in der Transformationsanalysis eine besondere Bedeutung als grundlegendem Formalismus zu. Die Z-Transformation und die FOURIER-Transformation sind spezielle Sonderformen der LAPLACE-Transformation und folgen aus Einschränkungen der zu analysierenden Funktion und des Wertebereiches. Die systembeschreibende Funktion kann beispielsweise eine analytische Funktion oder eine diskrete Zahlenfolge sein, der Wertebereich die gesamte komplexe Ebene oder nur eine komplexe Frequenzachse. Für eine ausführliche Beschreibung der in Bild 4.5.1 gezeigten Zusammenhänge verweisen wir auf die Literatur.

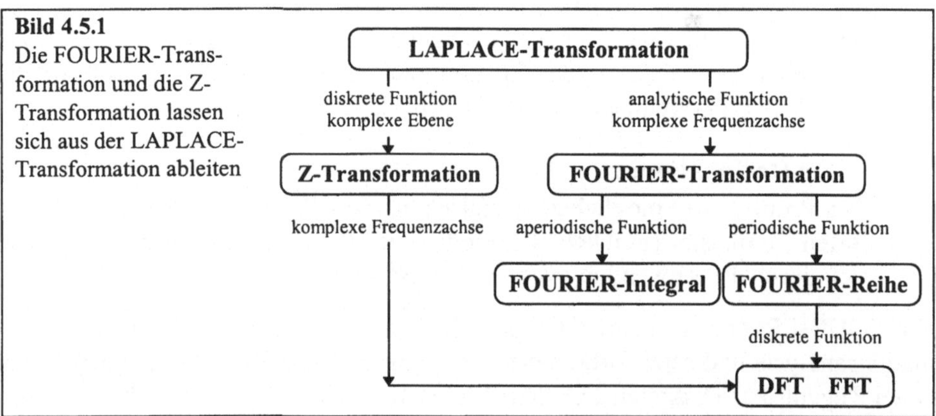

Wir wollen uns in diesem Kapitel auf die Behandlung der FOURIER-Transformation beschränken, deren Bedeutung aus der Einschränkung des Wertebereiches auf die komplexe Frequenzachse folgt: die FOURIER-Transformation eines im Zeitbereich definierten Signals gibt Auskunft über die Frequenzen, aus denen das Signal zusammengesetzt ist. Es gibt verschiedene mathematische Formalismen zur Durchführung der FOURIER-Transformation, die im einzelnen von speziellen Eigenschaften des Signals abhängen. Wir unterscheiden zwischen der FOURIER-Reihe, dem FOURIER-Integral und der Diskreten FOURIER-Transformation.

FOURIER-Reihe

Die FOURIER-Reihe wird allgemein auf die Klasse der kontinuierlichen und periodischen Signale (der sogenannten Leistungssignale [AZI88]) angewendet. Das Verfahren der FOURIER-Reihe basiert auf der grundlegenden Eigenschaft von periodischen Funktionen, als unendliche Summe von Sinus- und Kosinusfunktionen darstellbar zu sein [HEU86]. Um eine Funktion $y(t)$ mit der Periodendauer T_0 in den Frequenzraum zu transformieren, wird die folgende Rechenvorschrift angewendet (j ist hier die Wurzel aus minus Eins):

$$Y_n(f) = \frac{1}{T_0} \int\limits_{-T_0/2}^{T_0/2} y(t)\exp(-j2\pi n f_0 t)\mathrm{d}t, \qquad n = 0,\pm1,\pm2,\ldots. \tag{4.5.1}$$

Gl. (4.5.1) ist die n-te Komponente des komplexen Amplitudenspektrums der Funktion $y(t)$. Mit der Beziehung

$$y(t) = \sum\limits_{n=-\infty}^{\infty} Y_n(f)\exp(j2\pi n f_0 t) \tag{4.5.2}$$

wird die Rücktransformation in die Zeitdarstellung (inverse FOURIER-Transformation) durchgeführt. Die Frequenzen der Sinus- und Kosinusfunktionen werden dabei als ganzzahlige Vielfache der Grundfrequenz

$$f_0 = \frac{1}{T_0} \tag{4.5.3}$$

von $y(t)$ ausgedrückt. Auf die besondere Bedeutung der Signalperiode bei der FOURIER-Transformation gehen wir in Aufgabe 4.5.3 näher ein.

Wird die FOURIER-Reihe im Reellen betrachtet, so läßt sich im Vergleich zu Gl. (4.5.2) eine Funktion $y(t)$ in der einfacheren Schreibweise als Summe von Sinus- und Kosinusfunktionen darstellen:

$$y(t) = \frac{a_0}{2} + \sum\limits_{n=1}^{\infty} \left[a_n \cos(2\pi n f_0 t) + b_n \sin(2\pi n f_0 t) \right]. \tag{4.5.4}$$

Die Amplituden der einzelnen Sinus- und Kosinusfunktionen werden als FOURIER-Koeffizienten

$$a_n = \frac{2}{T_0} \int\limits_{-T_0/2}^{T_0/2} y(t)\cos(2\pi n f_0 t)\mathrm{d}t, \qquad n = 0,1,2,3,\ldots \quad \text{und} \tag{4.5.5}$$

$$b_n = \frac{2}{T_0} \int\limits_{-T_0/2}^{T_0/2} y(t)\sin(2\pi n f_0 t)\mathrm{d}t, \qquad n = 1,2,3,\ldots \tag{4.5.6}$$

bezeichnet und folgen aus Gl. (4.5.1). Dem Koeffizienten a_0 kommt bei der Analyse elektrischer Signale eine besondere Bedeutung zu: a_0 ist frequenzunabhängig und stellt nach Gl. (4.5.5) den zweifachen Gleichspannungsanteil dar. Um die einzelnen Frequenzkomponenten eines Signals zu beschreiben, wird das Amplitudenspektrum nach der Beziehung

$$l_n = \sqrt{a_n^2 + b_n^2}, \qquad n = 1,2,3,\ldots \tag{4.5.7}$$

aus den FOURIER-Koeffizienten berechnet. Dann läßt sich die FOURIER-Reihe nach Ausklammern von a_n schreiben als [POU85]:

$$y(t) = \frac{a_0}{2} + \sum_{n=1}^{\infty} l_n \cos(2\pi n f_0 t + \varphi_n)\,. \tag{4.5.8}$$

Dabei ist der Ausdruck

$$\varphi_n = -\arctan\frac{b_n}{a_n}\,, \qquad n = 1,2,3,\dots \tag{4.5.9}$$

das Phasenspektrum der FOURIER-Reihe.

FOURIER-Integral

Aperiodische kontinuierliche Signale (die sogenannten Energiesignale) lassen sich mit einer modifizierten Form der FOURIER-Reihe transformieren. Dabei wird durch einen Grenzübergang die Signalperiode T_0 aus Gl. (4.5.1) in beide Richtungen unendlich erweitert und die FOURIER-Reihe in ein FOURIER-Integral überführt. Das FOURIER-Integral einer Funktion $y(t)$ ist definiert durch den Ausdruck

$$Y(f) = \int_{-\infty}^{\infty} y(t) exp(-j2\pi f t)\mathrm{d}t\,, \tag{4.5.10}$$

der ein komplexes Amplitudendichtespektrum darstellt. Die inverse FOURIER-Transformation erfolgt mit der Vorschrift

$$y(t) = \int_{-\infty}^{\infty} Y(f)\exp(j2\pi f t)\,\mathrm{d}f\,. \tag{4.5.11}$$

Diskrete FOURIER-Transformation

Der Transformation diskreter Signale kommt in der digitalen Signalverarbeitung eine besondere Bedeutung zu, denn eine computergestützte Verarbeitung analoger oder kontinuierlicher Signale setzt eine Digitalisierung voraus. In der Regel wird ein Analog-Digital-Wandler mit einer konstanten Wandlungsrate zur Digitalisierung (und damit Diskretisierung) eingesetzt.

Die diskrete FOURIER-Transformation [PRE86] wird an einer endlichen Folge von Abtastwerten durchgeführt. Für das Amplitudenspektrum ergibt sich daraus die Konsequenz, daß die Anzahl der Frequenzen (Oberwellen) auf die Anzahl der Abtastwerte begrenzt ist. Im Falle der Diskreten FOURIER-Transformation ist die Frage der Periodizität der abgetasteten Funktion als Voraussetzung ohne Bedeutung, denn der FOURIER-Formalismus erzeugt quasi aus der endlichen Anzahl von Abtastwerten eine periodische Funktion, die als Periode genau das abgetastete Intervall hat. Analog zu Gl. (4.5.1) läßt sich eine kontinuierliche Funktion, die genau N-mal abgetastet wurde, mit der Beziehung

$$Y_n = \sum_{k=0}^{N-1} y_k \exp(-j2\pi\frac{kn}{N}), \qquad n = 0,1,\dots,N-1 \tag{4.5.12}$$

in den Frequenzraum transformieren. Das Amplitudenspektrum besteht also aus genau N verschiedenen Frequenzanteilen mit den komplexen Amplituden Y_n. Die Rücktransformation liefert einen Satz von Funktionswerten:

$$y_k = \frac{1}{N} \sum_{n=0}^{N-1} Y_n \exp(j2\pi\frac{kn}{N}). \tag{4.5.13}$$

Für die Bearbeitung mit dem Computer betrachten wir wie bei der FOURIER-Reihe die reelle Transformationsgleichung

$$y_k = \frac{a_0}{2} + \sum_{n=1}^{N} \left[a_n \cos(2\pi\frac{kn}{N}) + b_n \sin(2\pi\frac{kn}{N}) \right] \tag{4.5.14}$$

mit den FOURIER-Koeffizienten

$$a_n = \frac{2}{N} \sum_{k=0}^{N} y_k \cos(2\pi\frac{kn}{N}) \quad \text{und} \tag{4.5.15}$$

$$b_n = \frac{2}{N} \sum_{k=0}^{N} y_k \sin(2\pi\frac{kn}{N}). \tag{4.5.16}$$

Amplitudenspektrum und Phasenspektrum der diskreten Abtastfunktion werden analog zu Gl. (4.5.7) und Gl. (4.5.9), aber mit beschränktem Wertebereich, aus den FOURIER-Koeffizienten berechnet:

$$l_n = \sqrt{a_n^2 + b_n^2}, \quad \varphi_n = -\arctan\frac{b_n}{a_n}, \quad n = 1,2,\dots,N-1. \tag{4.5.17}$$

Diese Gleichungen eignen sich für die Entwicklung von Algorithmen für die Frequenzanalyse diskreter Abtastfolgen mit dem Computer. In der Praxis wird die Anzahl der berechneten Frequenzanteile (Oberwellen) nicht wie in Gl. (4.5.17) identisch mit der Anzahl der Abtastwerte N sein, sondern sich an die gewünschte Frequenzbandbreite eines bestimmten Experiments richten.

4.5.2 Aufgabe: Programmierung der DFT

In dieser Aufgabe nehmen wir die diskrete FOURIER-Transformation an einem Datenfeld vor. Dazu berechnen wir nach Gl. (4.5.15) und Gl. (4.5.16) eine bestimmte Anzahl von FOURIER-Koeffizienten und stellen das Frequenzspektrum entsprechend Gl. (4.5.17) grafisch als Histogramm dar. Anschließend führen wir die inverse FOURIER-Transformation durch und setzen das ursprüngliche Signal wieder aus seinen Frequenzkomponenten zusammen.

Die Berechnung der FOURIER-Koeffizienten mit der diskreten FOURIER-Transformation ist eine anschauliche Methode, die aber sehr rechenintensiv und damit langsam ist. In der Praxis ist die schnelle FOURIER-Transformation (FFT) [COO67] vorzuziehen.

Aufgabenstellung:

Programmieren Sie zunächst eine Prozedur DFT zur diskreten FOURIER-Transformation. Übergeben Sie dabei die gewünschte Anzahl von Oberwellen, das Datenfeld und die FOURIER-Periode als konstante Parameter. Deklarieren Sie die FOURIER-Koeffizienten und das Amplitudenspektrum für eine Rückgabe der berechneten Werte als variable Parameter.

Fahren Sie mit dem Entwurf einer Prozedur FSPEKTR fort, die gleichzeitig das durch die FOURIER-Periode definierte Signal im Zeit- und Frequenzraum grafisch darstellt. Die Zeitfunktion sollte dabei aufgrund der verkleinerten Abbildung auf den größten Wert im Datenfeld skaliert werden. Passen Sie auch die Ausgabe des Frequenzspektrums an die größte vorkommende Amplitude an. Alle relevanten Daten werden auch hier wieder als konstante Parameter an die Prozedur übergeben.

Führen Sie abschließend mit einer Prozedur IDFT die inverse FOURIER-Transformation durch, um das Signal aus seinen Frequenzanteilen zu synthetisieren. Stellen Sie einen Vergleich zum ursprünglichen Signal her, indem Sie die synthetisierte Funktion in das Zeitdiagramm eintragen. Überprüfen Sie Ihre Umsetzung der diskreten FOURIER-Transformation mit einer Rechteckfunktion.

Aufgabenlösung:

Wir beginnen die Prozedur DFT mit der Parameterübergabe. Um die Prozedur nicht an bestimmte Datentypen zu binden, deklarieren wir die Felder wieder als *offene Array-Parameter*.

```
procedure DFT(k:integer;                        {Anzahl Oberwellen}
             var ak:array of real;    {Kosinus-Koeffizienten}
             var bk:array of real;      {Sinus-Koeffizienten}
             var lk:array of real;       {Amplitudenspektrum}
             y:array of integer;                   {Datenfeld}
             t1,t2:integer);     {Grenzen der FOURIER-Periode}
```

Wir benötigen für die Berechnung der Koeffizienten zwei verschachtelte Schleifenkonstruktionen: eine für die Indizierung der Oberwellen und eine für die Summationen.

```
var
  i,j:integer;                              {Schleifenzähler}
  sum:real;                                         {Summe}
```

Im Ausführungsteil der Prozedur berechnen wir die Koeffizienten a_k und b_k nacheinander für alle k Oberwellen. In der Schleife wird entsprechend Gl. (4.5.15) innerhalb den Grenzen der FOURIER-Periode aufsummiert und anschließend der Koeffizient a_k bestimmt.

```
begin
  for i:=0 to k do            {Kosinus-Koeffizienten berechnen}
  begin
    sum:=0;                              {Summe zurücksetzen}
    for j:=t1 to t2 do        {Summe i-te Oberwelle berechnen}
      sum:=sum+int(y[j])*cos(2*pi*i*(j-t1)/(t2-t1+1));
    ak[i]:=(2/(t2-t1+1))*sum;       {i-ter Koeffizient ak[i]}
  end;
```

Analog berechnen wir in einer weiteren Schleife die Koeffizienten b_k. Da jetzt die Amplituden der Sinus- und Kosinusfunktionen der jeweiligen Oberwellen bekannt sind, können wir in der Schleife auch das Amplitudenspektrum l_k nach Gl. (4.5.17) ausrechnen.

```
  for i:=1 to k do              {Sinus-Koeffizienten berechnen}
  begin
    sum:=0;                              {Summe zurücksetzen}
    for j:=t1 to t2 do        {Summe i-te Oberwelle berechnen}
      sum:=sum+int(y[j])*sin(2*pi*i*(j-t1)/(t2-t1+1));
    bk[i]:=(2/(t2-t1+1))*sum;       {i-ter Koeffizient bk[i]}
    lk[i]:=sqrt(ak[i]*ak[i]+bk[i]*bk[i]); {Amplitudenspektrum}
  end;
end;
```

Listing 4.5.1 Berechnung der diskreten FOURIER-Transformation

Mit der nun folgenden Prozedur FSPEKTR stellen wir die Zeitfunktion in einem Diagramm und das Amplitudenspektrum als Histogramm grafisch dar.

```
procedure FSPEKTR(k:integer;             {Anzahl Oberwellen}
                  lk:array of real;     {Amplitudenspektrum}
                  y:array of integer;           {Datenfeld}
                  t1,t2:integer;     {Grenzen FOURIER-Periode}
                  Null:integer;          {Nullage des Signals}
                  var s:real); {Skalierungsfaktor des Signals}
var
  i:integer;                              {Schleifenzähler}
  r:real;            {Skalierung auf die maximale Oberwelle}
  d:integer;                     {Balkenabstand im Histogramm}
```

Die Zeitfunktion wird in einem Streifen von 200 Pixeln Höhe in einem Gitter gezeichnet, das zusätzlich die FOURIER-Grenzen als senkrechte Linien darstellt.

```
{$I GITTER3}        {Prozedur einbinden:  GITTER3.PAS (s.S. 37)}
```

Den Hauptteil der Prozedur beginnen wir mit der Skalierung des Signals. Dabei wird die Zeitfunktion im Hinblick auf eine spätere FOURIER-Synthese nicht auf der gesamten Streifenhöhe abgebildet.

```
begin
  s:=0;                      {Skalierung des Datenfeldes bestimmen}
  for i:=0 to tmax do           {FOURIER-Periode bearbeiten}
    if abs(int(y[i])-Null)>s
      then s:= abs(int(y[i])-Null);        {Maximum bestimmen}
  s:=80/s;         {Skalierung des Spektrums auf +/- 80 Punkte}

  ClearDevice,                     {Grafikbildschirm löschen}
  GITTER3(t1,t2);        {Gitter und FOURIER-Periode zeichnen}
  MoveTo(0,100-trunc((int(y[t1])-Null)*s)); {Erster Datenwert}
  for i:=1 to tmax do                        {Ausgabe Daten}
    LineTo(i,100-trunc((int(y[i])-Null)*s));
```

Für das Histogramm des Amplitudenspektrums sehen wir eine maximale Höhe von 250 Pixeln vor. Anschließend berechnen wir die Balkenbreite in Abhängigkeit der Anzahl von Oberwellen und geben das Histogramm mit einem speziellen Befehl von TURBO PASCAL 7.0 aus. Auf den Gleichspannungsanteil verzichten wir bei der Darstellung.

```
  r:=0;          {Skalierung des Amplitudenspektrums bestimmen}
  for i:=1 to k do if lk[i]>r then r:=lk[i];        {Maximum}
  r:=250/r;        {Skalierung des Spektrums auf 250 Punkte}

  d:=trunc(639/k);                 {Balkenabstand im Histogramm}
  for i:=1 to k do    {k Oberwellen als Histogramm darstellen}
    bar((i-1)*d,479,i*d -3,479-trunc(lk[i]*r));
end;
```

Listing 4.5.2   Grafische Darstellung von Zeitfunktion und Amplitudenspektrum

Für die Rücktransformation in die Zeitdarstellung entwerfen wir eine Prozedur IDFT, die aus den FOURIER-Koeffizienten entsprechend Gl. (4.5.14) das synthetisierte Signal im Bereich der FOURIER-Periode berechnet.

```
procedure IDFT(k:integer;                      {Anzahl Oberwellen}
               ak:array of real;         {Kosinus-Koeffizienten}
               bk:array of real;          {Sinus-Koeffizienten}
               t1,t2:integer;          {Grenzen FOURIER-Periode}
               Null:integer;              {Nullage des Signals}
```

```
              s:real);          {Skalierungsfaktor des Signals}
var
  i,j:integer;                              {Schleifenzähler}
  N:integer;                            {Anzahl Abtastwerte}
  sum:real;                      {Funktionswert aufsummieren}
```

Für die algorithmische Umsetzung von Gl. (4.5.14) bestimmen wir zunächst den Gleichspannungsanteil und anschließend die frequenzabhängigen Anteile aus den FOURIER-Koeffizienten:

```
begin
  N:=t2-t1+1;                            {Anzahl Abtastwerte}
  for i:=t1 to t2 do             {FOURIER-Periode abarbeiten}
  begin
    sum:=ak[0]/2;                     {Gleichspannungsanteil}
    for j:=1 to k do                  {Oberwellen abarbeiten}
    begin
      sum:=sum+ak[j]*cos(2*pi*i*j/N);       {Kosinusanteile}
      sum:=sum+bk[j]*sin(2*pi*i*j/N);        {Sinusanteile}
    end;
    if i=t1 then MoveTo(i,100-trunc((sum-Null)*s))   {Ausgabe}
            else LineTo(i,100-trunc((sum-Null)*s));
  end;
end;
```

Listing 4.5.3   Berechnung und Darstellung der inversen FOURIER-Transformation

Wir prüfen die Algorithmen zur DFT an dem bekannten Spektrum einer Rechteckfunktion und entwerfen dafür ein kurzes Programm FTEST:

```
procedure RECHTECK(var y:array of integer;          {Datenfeld}
                   T:integer;                     {Periodendauer}
                   tmax:integer);                {Anzahl Daten-1}
var
  i:integer;                                     {Schleifenzähler}
  r:word;                                       {Wert des Signals}
begin
  for i:=0 to tmax do                        {Datenfeld abarbeiten}
  begin
    if i mod (T div 2)=0 then if r=0 then r:= 4095        {Wert}
                                     else r:=0;
    y[i]:=r;                                     {Wert zuweisen}
  end;
end;
```

Listing 4.5.4   Berechnung von Rechtecksignalen

Das Programm FTEST beginnt mit den Konstanten, Typen und Variablen für das Datenfeld und die FOURIER-Koeffizienten. Alle Prozeduren für die Grafik und die FOURIER-Transformation werden als externer Quellcode eingebunden.

```pascal
program FTEST;        {Analyse und Synthese eines Rechtecksignals}
uses                                        {Einbinden externer Units}
  GRAPH;                              {TURBO PASCAL Grafik-Befehle}
const
  tmax=639;                                      {Anzahl Meßwerte-1}
  k=20;                                      {Anzahl der Oberwellen}
  Null=2048;                                  {Nullage des Signals}
type
  DatenTyp=array[0..tmax] of integer;            {Typ Datenfeld}
  FourierTyp=array[0..k] of real;  {Typ FOURIER-Koeffizienten}
var
  Daten:DatenTyp;                            {Globales Datenfeld}
  ak,bk,lk:FourierTyp;                     {FOURIER-Koeffizienten}
  s:real;                       {Skalierung der Zeitdarstellung}

{$I STARTVGA}       {Prozedur einbinden: STARTVGA.PAS (s.S. 34)}
{$I RECHTECK}       {Prozedur einbinden: RECHTECK.PAS (s.S.111)}
{$I DFT}            {Prozedur einbinden:      DFT.PAS (s.S.108)}
{$I FSPEKTR}        {Prozedur einbinden:  FSPEKTR.PAS (s.S.109)}
{$I IDFT}           {Prozedur einbinden:     IDFT.PAS (s.S.110)}
{$I ENDEVGA}        {Prozedur einbinden:  ENDEVGA.PAS (s.S. 35)}

begin
  STARTVGA;                    {VGA-Grafik 640x480 initialisieren}
  RECHTECK(Daten,320,tmax);              {Rechtecksignal erzeugen}
  DFT(k,ak,bk,lk,Daten,0,tmax);                   {DFT ausführen}
  FSPEKTR(k,lk,Daten,0,tmax,Null,s);         {Spektrum zeichnen}
  IDFT(k,ak,bk,Null,s);    {Signal synthetisieren und zeichnen}
  ENDEVGA;                     {Programm nach Tastendruck beenden}
end.
```

Listing 4.5.5   FOURIER-Analyse und Synthese eines Rechtecksignals

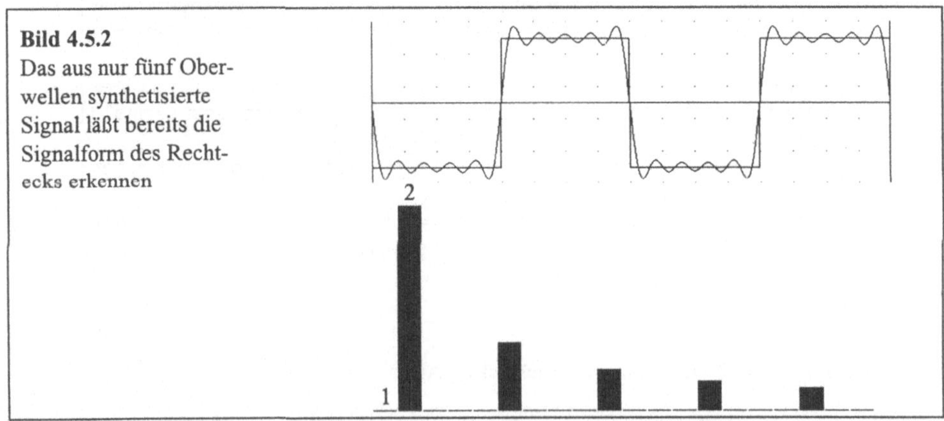

Bild 4.5.2 enthält die mit dem Programm FTEST erzeugte Grafik: im oberen Teil das ursprüngliche Rechtecksignal und die aus 20 Oberwellen synthetisierte Funk-

tion, darunter das zugehörige Amplitudenspektrum. Wir betrachten zunächst die synthetisierte Funktion und stellen fest, daß mit einer endlichen Anzahl von Oberwellen (Abbruch der FOURIER-Reihe) das ursprüngliche Signal nicht exakt reproduzierbar ist. Weiterhin erkennen wir an den Sprungstellen der Rechteckfunktion leichte Überschwinger, die als GIBBsches Phänomen [DYM72] bekannt sind und deren Ausprägung für eine große Anzahl von Oberwellen gegen neun Prozent der Rechteckamplitude strebt. Theoretisch lassen sich nur stetige Funktionen mit der unendlichen FOURIER-Reihe rekonstruieren [HEU86].

Das Amplitudenspektrum zeigt den für Rechteckfunktionen typischen Amplitudenabfall (der Abfall verhält sich wie $1/k$) und einige fehlende Frequenzen, wir gehen darauf in Aufgabe 4.5.5 näher ein. Für das Verständnis der Amplitudenspektren betrachten wir zunächst den Frequenzanteil mit dem Index 1: diese Frequenz wird als Grundfrequenz der FOURIER-Analyse bezeichnet und stellt die niedrigste vorkommende Frequenz im Spektrum dar. Alle weiteren Frequenzen des Spektrums sind ganzzahlige Vielfache dieser Grundfrequenz. Die Grundfrequenz folgt aus dem reziproken Wert der FOURIER-Periode (hier der gesamte horizontale Bildbereich) und hat eine wesentliche Bedeutung bezüglich des zu analysierenden Signals. In Aufgabe 4.5.3 wird die Auswirkung unterschiedlicher FOURIER-Perioden auf das Spektrum eines sinusförmigen Signals untersucht.

In unserem Beispiel wird die synthetisierte Funktion aus den fünf Frequenzanteilen des Amplitudenspektrums zusammengesetzt. Die niedrigste Frequenz (Oberwelle mit Index 2) führt zu einer Sinusfunktion mit zwei Perioden, die dem grundlegenden Verlauf des Rechtecks nahekommt. Alle folgenden Sinus- und Kosinusanteile höherer Frequenzen modulieren die vorhergehenden Anteile, so daß die Rechteckfunktion zunehmend exakter angenähert wird. Das Prinzip des Verfahrens wird in Bild 4.5.2 deutlich: die synthetisierte Funktion wurde additiv aus fünf Oberwellen verschiedener Frequenzen und Amplituden zusammengesetzt. Die Welligkeit ließe sich durch eine DFT mit einer größeren Anzahl von Oberwellen verringern.

4.5.3 Aufgabe: Frequenzspektrum und FOURIER-Periode

In der theoretischen Vorbetrachtung haben wir festgestellt, daß der Formalismus der FOURIER-Reihe den Signalausschnitt der FOURIER-Periode als Ausgangsbasis für eine periodische Fortsetzung des Signals verwendet. Das Amplitudenspektrum einer periodischen Funktion wird also nur in dem Fall die tatsächliche Frequenzzusammensetzung repräsentieren, wenn die FOURIER-Fortsetzung der Funktion identisch mit der Funktion selbst ist. Diese Voraussetzung für ein realistisches Spektrum periodischer Signale ist genau dann erfüllt, wenn die FOURIER-Periode als ganzzahliges Vielfaches der Signalperiode festgelegt wird.

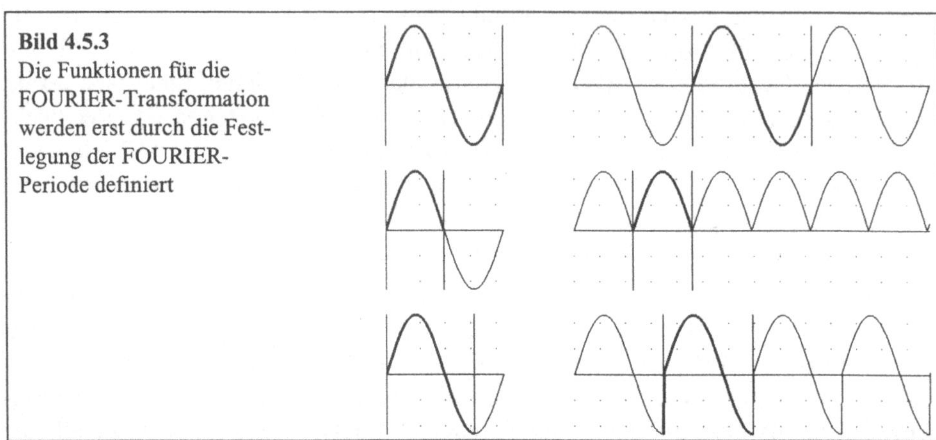

Bild 4.5.3
Die Funktionen für die
FOURIER-Transformation
werden erst durch die Fest-
legung der FOURIER-
Periode definiert

Dieser Sachverhalt wird durch das obere Signal in Bild 4.5.3 deutlich gemacht. Wird die Periode wie in den anderen beiden Fällen festgelegt, so definiert der FOURIER-Formalismus ein völlig anderes Signal für die Transformation in den Frequenzraum. Das mittlere Signal ist die Fortsetzung einer halben Periode und entspricht einem gleichgerichteten Signal, das Untere ist eine dreiviertel Periode und führt zu Sprungstellen. Die Frequenzspektren dieser Signale liefern keine exakte Aussage mehr über die Zusammensetzung des ursprünglichen Signals, sondern enthalten wie in Bild 4.5.4 dargestellt zusätzliche Frequenzanteile und darüber hinaus abweichende Gleichspannungsanteile.

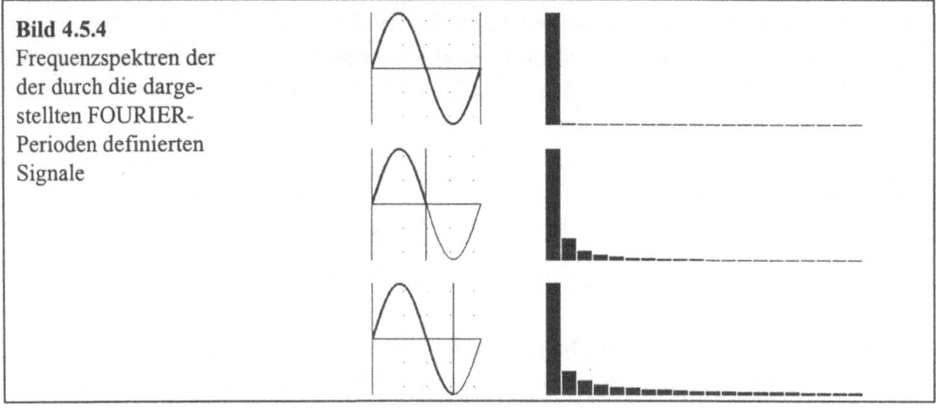

Bild 4.5.4
Frequenzspektren der
der durch die darge-
stellten FOURIER-
Perioden definierten
Signale

Aufgabenstellung:

Erzeugen Sie in einem Datenfeld synthetisch ein sinusförmiges Signal mit einer einstellbaren Signalperiode, und legen Sie die FOURIER-Perioden so fest, daß die Signale in Bild 4.5.3 entstehen. Berechnen Sie anschließend die Amplitudenspektren wie in Bild 4.5.4, und diskutieren Sie die Ergebnisse. Verwenden Sie für die

Berechnung und Darstellung der Amplitudenspektren eine modifizierte Version des Programms FTEST aus Aufgabe 4.5.2 (die inverse FOURIER-Transformation wird für diesen Aufgabenteil nicht benötigt).

Aufgabenlösung:

Zunächst führen wir eine DFT an der vollen Sinusperiode durch, um das reale Spektrum zu berechnen. Die Prozedur SINUS beschreibt das Datenfeld mit einer variablen Anzahl von Perioden:

```
procedure SINUS(var y:array of integer;              {Datenfeld}
                Null:integer;                         {Nullage}
                T:integer;                       {Signalperiode}
                tmax:integer);                   {Anzahl Daten-1}
var
  i:integer;                                    {Schleifenzähler}
begin
  for i:=0 to tmax do                    {Datenfeld abarbeiten}
    y[i]:=Null+trunc(1000*sin((2*pi/T)*i));            {Sinus}
end;
```

Listing 4.5.6   Berechnung von Sinusfunktionen

Wir wählen eine Signalperiode von 400 Pixeln und legen die Grenzen der FOURIER-Periode genau auf die Signalperiode. Aus dem Programm FTEST (neuer Name: PTEST) entfernen wir jetzt die inverse FOURIER-Transformation, ersetzen den Aufruf der Rechteckfunktion durch den der Sinusfunktion und fügen die Grenzen der FOURIER-Periode als Konstanten ein.

```
program PTEST;                   {FOURIER-Periode und Spektrum}
uses                                 {Einbinden externer Units}
  GRAPH;                          {TURBO PASCAL Grafik-Befehle}
const
  tmax=639;                            {Anzahl Meßwerte-1}
  k=20;                              {Anzahl der Oberwellen}
  Null=2048;                     {Nullage der Sinusfunktionen}
  T=400;                                    {Signalperiode}
  t1=1;                              {Grenze FOURIER-Periode}
  t2=T;                              {Grenze FOURIER-Periode}
type
  DatenTyp=array[0..tmax] of integer;          {Typ Datenfeld}
  FourierTyp=array[0..k] of real;  {Typ FOURIER-Koeffizienten}
var
  Daten:DatenTyp;                        {Globales Datenfeld}
  ak,bk,lk:FourierTyp;                 {FOURIER-Koeffizienten}
  s:real;

{$I STARTVGA}     {Prozedur einbinden: STARTVGA.PAS (s.S. 34)}
{$I SINUS}        {Prozedur einbinden:   SINUS.PAS (s.S.115)}
```

```
{$I DFT}               {Prozedur einbinden:      DFT.PAS (s.S.108)}
{$I FSPEKTR}           {Prozedur einbinden:      FSPEKTR.PAS (s.S.109)}
{$I ENDEVGA}           {Prozedur einbinden:      ENDEVGA.PAS (s.S. 35)}

begin
  STARTVGA;                          {VGA Grafik 640x480 initialisieren}
  SINUS(Daten,Null,T,tmax);     {Synthetisches Signal erzeugen}
  DFT(k,ak,bk,lk,Daten,t1,t2);            {DFT mit 20 Oberwellen}
  FSPEKTR(k,lk,Daten,t1,t2,Null,s);         {Spektrum zeichnen}
  ENDEVGA;                       {Programm nach Tastendruck beenden}
end.
```

Listing 4.5.7   FOURIER-Analyse von Sinusfunktionen

Das Programm PTEST berechnet ein Frequenzspektrum mit nur einer Komponente, die in diesem Fall genau die Grundfrequenz der FOURIER-Analyse ist. Für
die Berechnung der in Bild 4.5.4 folgenden Spektren setzen wir die Position der
rechten Grenze der FOURIER-Periode zunächst auf eine halbe Sinusperiode

```
const
  t2=T div 2;              {Grenze für das gleichgerichtete Signal}
```

und anschließend auf eine dreiviertel Sinusperiode:

```
const
  t2=3*T div 4;              {Grenze für die Dreiviertelperiode}
```

Die Amplitudenspektren enthalten in allen drei Fällen die ursprüngliche Signalfrequenz (Grundfrequenz) mit der größten Amplitude. Anteile höherer Frequenzen
sehen wir nur bei den beiden Signalen, die keine Reproduktion des Sinussignals
darstellen. Eine Erklärung dafür finden wir durch die Betrachtung der Signale im
Zeitbereich: die Synthese von Unstetigkeiten des Signals und nicht differenzierbaren Stellen ist nur mit einer großen Anzahl von Oberwellen möglich und führt in
unserem Beispiel zu den Abweichungen der Spektren von dem eines reinen Sinussignals.

Anwendungen der FOURIER-Analyse erfordern also für die Berechnung von Frequenzspektren genaue Kenntnisse über die Signalperioden. Da dies in der Praxis
(besonders bei Echtzeitanalysen) normalerweise nicht der Fall ist, sind weitere
Hilfsmittel erforderlich, um realistische Spektren zu erhalten. Eine Methode für
die Minderung der Abweichungen der Amplitudenspektren von den realen Signalfrequenzen ist die Verwendung sogenannter Fensterfunktionen. Wir behandeln zu
dem Thema in Aufgabe 4.5.8 das HANNING-Fenster.

4.5.4 Aufgabe: FOURIER-Analyse einfacher Signalformen

Anhand der FOURIER-Analyse einfacher Signalformen [STA93] lassen sich die Zusammenhänge zwischen Amplitudenspektren und Signalsynthesen besonders anschaulich einsehen. Wir wollen in dieser Aufgabe zunächst eine FOURIER-Transformation einer Schwebung von zwei Signalen mit sehr geringem Frequenzunterschied untersuchen [LIN90a]. Das Amplitudenspektrum der Schwebung stellt für uns ein grundlegendes Beispiel für die Superposition von Schwingungen dar. Anschließend betrachten wir das Frequenzspektrum einer Amplitudenmodulation, um die Unterschiede zwischen der Superposition und der Multiplikation von Signalen zu demonstrieren. Wir beginnen mit einem Schwebungsexperiment und untersuchen anschließend die Amplitudenmodulation mit einer Simulation.

Versuchsaufbau:

In diesem Experiment messen Sie die Schwebung von zwei 440 Hz Stimmgabeln mit einem Mikrofon, stellen die Schwebung grafisch dar und führen eine FOURIER-Transformation über die Schwebungsperiode durch. Um eine Schwebung zu erzeugen, wird eine der Stimmgabeln mit einem Reiter leicht verstimmt. Variieren Sie die Reiterstellung solange, bis eine periodische Schwebung entsteht.

Schließen Sie für die Aufnahme ein Elektret-Kondensator-Mikrofon oder ein dynamisches Mikrofon an einen analogen Eingang des Interfaces an, und passen Sie die Verstärkung an die akustischen Verhältnisse an.

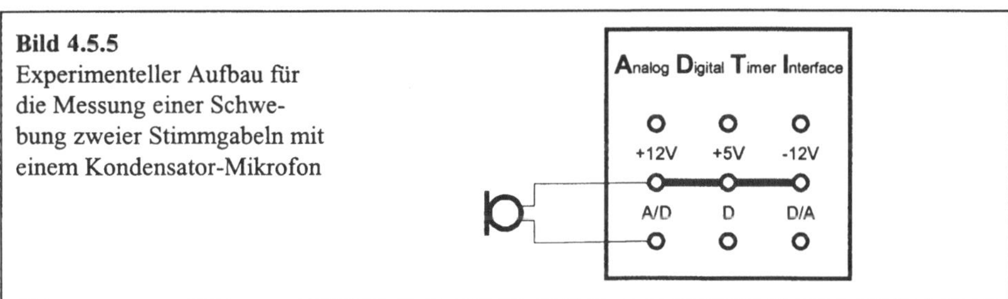

Bild 4.5.5
Experimenteller Aufbau für die Messung einer Schwebung zweier Stimmgabeln mit einem Kondensator-Mikrofon

Versuchsdurchführung:

Für die Messung der Schwebung entwerfen wir ein Programm SCHWEB mit dem Programmkopf

```pascal
program SCHWEB;                                    {Schwebung}
uses                                    {Einbinden externer Units}
  GRAPH,                             {TURBO PASCAL Grafik-Befehle}
  DOS,                                 {TURBO PASCAL DOS-Befehle}
  ADT;               {ADT-Interface-Befehle und Initialisierung}
```

und den globalen Deklarationen für das Datenfeld und die FOURIER-Analyse:

```
const
  tmax=639;                                      {Anzahl Meßwerte-1}
  k=20;                                        {Anzahl der Oberwellen}
  Null=2048;                                    {Nullage der Signale}
type
  DatenTyp=array[0..tmax] of integer;            {Typ Datenfeld}
  FourierTyp=array[0..k] of real;  {Typ FOURIER-Koeffizienten}
var
  Daten:DatenTyp;                              {Globales Datenfeld}
  ak,bk,lk:FourierTyp;                    {FOURIER-Koeffizienten}
  t1,t2:integer;                              {FOURIER-Periode}
  dummy:integer;                              {dummy-Variable}
  s:real;                              {Skalierung Zeitdiagramm}
```

Anschließend binden wir den Quellcode der bereits erstellten Prozeduren mit der Anweisung {$I} ein.

```
{$I STARTVGA}    {Prozedur einbinden: STARTVGA.PAS (s.S. 34)}
{$I AUFNAHME}    {Prozedur einbinden: AUFNAHME.PAS (s.S. 51)}
{$I DFT}         {Prozedur einbinden:      DFT.PAS (s.S.108)}
{$I FSPEKTR}     {Prozedur einbinden:  FSPEKTR.PAS (s.S.109)}
{$I MAUS}        {Prozedur einbinden:     MAUS.PAS (s.S. 39)}
{$I ENDEVGA}     {Prozedur einbinden:  ENDEVGA.PAS (s.S. 35)}
```

Im Hauptteil des Programms SCHWEB nehmen wir die Initialisierungen vor und rufen die Prozeduren für die Meßwertaufnahme und Auswertung auf. Der Parameter für die Warteschleife wird in der Prozedur AUFNAHME so eingestellt, daß die Meßwertaufnahme eine vollständige Schwebungsperiode erfaßt.

```
begin
  SETGAIN(8);              {Meßbereich auf +/-1,25V einstellen}
  STARTVGA;                {VGA-Grafik 640x480 initialisieren}
  AUFNAHME(Daten,0,tmax,$1ff,MessT);   {Messung der Schwebung}
  MAUS(t1,dummy);                      {FOURIER-Periode links}
  MAUS(t2,dummy);                      {FOURIER-Periode rechts}
  DFT(k,ak,bk,lk,Daten,t1,t2);  {Berechnung der FOURIER-Reihe}
  FSPEKTR(k,lk,Daten,t1,t2,Null,s);      {Amplitudenspektrum}
  ENDEVGA;       {Programm und Grafik nach Tastendruck beenden}
end.
```

Listing 4.5.8   Messung einer Schwebung und FOURIER-Analyse

Nachdem wir die Stimmgabeln angeschlagen haben, starten wir das Programm SCHWEB, markieren die Schwebungsperiode mit der Maus und führen eine FOURIER-Transformation mit 20 Oberwellen durch. Bild 4.5.6 zeigt das Ergebnis in der Zeit- und Frequenzdarstellung.

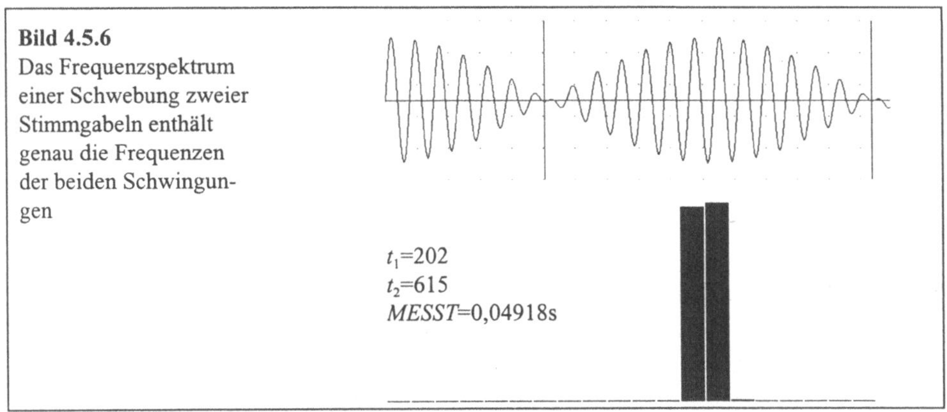

Das Amplitudenspektrum enthält zwei Frequenzanteile bei der 13. und 14. Oberwelle. Mit Hilfe der Meßdauer können wir die Frequenzen quantitativ aus der
Grundfrequenz der FOURIER-Transformation nach der Beziehung

$$f = n\frac{640}{(t_2 - t_1 + 1)\cdot \text{MESST}}\,\text{Hz} \tag{4.5.18}$$

bestimmen. Der Parameter n gibt dabei die Nummer der entsprechenden Oberwelle an, t_2 und t_1 sind die Grenzen der FOURIER-Periode in Pixeln, und MESST
ist die Meßdauer in Sekunden. Aus Gl. (4.5.18) berechnen wir für die Frequenzen
des Amplitudenspektrums die Werte

f_1=408,6 Hz bei der 13. Oberwelle und
f_2=440,1 Hz bei der 14. Oberwelle.

Diese Frequenzen sind genau die der beiden Stimmgabeln, unser Ergebnis spiegelt
also das Prinzip der Superposition

$$y(t) = A_1 \cos\!\left(2\pi f_1 t\right) + A_2 \cos\!\left(2\pi f_2 t\right) \tag{4.5.19}$$

zweier Schwingungen wieder. Wir prüfen jetzt noch die Periodizität der von uns
definierten Funktion: eine Schwebung zweier Frequenzen ist genau dann periodisch, wenn beide Frequenzen ganzzahlige Vielfache der Differenz der Frequenzen sind. Es muß also gelten

$$f_1 = n\!\left(f_2 - f_1\right) \ \text{ und } \ f_2 = (n+1)\!\left(f_2 - f_1\right). \tag{4.5.20}$$

Anhand des Amplitudenspektrums erkennen wir sofort, daß die Frequenzdifferenz
der Stimmgabeln genau die Grundfrequenz der FOURIER-Transformation ist. Mit
n=13 läßt sich daher Gl. (4.5.20) erfüllen.

Aufgabenstellung:

Simulieren Sie jetzt ein amplitudenmoduliertes Signal, dessen Trägerfrequenz und Signalfrequenz ein Verhältnis von 2:1 aufweisen. Führen Sie eine FOURIER-Transformation mit 19 Oberwellen durch, und legen Sie die FOURIER-Periode so fest, daß die Trägerfrequenz genau in der Mitte des Frequenzspektrums erscheint. Vergleichen Sie das Frequenzspektrum mit dem einer Schwebung.

Aufgabenlösung:

Bei der Amplitudenmodulation wird ein niederfrequentes Signal auf einen hochfrequenten Träger aufmoduliert. Hintergrund für die Amplitudenmodulation ist die in der Rundfunktechnik wichtige Aufteilung eines Frequenzbereiches in mehrere Übertragungsbänder bei unterschiedlichen Frequenzen. Mathematisch wird die Amplitudenmodulation durch die Gleichung

$$y(t) = \left(A_c + A_m \sin\left(2\pi f_m t\right)\right)\sin\left(2\pi f_C t\right) \tag{4.5.21}$$

beschrieben. Die Indizes der Amplituden und Frequenzen stehen für „carrier" und „modulated signal". Mit den goniometrischen Umformungen für Kreisfunktionen können wir Gl. (4.5.21) in einer für die Frequenzanalyse günstigeren Form schreiben:

$$\begin{aligned} y(t) &= A_C \sin\left(2\pi f_C t\right) + \frac{1}{2} A_M \cos\left(2\pi\left(f_C - f_M\right)t\right) \\ &\quad - \frac{1}{2} A_M \cos\left(2\pi\left(f_C + f_M\right)t\right). \end{aligned} \tag{4.5.22}$$

An Gl. (4.5.22) sehen wir, daß das amplitudenmodulierte Signal drei Frequenzen enthält: die Trägerfrequenz und beidseitig davon im Abstand der Signalfrequenz die sogenannten Seitenbänder aus den Mischfrequenzen von Träger und Signal. Weiterhin erkennen wir, daß die Amplituden der Seitenbänder um die Hälfte verringert sind. Für die Darstellung des amplitudenmodulierten Signals im Frequenzraum schreiben wir das Programm AMTEST und beginnen wieder mit den Deklarationen:

```
program AMTEST;              {Spektrum einer Amplitudenmodulation}
uses                                  {Einbinden externer Units}
  GRAPH;                         {TURBO PASCAL Grafik-Befehle}


const
  tmax=639;                               {Anzahl Meßwerte-1}
  k=19;                                 {Anzahl der Oberwellen}
type
  DatenTyp=array[0..tmax] of integer;          {Typ Datenfeld}
  FourierTyp=array[0..k] of real;  {Typ FOURIER-Koeffizienten}
```

```pascal
var
  Daten:DatenTyp;                       {Globales Datenfeld}
  ak,bk,lk:FourierTyp;                  {FOURIER-Koeffizienten}
  s:real;

{$I STARTVGA}      {Prozedur einbinden: STARTVGA.PAS (s.S. 34)}
{$I DFT}           {Prozedur einbinden:      DFT.PAS (s.S.108)}
{$I FSPEKTR}       {Prozedur einbinden:  FSPEKTR.PAS (s.S.109)}
{$I ENDEVGA}       {Prozedur einbinden:  ENDEVGA.PAS (s.S. 35)}
```

Die Prozedur AM berechnet ein amplitudenmoduliertes Signal mit variablen Amplituden und Frequenzen von Träger und Signal:

```pascal
procedure AM(var y:array of integer;          {Datenfeld}
             tmax:integer;                {Anzahl Daten-1}
             fc:real;                     {Trägerfrequenz}
             Vc:real;                     {Trägeramplitude}
             fm:real;                     {Signalfrequenz}
             Vm:real);                    {Signalamplitude}
var
  t:integer;                              {Schleifenzähler}
begin
  for t:=0 to tmax do                {Datenfeld abarbeiten}
    y[t]:=trunc(Vc*cos(2*pi*t*fc)+      {Amplitudenmodulation}
           Vm*cos(2*pi*t*fc)*cos(2*pi*t*fm));
end;
```

Listing 4.5.9   Berechnung eines amplitudenmodulierten Signals

In der Aufrufanweisung der Prozedur AM nehmen wir die Einstellung der Frequenzen vor: die Trägerfrequenz wird so gewählt, daß genau zehn Perioden auf dem Monitor abgebildet werden, die Signalfrequenz stellen wir entsprechend der Vorgaben auf fünf Perioden ein. Legen wir jetzt als FOURIER-Periode die gesamte Bildschirmbreite fest, so wird die Trägerfrequenz im Amplitudenspektrum bei der Frequenz der zehnten Oberwelle erscheinen.

```pascal
begin
  STARTVGA;                  {VGA Grafik 640x480 initialisieren}
  AM(Daten,tmax,10/640,500,5/640,500);          {AM-Signal}
  DFT(k,ak,bk,lk,Daten,0,639);          {DFT mit 19 Oberwellen}
  FSPEKTR(k,lk,Daten,0,639,0,s);          {Spektrum zeichnen}
  ENDEVGA;                  {Programm nach Tastendruck beenden}
end.
```

Listing 4.5.10 Simulation einer Amplitudenmodulation und FOURIER-Analyse

Bild 4.5.7 zeigt das Ergebnis der mit dem Programm AMTEST durchgeführten FOURIER-Transformation des amplitudenmodulierten Signals. Das Frequenzverhalten im Amplitudenspektrum entspricht Gl. (4.5.22): In der Mitte befindet sich die Trägerfrequenz und im Abstand der Signalfrequenz die Seitenbänder.

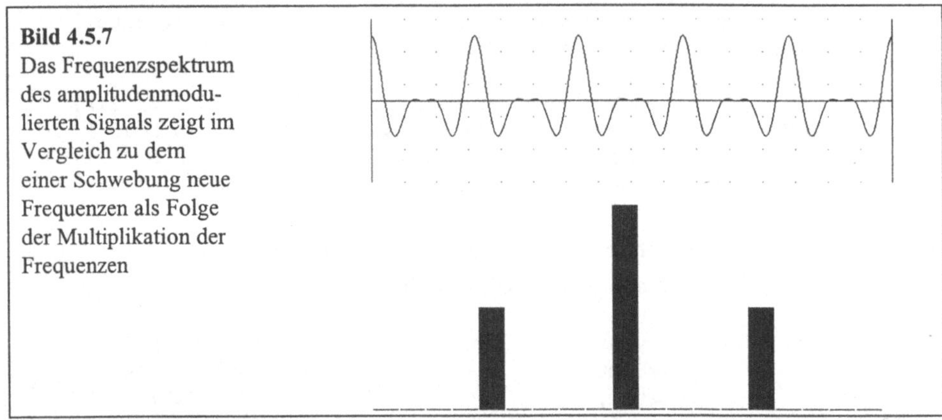

Bild 4.5.7
Das Frequenzspektrum des amplitudenmodulierten Signals zeigt im Vergleich zu dem einer Schwebung neue Frequenzen als Folge der Multiplikation der Frequenzen

Vergleichen wir das Amplitudenspektrum in Bild 4.5.7 mit dem der Schwebung in Bild 4.5.6, so sehen wir, daß durch die Amplitudenmodulation neue Frequenzen entstehen. Eine Begründung dafür finden wir in der Art der Signalerzeugung: bei der Schwebung werden die Frequenzen nach dem Prinzip der Superposition additiv verknüpft (vgl. Gl. (4.5.19)) und bei der Amplitudenmodulation multiplikativ (vgl. Gl. (4.5.21)).

4.5.5 Aufgabe: Frequenzspektren von Rechteckfunktionen

Rechteckfunktionen haben in der FOURIER-Analyse eine besondere Bedeutung als einfachste Signalform mit einer unendlichen Anzahl von Oberwellen. Die Amplitudenspektren von Rechteckfunktionen (vgl. Bild 4.5.2) weisen mit den Nullstellen bei bestimmten Frequenzen eine Besonderheit auf, die für das tiefere Verständnis der FOURIER-Reihe lehrreich ist. Beispielsweise läßt sich an Rechteckfunktionen mit abnehmendem Tastverhältnis sehr gut der Übergang von der FOURIER-Reihe periodischer Signale zum FOURIER-Integral für die Transformation aperiodischer Signalformen zeigen.

Wir wollen in dieser Aufgabe zunächst exemplarisch die Ursache der Nullstellen eines Rechtecks mit dem Tastverhältnis 1:3 ermitteln und anschließend als Vorbereitung für die Frequenzanalyse von δ-Funktionen [LIN94] die Auswirkung von abnehmenden Tastverhältnissen auf die Amplitudenspektren betrachten.

Aufgabenstellung:

Führen Sie zunächst eine FOURIER-Transformation an einer Rechteckfunktion mit dem Tastverhältnis 1:3 durch. Begründen Sie anschließend das Auftreten der Nullstellen, indem Sie die Rechteckfunktion zusammen mit den FOURIER-

Koeffizienten der dritten Oberwelle grafisch darstellen und das Ergebnis auswerten. Untersuchen Sie auch das Spektrum eines pulsförmigen Rechtecksignals mit dem Tastverhältnis 1:100.

Aufgabenlösung:

Die Prozedur TRECHT erzeugt Rechteckfunktionen mit beliebigen Tastverhältnissen:

```
procedure TRECHT(var y:array of integer;            {Datenfeld}
                 dy:integer;             {Amplitude des Signals}
                 T:integer;                          {Periode}
                 V:integer;                  {Tastverhältnis}
                 Null:integer;            {Nullage des Signals}
                 tmax:integer);              {Anzahl Daten-1}
var
  i:integer;                                  {Schleifenzähler}
begin
  for i:=0 to tmax do                   {Datenfeld abarbeiten}
    if i<(T div V) then y[i]:=Null+dy else y[i]:=Null-dy;
end;
```

Listing 4.5.11 Berechnung von Rechtecksignalen mit unterschiedlichen Tastverhältnissen

Um das Frequenzspektrum eines mit TRECHT berechneten Datensatzes auszugeben, verwenden wir einfach das Programm FTEST aus Aufgabe 4.5.2 und binden anstelle von RECHTECK die Prozedur TRECHT ein. Der Aufruf im Hauptprogramm lautet dann für ein Rechteck mit Tastverhältnis 1:3 und einer Periodendauer von 640 Pixeln:

```
TRECHT(Daten,Null,640,3,Null,tmax);      {Rechtecksignal 1:3}
```

Bild 4.5.8 zeigt das Ergebnis von FTEST: bei einem Tastverhältnis von 1:3 befinden sich die Nullstellen genau bei ganzzahligen Vielfachen der dritten Oberwelle.

Es liegt nahe zu vermuten, daß die Lage der Nullstellen vom Tastverhältnis des Rechtecksignals abhängt. Um den Zusammenhang aufzuzeigen, betrachten wir zunächst die Gleichungen für die Berechnung der FOURIER-Koeffizienten. Ein Summand mit dem Index k wird nach Gl. (4.5.15) und Gl. (4.5.16) als Produkt des k-ten Funktionswertes mit einer Sinus- oder Kosinusfunktion gebildet, deren Frequenz aus dem Index n der Oberwelle folgt.

Nullstellen treten genau dann auf, wenn beide FOURIER-Koeffizienten a_k und b_k für ein bestimmtes k den Wert Null annehmen. Dafür müssen sich die Summen (bzw. Integrale in Gl. (4.5.5) und Gl. (4.5.6)) über die FOURIER-Periode zu Null aufheben. Bei Rechteckfunktionen sind die Funktionswerte im zeitlichen Verlauf des Tastverhältnisses konstant, so daß die Sinus- und Kosinusfunktionen quasi faktorisiert werden. Deren Summe bzw. Integral verschwindet aber, wenn das Tastverhältnis genau der Periode der Kreisfunktion entspricht.

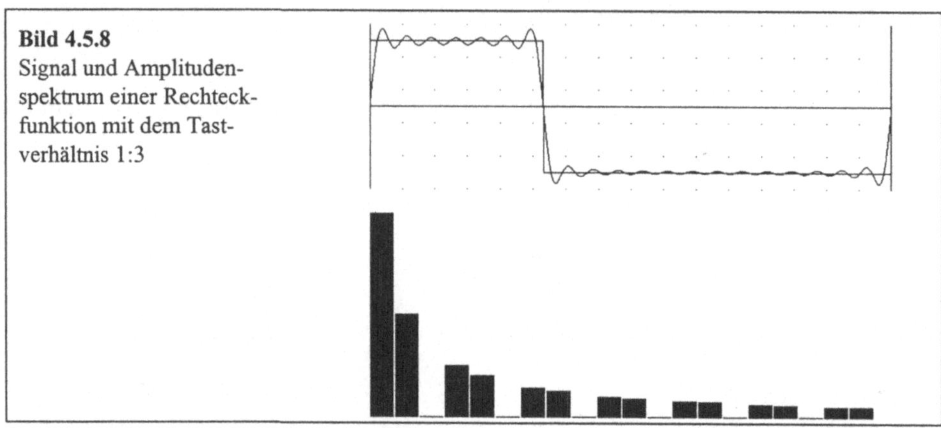

Bild 4.5.8
Signal und Amplitudenspektrum einer Rechteckfunktion mit dem Tastverhältnis 1:3

Wir wollen diese Zusammenhänge in einer Grafik verdeutlichen und geben zunächst die Rechteckfunktion mit der Prozedur TAUSG aus:

```
procedure TAUSG(y:array of integer;                {Datenfeld}
                y0:integer;                         {Nullinie}
                tmax:integer);             {Anzahl Meßwerte-1}
var
  i:integer;                          {Laufvariable für die Zeit}
begin
  SetLineStyle(SolidLn,0,ThickWidth);             {Linie dick}
  MoveTo(0,y0-y[0]);                     {Ausgabe 1. Meßwert}
  for i:=1 to tmax do LineTo(i,y0-y[i]);   {Meßwerte zeichnen}
  SetLineStyle(SolidLn,0,NormWidth);            {Linie normal
end;
```

Listing 4.5.12 Ausgabe der Rechteckfunktionen

Anschließend berechnen und zeichnen wir die Summanden *SUMAK(k)* und *SUMBK(k)* der FOURIER-Koeffizienten aus Gl. (4.5.15) und Gl. (4.5.16):

$$SUMAK(k) = y_k \cos(2\pi \frac{kn}{N}) \text{ und} \qquad\qquad (4.5.23)$$

$$SUMBK(k) = y_k \sin(2\pi \frac{kn}{N}). \qquad\qquad (4.5.24)$$

Im Hinblick auf die grafische Interpretation ist es vorteilhaft, die Ausgabe der jeweiligen Funktionswerte der Summanden in den Funktionsverlauf der Rechtekke zu verschieben. Die Kosinus-Summanden geben wir mit der Prozedur SUMAK aus.

```pascal
procedure SUMAK(y:array of integer;               {Datenfeld}
                y0:integer;        {Nullage des Rechtecksignals}
                n:integer;                    {Index Oberwelle}
                tmax:integer);                  {Anzahl Daten-1}
var
  i:integer;                         {Laufvariable für die Zeit}
  r:real;                          {Variable für die Integranden}
begin
  for i:=0 to tmax do                        {Für jeden Bildpunkt}
  begin
    r:=y[i]*cos(2*pi*n*i/(tmax+1));            {Kosinus-Summand}
    PutPixel(i,y0-y[i]-trunc(r),white);        {Punkt zeichnen}
  end;
end;
```

Listing 4.5.13 Kosinus-Summanden der FOURIER-Koeffizienten

analog dazu die Sinus-Summanden mit der Prozedur SUMBK:

```pascal
procedure SUMBK(y:array of integer;               {Datenfeld}
                y0:integer;        {Nullage des Rechtecksignals}
                n:integer;                    {Index Oberwelle}
                tmax:integer);                  {Anzahl Daten-1}
var
  i:integer;                         {Laufvariable für die Zeit}
  r:real;                          {Variable für die Integranden}

begin
  for i:=0 to tmax do                        {Für jeden Bildpunkt}
  begin
    r:=y[i]*sin(2*pi*n*i/(tmax+1));              {Sinus-Summand}
    PutPixel(i,y0-y[i]-trunc(r),white);        {Punkt zeichnen}
  end;
end;
```

Listing 4.5.14 Sinus-Summanden der FOURIER-Koeffizienten

Wir binden die Prozeduren in das Hauptprogramm RFEHL ein und nehmen die
einzelnen Aufrufe vor.

```pascal
program RFEHL;              {Nullstellen einer Rechteckfunktion}
uses                               {Einbinden externer Units}
  GRAPH;                       {TURBO PASCAL Grafik-Befehle}
const
  tmax=639;                             {Anzahl Meßwerte-1}
type
  DatenTyp=array[0..tmax] of integer;        {Typ Datenfeld}
var
  Daten:DatenTyp;                        {Globales Datenfeld}
```

```
{$I STARTVGA}        {Prozedur einbinden: STARTVGA.PAS (s.S.  34)}
{$I SUMAK}           {Prozedur einbinden:    SUMAK.PAS (s.S.125)}
{$I SUMBK}           {Prozedur einbinden:    SUMBK.PAS (s.S.125)}
{$I TRECHT}          {Prozedur einbinden:    TRECHT.PAS (s.S.123)}
{$I TAUSG}           {Prozedur einbinden:    TAUSG.PAS (s.S.124)}
{$I ENDEVGA}         {Prozedur einbinden:   ENDEVGA.PAS (s.S.  35)}

begin
  STARTVGA;                          {VGA Grafik 640x480 initialisieren}
  TRECHT(Daten,60,640,3,tmax);           {Rechteck 1:3 berechnen}
  TAUSG(Daten,120,tmax);                  {Rechteck für Kosinus}
  SUMAK(Daten,120,3,tmax);           {Kosinus-Summand zeichnen}
  TAUSG(Daten,360,tmax);                   {Rechteck für Sinus}
  SUMBK(Daten,360,3,tmax);             {Sinus-Summand zeichnen}
  ENDEVGA;                   {Programm nach Tastendruck beenden}
end.
```

Listing 4.5.15 Untersuchung der Nullstellen in Rechteckspektren

Das Ergebnis in Bild 4.5.9 zeigt, daß die Perioden der Funktionen in Gl. (4.5.23) und Gl. (4.5.24) für die dritte Oberwelle genau in das Tastverhältnis des Rechtecksignals passen. Summieren wir jetzt die Funktionen, so heben sich die Flächen A und B in Bild 4.5.9 aufgrund der Symmetrie der Sinus- und Kosinusfunktionen auf, und eine Fehlstelle im Frequenzspektrum entsteht. Dieser Sachverhalt gilt für alle Oberwellen mit ganzzahligen Vielfachen der Nullstellenfrequenz, so daß regelmäßig weitere Nullstellen bei höheren Frequenzen auftreten.

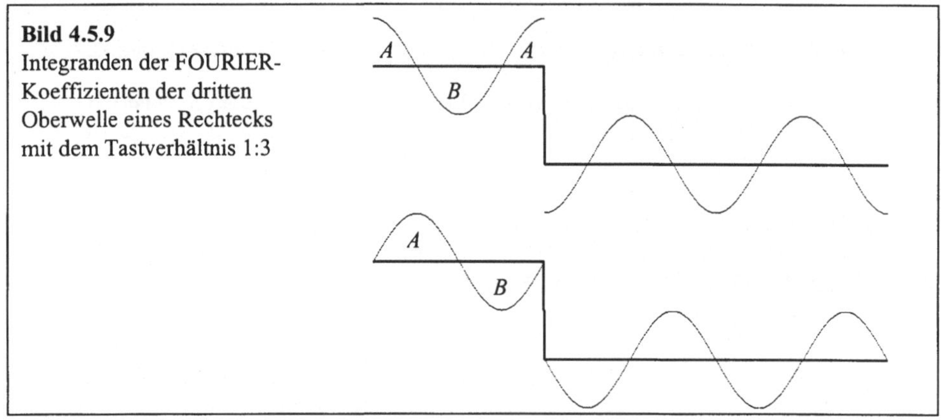

Eine Verringerung des Tastverhältnisses auf 1:100 hat zur Folge, daß sich die erste Frequenz mit der oben diskutierten Eigenschaft zur 100. Oberwelle verschiebt. Die erste Fehlstelle befindet sich also im Vergleich zur vorigen Aufnahme bei einer wesentlich höheren Frequenz. Die Beziehung von Pulsbreite und Frequenz der Fehlstelle entspricht einer Unschärferelation zwischen Zeit und Frequenz: lange Pulsdauern korrespondieren mit niedrigen Frequenzen und kurze Pulsdauern mit hohen. In einem Experiment könnte bei bekannter Grundfrequenz die Breite eines Pulses aus der Oberwellenfrequenz der Fehlstelle im Amplitudenspektrum ermittelt werden.

In Bild 4.5.10 haben wir einen Rechteckpuls mit dem Tastverhältnis 1:100 und das Amplitudenspektrum mit 250 Oberwellen dargestellt.

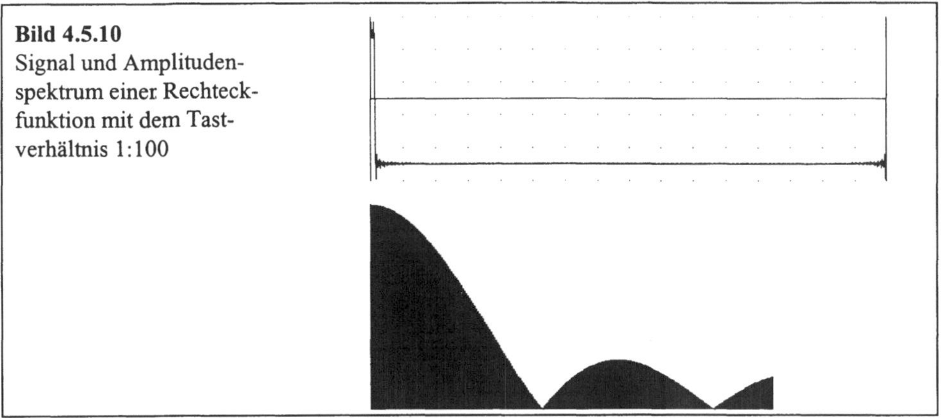

Bild 4.5.10
Signal und Amplitudenspektrum einer Rechteckfunktion mit dem Tastverhältnis 1:100

4.5.6 Aufgabe: Frequenzspektrum der δ-Funktion

Aus dem in Aufgabe 4.5.5 gezeigten Zusammenhang zwischen Pulsbreite und Frequenz der ersten Fehlstelle eines Rechtecksignals können wir auf das Frequenzverhalten eines unendlich kurzen δ-Pulses schließen. In der Theorie wird ein derartiges Signal als Einheitsimpuls bezeichnet. Bedingt durch die unendlich kurze Pulsdauer verschiebt sich die Lage der ersten Fehlstelle in das Unendliche, und die Amplituden aller Oberwellen nehmen einen konstanten Wert an. Es werden also unendlich viele Oberwellen für die Synthese einer δ-Funktion benötigt, das diskrete Amplitudenspektrum der Rechteckfunktionen geht daher in ein kontinuierliches Amplitudendichtespektrum über. Dieses Verhalten korrespondiert mit der aus der Theorie der FOURIER-Transformation folgenden Eigenschaft, daß auf aperiodische Funktionen wie die δ-Funktion das FOURIER-Integral anzuwenden ist.

Für das kontinuierliche „weiße" Spektrum der δ-Funktion gibt es eine interessante Anwendung aus der Signaltheorie, auf die wir hier näher eingehen wollen. Es geht dabei um die Bestimmung der Übertragungsfunktion eines elektrischen Vierpols als FOURIER-Transformierte der Einheitsimpulsantwort [AZI88]. Unter einem Vierpol wird eine Schaltung mit einem zeitlich veränderlichen Eingangssignal $e(t)$ und einem Ausgangssignal $a(t)$ verstanden. Der Vierpol selbst kann im allgemeinen das Eingangssignal mit einer Funktion $h(t)$ verändern, die als Übertragungsfunktion des Systems bezeichnet wird. Das dynamische Verhalten eines Systems kann dann mit der folgenden Übertragungsgleichung beschrieben werden:

$$e(t)*h(t) = a(t) \, .$$

(4.5.25)

Die Ausgangsfunktion ergibt sich also aus der Faltung von Eingangsfunktion und Übertragungsfunktion:

$$e(t)*h(t) = \int\limits_0^T e(t')h(t-t')\mathrm{d}t' \, .$$

(4.5.26)

Das Faltungsintegral in Gl. (4.5.26) beschreibt die zeitliche Wechselwirkung der Funktionen $e(t)$ und $h(t)$ im Intervall T. Wird jetzt die δ-Funktion als Eingangssignal gewählt, so nimmt die Übertragungsgleichung die folgende Gestalt an:

$$\delta(t)*h(t) = a(t) \, .$$

(4.5.27)

Eine in diesem Zusammenhang nützliche Rechenregel der LAPLACE-Transformation ist, daß eine Faltung bei der Transformation in eine Multiplikation übergeht. Da diese Regel auch bei der FOURIER-Transformation gilt, geht die Übertragungsgleichung Gl. (4.5.27) im Frequenzraum (große Buchstaben) unter Berücksichtigung der Normierung der δ-Funktion in den folgenden Ausdruck über:

$$1 \cdot H(f) = A(f) \, .$$

(4.5.28)

Wird die δ-Funktion als Eingangssignal gewählt, so kann am Ausgang des Vierpols also unmittelbar die Übertragungsfunktion des Vierpols gemessen werden. Als Anwendung des hier dargestellten Formalismus bestimmen wir in Kapitel 5.3.4 die Resonanzfunktion eines LC-Schwingkreises als Frequenzantwort auf einen δ-förmigen Puls.

Aufgabenstellung:

Nähern Sie das kontinuierliche Spektrum einer δ-Funktion mit einem kurzen digitalen Puls an, und stellen Sie das Ergebnis grafisch dar.

Aufgabenlösung:

Mit dem Computer lassen sich keine mathematischen Distributionen wie die δ-Funktion synthetisch erzeugen, denn diskrete Signale haben bezogen auf die FOURIER-Periode grundsätzlich eine endliche Pulslänge. Verwenden wir wieder das Datenfeld für die Bereitstellung von 640 Meßwerten, so ist die beste Näherung der δ-Funktion ein Peak, bestehend aus einem einzigen Meßpunkt. Wir setzen daher in der Prozedur DELTA mit einer einzigen Ausnahme alle Meßwerte auf Null:

```
procedure DELTA(var y:array of integer;        {Datenfeld}
                Null:integer;                  {Nullage}
                tmax:integer);                 {Anzahl Daten-1}
var
   i:integer;                                  {Schleifenzähler}
begin
   for i:=0 to tmax do y[i]:=Null;            {Datenfeld rücksetzen}
   y[100]:=4095;                              {Deltapeak}
end;
```

Listing 4.5.16 Simulation einer δ-Funktion

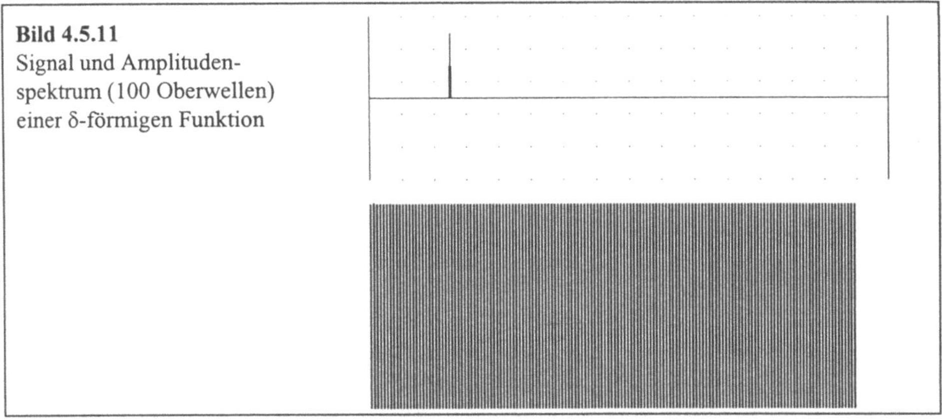

Bild 4.5.11
Signal und Amplituden-
spektrum (100 Oberwellen)
einer δ-förmigen Funktion

Wir haben das Ergebnis der FOURIER-Transformation mit einer modifizierten Version (auf die inverse FOURIER-Transformation haben wir hier verzichtet) des Programms FTEST in Bild 4.5.11 dargestellt. Das Amplitudenspektrum aus 100 Oberwellen zeigt einen quasikontinuierlichen Verlauf mit annähernd konstanten Amplituden. Bei einer größeren Anzahl von Oberwellen würde sich die endliche Pulsbreite natürlich in einem abflachenden Verlauf der Amplituden zu der ersten Fehlstelle hin bemerkbar machen. Dennoch ist besonders im niederfrequenten Bereich eine gute Übereinstimmung mit dem „weißen" Spektrum auszumachen, wodurch die δ-Funktion ein wenig von ihrem rein mathematischen Charakter verliert und auch für experimentelle Anwendungen [STA93] zugänglich wird.

4.5.7 Aufgabe: FOURIER-Transformation und Abtasttheorem

Es ist aus technischen Gründen (Signalübertragung, Rauschen, ...) oftmals vorteilhaft, ein analoges Signal zunächst mit einem A/D-Wandler zu digitalisieren und anschließend zu verarbeiten. Am Ende der Signalverarbeitung wird aus dem digitalen Signal mit einem D/A-Wandler wieder ein analoges Signal synthetisiert. Als Beispiele seien das digitale Telefon ISDN oder ein CD-Abspielgerät genannt.

Im Idealfall sollte sich am Ende das analoge Signal nicht vom Ausgangssignal unterscheiden, doch in der Praxis läßt sich generell eine Signalverfälschung als direkte Folge der Diskretisierung feststellen. Der Einfluß der Signalverfälschung hängt wesentlich von dem Verhältnis der höchsten im Signal vorkommenden Frequenz und der Abtastrate bei der Digitalisierung ab und führt auf das Abtasttheorem von SHANNON [CHA87]: Bei einer vorgegebenen Abtastfrequenz steht für das zu verarbeitende Signal ein Frequenzbereich bis zur halben Abtastfrequenz zur Verfügung.

Die Signalverfälschung läßt sich beschreiben als beidseitige Spiegelung der Signalfrequenzen an ganzzahligen Vielfachen der Abtastfrequenz. Ist das Frequenzband des Signals größer als nach dem SHANNONschen Abtasttheorem vorgegeben, so tritt der Effekt des Aliasing auf: das ursprüngliche Frequenzband überlappt mit dem gespiegelten und führt zu ungewünschten Frequenzanteilen im Signal.

Das Phänomen des Aliasing und das Abtasttheorem lassen sich mit Hilfe der FOURIER-Analyse anhand von Amplitudenspektren ohne Kenntnisse des streng mathematischen Formalismus [AZI88] bildlich untersuchen.

Aufgabenstellung:

Geben Sie das Amplitudenspektrum eines unterabgetasteten Signals grafisch aus, um den Effekt des Aliasing zu untersuchen. Berechnen Sie als Signal zunächst eine zehnfach abgetastete Sinusperiode, um die Spiegelung und Wiederholung einer Frequenz zu zeigen. Addieren Sie für die Simulation eines Frequenzbandes anschließend eine Frequenz mit halber Amplitude und siebenfacher Frequenz zu dem Sinussignal. Begründen Sie das Auftreten der gespiegelten Frequenzen mit folgender Grafik: Zeichnen Sie in einem Diagramm das ursprüngliche Signal, die gespiegelten Signale, und markieren Sie für eine Analyse die Abtastzeitpunkte.

Aufgabenlösung:

In Aufgabe 4.5.3 haben wir das Programm PTEST für die FOURIER-Analyse von Sinusfunktionen verwendet. Um das unterabgetastete Sinussignal zu berechnen und die Spiegelung und Wiederholung zu zeigen, modifizieren wir die Deklaration der Konstanten

```
const
  Null=0;                                    {Nullage Signal}
  k=25;                                  {Anzahl der Oberwellen}
  T=10;                                       {Signalperiode}
  t1=0;                                  {Grenze FOURIER-Periode}
  t2=T;                                  {Grenze FOURIER-Periode}
```

und führen das Programm aus. Das Ergebnis in Bild 4.5.12 weist beidseitig der Abtastfrequenz (10. Oberwelle) neue Frequenzen (9. und 11. Oberwelle) auf, die im ursprünglichen Signal nicht enthalten waren und als Spiegelung des Signals an der Abtastfrequenz zu interpretieren sind. Wir haben bei der FOURIER-Analyse die Anzahl der Oberwellen auf 25 gesetzt, damit auch der Effekt der Wiederholung an ganzzahligen Vielfachen der Abtastfrequenz (hier bei der 20. Oberwelle) sichtbar wird.

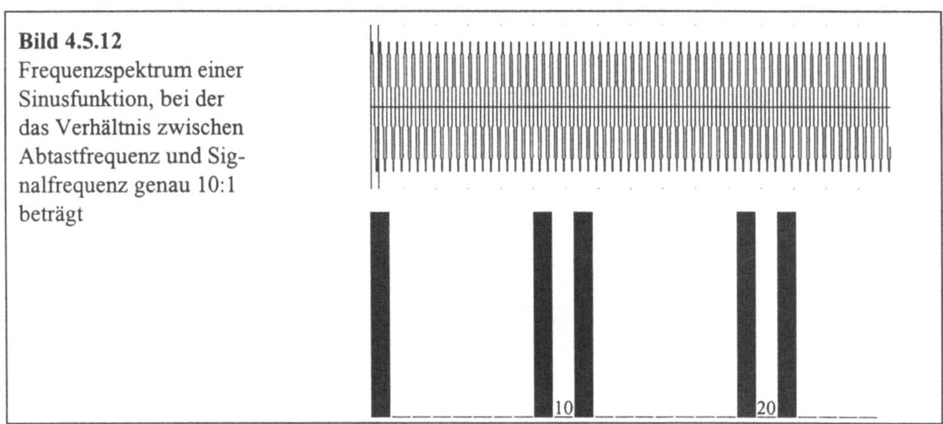

Bild 4.5.12
Frequenzspektrum einer Sinusfunktion, bei der das Verhältnis zwischen Abtastfrequenz und Signalfrequenz genau 10:1 beträgt

Um den Effekt des Aliasing deutlich zu machen, simulieren wir mit der Prozedur SINBAND ein Frequenzband aus zwei Sinusfunktionen und ersetzen die Aufrufe SINUS im Programm PTEST durch SINBAND.

```
procedure SINBAND(var y:array of integer;          {Datenfeld}
                  Null:integer;                     {Nullage}
                  T:integer;                       {Signalperiode}
                  tmax:integer);                  {Anzahl Daten-1}
var
  i:integer;                                      {Schleifenzähler}
begin
  for i:=0 to tmax do                         {Datenfeld abarbeiten}
    y[i]:=Null+trunc(1500*sin((2*pi/T)*i)       {1-fache Frequenz}
                    +750*sin((2*pi*7/T)*i));    {7-fache Frequenz}
end;
```

Listing 4.5.17 Analyse des Aliasing-Effekts

Das Amplitudenspektrum (wir haben für die bessere Übersichtlichkeit nur noch zehn Oberwellen gerechnet) in Bild 4.5.13 enthält jetzt auch die gespiegelten siebenfachen Sinusfrequenzen, was im niederfrequenten Bereich zu einem Frequenzanteil bei der dritten Oberwelle führt. Wir stellen also eine Verfälschung des ursprünglichen Signals durch die Überlappung (Aliasing) des Signalbandes mit dem an der Abtastfrequenz gespiegelten Frequenzband fest.

Um die Bandüberlappung in Bild 4.5.13 zu verhindern, muß die höchste Frequenz des Signalbandes auf die halbe Abtastfrequenz begrenzt werden, was genau der

Aussage des SHANNONschen Theorems entspricht. Die Grenzfrequenz für eine störungsfreie Digitalisierung eines analogen Signals wird als NYQUIST-Frequenz bezeichnet, in der Praxis werden Signale vor der Digitalisierung mit einem Tiefpaßfilter (Aliasingfilter) bandbegrenzt.

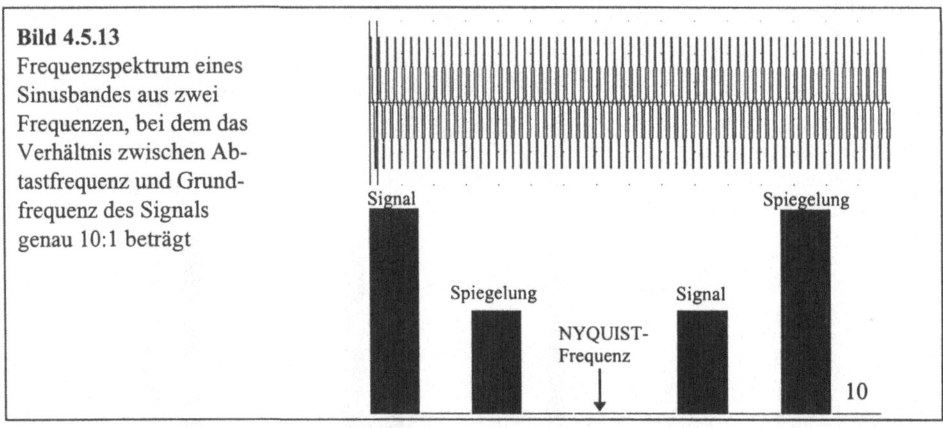

Bild 4.5.13
Frequenzspektrum eines Sinusbandes aus zwei Frequenzen, bei dem das Verhältnis zwischen Abtastfrequenz und Grundfrequenz des Signals genau 10:1 beträgt

Bislang haben wir uns nur mit Phänomenen bezüglich diskreter Abtastungen beschäftigt, nicht aber mit der Begründung für das Vorkommen neuer Frequenzen in den Amplitudenspektren. Um die Ursachen mit grafischen Mitteln zu untersuchen, zeichnen wir die Zeitfunktionen der ersten drei Oberwellenfrequenzen aus Bild 4.5.12 mit dem Programm SHANNON in ein Diagramm und markieren die Funktionen an den Abtastzeitpunkten.

Die Prozedur SINUS zeichnet Sinusfunktionen mit den einstellbaren Parametern Nullage, Amplitude, Periode und Phase:

```
procedure SINUS(y0:integer;          {Nullage der Sinusfunktion}
                y:integer;          {Amplitude der Sinusfunktion}
                T:integer;           {Periodendauer in Pixeln}
                p:real);                      {Phasenlage}

var
  i:integer;                          {Schleifenzähler}
begin
  for i:=0 to 639 do                {Datenfeld abarbeiten}
    if i=0 then MoveTo(i,y0-trunc(y*sin((2*pi/T)*i-p)))
          else LineTo(i,y0-trunc(y*sin((2*pi/T)*i-p)));
end;
```

Listing 4.5.18 Zeichnen einer Sinusfunktion

Für die Untersuchung des Verhaltens der Sinusfunktionen an den Abtastzeitpunkten setzen wir Markierungen:

```
procedure MARKE(y0:integer;                           {Nullage}
                y:integer;                            {Amplitude}
                T:integer;                         {Periodendauer}
                phase:real);                         {Phasenlage}
var
   i:integer;                                     {Schleifenzähler}
begin
   for i:=0 to 639 do if i mod 64=0 then      {Abtastzeitpunkte}
      circle(i,y0-trunc(y*sin((2*pi/T)*i-phase)),3)     {Kreis}
end;
```

Listing 4.5.19 Markierungspunkte

Im Hauptprogramm zeichnen wir zunächst das eigentliche Signal und anschließend die gespiegelten Sinusfunktionen. Zu beachten ist die Phasenlage der Funktion mit der Frequenz der neunten Oberwelle: aus den Vorzeichen der FOURIER-
Koeffizienten folgt eine Phasenverschiebung um -180 Grad.

```
program SHANNON;                                  {Abtasttheorem}
uses                                   {Einbinden externer Units}
   GRAPH;                              {TURBO PASCAL Grafik-Befehle}

{$I STARTVGA}      {Prozedur einbinden: STARTVGA.PAS (s.S. 34)}
{$I ENDEVGA}       {Prozedur einbinden:  ENDEVGA.PAS (s.S. 35)}
{$I SINUS}         {Prozedur einbinden:    SINUS.PAS (s.S.132)}
{$I MARKE}         {Prozedur einbinden:    MARKE.PAS (s.S.133)}

begin
   STARTVGA;                 {VGA Grafik 640x480 initialisieren}
   SINUS(100,100,640,0);                             {Signal}
   SINUS(100,100,trunc(640/9),-pi);       {Sinus 9. Oberwelle}
   MARKE(100,100,640,0);                     {Abtastmarkierung}
   SINUS(380,100,640,0);                             {Signal}
   SINUS(380,100,trunc(640/11),0);       {Sinus 11.Oberwelle}
   MARKE(380,100,640,0);                     {Abtastmarkierung}
   ENDEVGA;                  {Programm nach Tastendruck beenden}
end.
```

Listing 4.5.20 Analyse des SHANNONschen Abtasttheorems

Im oberen Diagramm von Bild 4.5.14 haben wir die phasenverschobene neunfa-
che Grundfrequenz über der Sinusfunktion aufgetragen und erkennen, daß beide
Funktionen an den Abtastzeitpunkten identische Funktionswerte annehmen. Da
der FOURIER-Formalismus nur Informationen über die Funktionen an den diskreten Abtastzeitpunkten besitzt, sind beide Funktionen im Sinne der FOURIER-
Transformation nicht unterscheidbar. Die logische Folge davon ist, daß die entsprechenden Frequenzkomponenten auch im Amplitudenspektrum erscheinen
müssen. Aus der unteren Abbildung in Bild 4.5.14 geht hervor, daß dieselbe Ar-
gumentation ebenso für das Auftreten der 11. Oberwelle im Spektrum gilt.

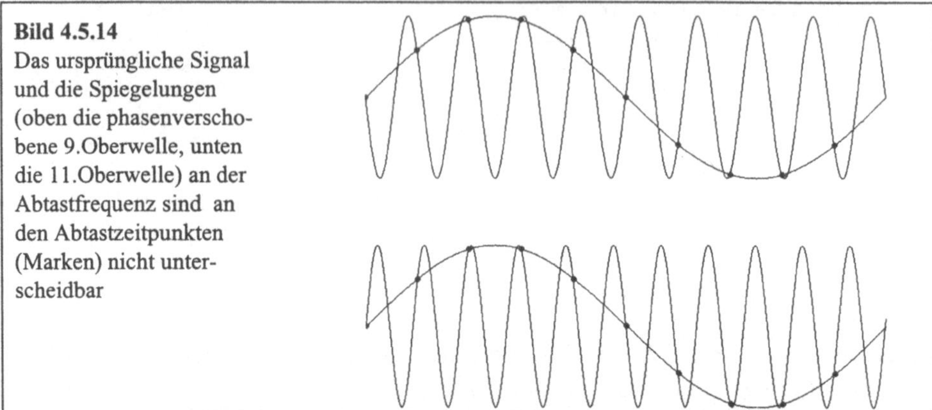

Bild 4.5.14
Das ursprüngliche Signal und die Spiegelungen (oben die phasenverschobene 9.Oberwelle, unten die 11.Oberwelle) an der Abtastfrequenz sind an den Abtastzeitpunkten (Marken) nicht unterscheidbar

Wenn wir die Analyse aus Bild 4.5.14 weiterführen, so erhalten wir das folgende Resultat: die ersten fünf Oberwellen werden bei zehn Abtastungen richtig wiedergegeben, die sechste Oberwelle ist von der vierten nicht unterscheidbar, die siebente nicht von der dritten, die achte nicht von der zweiten und wie oben gezeigt, die neunte nicht von der ersten. Die Frequenzen oberhalb der NYQUIST-Frequenz sind also objektiv keine realen Frequenzen des Signals, sondern stellen wie bereits gesagt nur Spiegelungen dar und müssen somit vor der Digitalisierung aus dem Signal herausgefiltert werden.

4.5.8 Aufgabe: Anwendung des HANNING-Fensters

Bei allen bisherigen Aufgaben zur DFT wurde die FOURIER-Periode stets als bekannt vorausgesetzt, um eine Übereinstimmung zwischen dem Amplitudenspektrum und den Signalfrequenzen sicherzustellen. Aufgabe 4.5.3 zeigte die Konsequenzen unterschiedlicher FOURIER-Perioden auf die Frequenzspektren von Signalen. In der Praxis werden jedoch häufig Echtzeit-Frequenzanalysen durchgeführt, bei denen die FOURIER-Periode durch das Zeitfenster für die Datenaufnahme definiert wird. Somit führt das Problem der periodischen Signalfortsetzung des Zeitfensters zu einer Linienverbreiterung [BRI82] im Spektrum (vgl. Bild 4.5.4). Die zusätzlichen Frequenzen werden dabei allgemein als Leckkomponenten bezeichnet. Mit dem Formalismus der Fensterfunktionen [POU85] läßt sich der Leckeffekt abschwächen, indem das Zeitfenster einfach mit einer Funktion überlagert wird, die alle Signalamplituden an den Fenstergrenzen auf Null herunterzieht. Dadurch wird das Frequenzverhalten der Signale nicht verändert, die zur Verbreiterung führenden Sprung- und Unstetigkeitsstellen jedoch vermieden. In der Signalanalyse sind verschiedene Fensterfunktionen gebräuchlich, die sich durch das Amplitudenverhalten im Spektrum unterscheiden: als Beispiele seien das HAMMING-, HANNING- und BARTLETT-Fenster genannt. Das HANNING-Fenster wird durch die folgende Funktion im Zeitfenster T definiert

$$h(t) = \frac{1}{2} - \frac{1}{2}\cos\left(\frac{2\pi t}{T}\right) \text{ für } 0 \le t \le T \tag{4.5.29}$$

und mit einer Multiplikation auf das Signal $y(t)$ angewendet:

$$Y(t) = y(t)\cdot h(t)\,. \tag{4.5.30}$$

Um die Wirkung der HANNING-Fensterfunktionen zu untersuchen, vergleichen wir die Frequenzspektren von Sinusfunktionen mit unterschiedlichen FOURIER-Perioden.

Aufgabenstellung:

Stellen Sie mit dem Programm PTEST aus Aufgabe 4.5.3 eine Sinusfunktion dar, und führen Sie eine FOURIER-Transformation an 10 Perioden, 10,25 Perioden und 10,5 Perioden durch. Multiplizieren Sie anschließend die Funktionen mit einem HANNING-Fenster und vergleichen Sie die Amplitudenspektren.

Aufgabenlösung:

Um das Programm PTEST an diese Aufgabe anzupassen, modifizieren wir zunächst die Konstanten,

```
const
  k=30;                        {30 Oberwellen berechnen}
  T=52;                        {Signalperiode 52 Pixel}
```

stellen für die Analyse von zehn Perioden die FOURIER-Grenzen ein

```
t1=1;                          {FOURIER-Grenze links}
t2=10*T;               {FOURIER-Grenze auf 10 Signalperioden}
```

und erhalten die Zeit- und Frequenzdiagramme in Bild 4.5.15 oben. Für die Analyse im mittleren Bildteil verschieben wir die rechte Grenze des Zeitfensters auf 10,25 Perioden

```
t2=10*T+T div 4;     {FOURIER-Grenze auf 10,25 Signalperioden}
```

und für die untere Abbildung auf 10,5 Perioden:

```
t2=10*T+T div 2;     {FOURIER-Grenze auf 10,5 Signalperioden}
```

Wie erwartet, zeigt Bild 4.5.15 eine zunehmende Verbreiterung der Linie um die Signalfrequenz bei der zehnten Oberwelle.

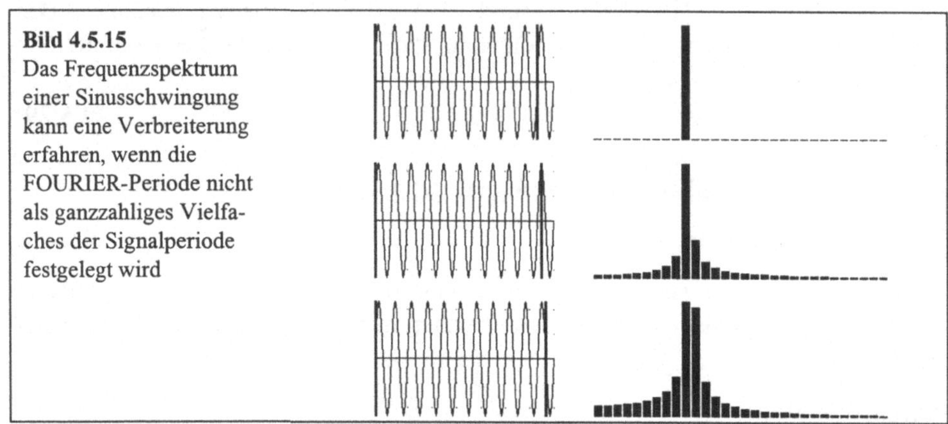

Bild 4.5.15
Das Frequenzspektrum einer Sinusschwingung kann eine Verbreiterung erfahren, wenn die FOURIER-Periode nicht als ganzzahliges Vielfaches der Signalperiode festgelegt wird

Um die Wirkung des HANNING-Fensters zu zeigen, modifizieren wir die Prozedur für die Berechnung der Sinusfunktion,

```
procedure SINUS(var y:array of integer;              {Datenfeld}
                Null:integer;                          {Nullage}
                T:integer;                        {Signalperiode}
                TF:integer;                      {FOURIER-Periode}
                tmax:integer);                    {Anzahl Daten-1}
var
  i:integer;                                     {Schleifenzähler}
begin
  for i:=0 to tmax do                     {Datenfeld abarbeiten}
    y[i]:=Null+trunc(1500*sin((2*pi/T)*i)        {Sinusfunktion}
              *(0.5-0.5*cos(2*pi*i/TF)));      {HANNING-Fenster}
end;
```

Listing 4.5.21 Signalerzeugung für die Anwendung des HANNING-Fensters

erweitern die Aufrufparameter um die FOURIER-Periode

```
SINUS(Daten,Null,T,t2-t1+1,tmax);
```

und berechnen nochmals die drei Spektren. Das Ergebnis in Bild 4.5.16 macht den Effekt des HANNING-Fensters deutlich: das Frequenzverhalten im Amplitudenspektrum zeigt im Vergleich zu Bild 4.5.15 einen deutlich schnelleren Abfall, ist jedoch an der Signalfrequenz beidseitig verbreitert.

Um die Ursache für die Linienverbreiterung zu zeigen, geben wir Gl. (4.5.30) für eine Sinusfunktion aus zehn Perioden explizit an:

$$Y(t) = \left(\frac{1}{2} - \frac{1}{2}\cos\left(\frac{2\pi t}{T}\right)\right)\sin\left(\frac{2\cdot 10\pi t}{T}\right).$$

(4.5.31)

Dieser Ausdruck entspricht einer Amplitudenmodulation (vgl. Gl. (4.5.21)) mit Seitenbändern im Abstand der Grundfrequenz von der zehnten Oberwelle. Bild 4.5.16 macht im oberen Diagramm den Sachverhalt deutlich und zeigt darüber hinaus sehr gut den Effekt der Verringerung der Seitenbandamplituden auf die Hälfte.

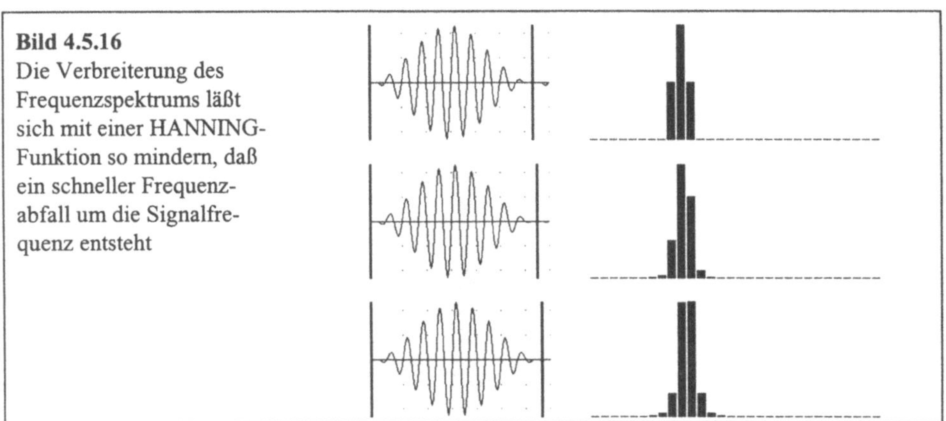

Bild 4.5.16
Die Verbreiterung des Frequenzspektrums läßt sich mit einer HANNING-Funktion so mindern, daß ein schneller Frequenzabfall um die Signalfrequenz entsteht

5 Experimente und Simulationen

5.1 Die fallende Leiter

Für die Bestimmung der Erdbeschleunigung gibt es eine Vielzahl von sehr einfachen Experimenten, die in der Regel auf der Messung einer Fallzeit zwischen zwei Punkten bekannten Abstandes basieren. Standardexperimente sind beispielsweise der Fall einer Metallkugel von einem Unterbrechungsschalter auf eine Kontaktplatte oder der Fall einer Kugel durch zwei Lichtschranken. Die Auswertung der Zeitmessungen ergibt sich dabei durch Umstellen der allgemeinen Beziehung für den freien Fall

$$h(t) = h_0 + v_0(t - t_0) - \frac{1}{2}g(t - t_0)^2 \tag{5.1.1}$$

nach der Zeit. Mit der Anfangsbedingung $t_0 = 0$ erhalten wir die bekannte Gleichung für die Fallzeit

$$t_F = \frac{v_0 + \sqrt{v_0^2 + 2hg}}{g}.$$

(5.1.2)

Aus Gl. (5.1.2) läßt sich die Erdbeschleunigung aus der Anfangsgeschwindigkeit, der Fallhöhe und der Fallzeit bestimmen. Mit dem Experiment der fallenden Leiter [LIN92] lassen sich im Unterschied zu den obengenannten Beispielen Serien aus mehreren Zeiten messen. Das hat zum einen den Vorteil der Erhöhung der Meßgenauigkeit durch Mittelwertbildung, und zum anderen ergibt sich die Möglichkeit der Aufnahme der Orts- und Geschwindigkeitskurve des freien Falls.

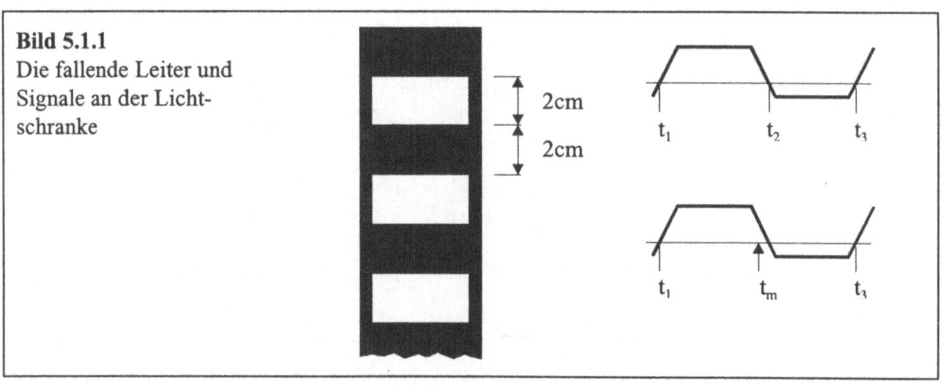

Die Leiter in Bild 5.1.1 besteht aus zehn äquidistanten Stegen mit jeweils zwei Zentimeter Breite und Abstand. Im Experiment fällt die Leiter durch eine Lichtschranke und löst am Anfang und Ende der Stege Flankenwechsel aus. Diese Zustandsänderungen lassen sich sehr einfach mit einem Interface und dem internen PC-Timerbaustein [BÜL94] erfassen. Für die Auswertung der gemessenen Zeitpunkte ist zu beachten, daß die Flankenerkennung wie in Bild 5.1.1 dargestellt nicht notwendigerweise genau in der Pegelmitte reagiert, es sollten also nur vergleichbare Zustandsänderungen (steigende oder fallende Flanken) ausgewertet werden. Sind die einzelnen Intervalle bekannt, so lassen sich mit der Leitergeometrie die durchschnittlichen Geschwindigkeiten bestimmen. Die Erdbeschleunigung folgt dann aus der Steigung der Geschwindigkeitsgeraden.

5.1.1 Aufgabe: Bestimmung der Erdbeschleunigung

In dieser Aufgabenstellung bestimmen wir die Erdbeschleunigung mit der fallenden Leiter. Dafür verwenden wir eine Gabellichtschranke am ADT-Interface und messen die zeitlichen Ereignisse während des Falls der Leiter mit der in Listing 3.3.4 definierten Prozedur EREIGNIS.

Versuchsaufbau:

Schließen Sie wie in Bild 5.1.2 dargestellt eine Gabellichtschranke an den digitalen Port und die Hilfsspannung +5 V des ADT-Interfaces an. Die LED der Lichtschranke schaltet den lichtempfindlichen Transistor bei nicht verdunkelter Lichtstrecke auf Masse durch. Bei Verdunklung sperrt der Transistor, und der digitale Port liegt an einem internen Pullup-Widerstand auf HIGH-Pegel.

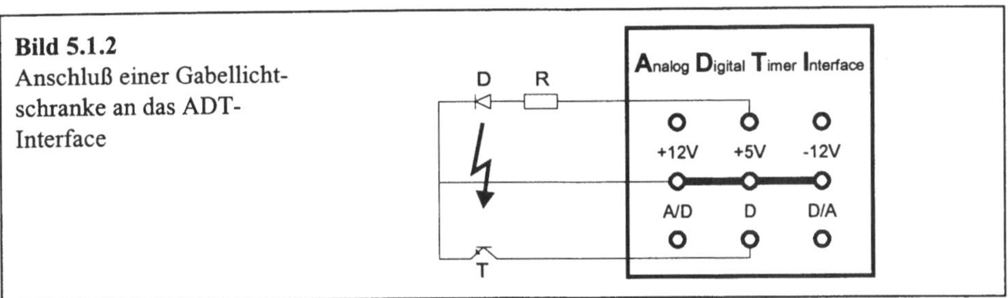

Bild 5.1.2
Anschluß einer Gabellicht-
schranke an das ADT-
Interface

Versuchsdurchführung:

Wir beginnen den Versuch mit der Messung der Zustandsänderungen während des freien Falls der Leiter am digitalen Eingang des ADT-Interfaces (der Druckerport muß bidirektional konfiguriert sein). Anschließend berechnen wir die durchschnittlichen Geschwindigkeiten der Leiter in Zeitintervallen, die durch gleiche Flanken definiert werden. Den einzelnen Geschwindigkeitswerten weisen wir die Intervallmitten als Zeitreferenz zu. Die Erdbeschleunigung folgt dann aus der Steigung der Ausgleichsgeraden durch die Geschwindigkeits-Zeit-Koordinaten.

Für die Versuchsdurchführung und Auswertung entwerfen wir ein Programm LEITER, welches mit den Bibliothekaufrufen für die Grafik-Befehle und die ADT-Interface-Funktionen beginnt.

```
program LEITER;              {Messung von g mit der fallenden Leiter}
uses
   GRAPH,                         {TURBO PASCAL Grafik-Befehle}
   ADT;                           {ADT-Interface-Befehle}
```

Im Deklarationsteil für die Konstanten und Variablen legen wir die für das Experiment relevante Stegbreite der Leiter fest und definieren Felder für die Meßpunkte, die Intervallmitten und die Durchschnittsgeschwindigkeit. Weiterhin benötigen wir Variablen für Indizes und die Erdbeschleunigung. Da wir die Ortskoordinaten und Geschwindigkeiten in einem Diagramm grafisch darstellen wollen, binden wir wieder die entsprechenden Quellcodes der Grafikprozeduren ein. Die Messung der Zeitpunkte wird in diesem Experiment mit der Prozedur EREIGNIS aus Aufgabe 3.3.2 durchgeführt.

```
const
  s=0.02;                                      {Stegbreite der Leiter}
var
  t,tm:array[0..20] of real;   {Zeitpunkte und Intervallmitten}
  v:array[0..20] of real;          {Mittlere Geschwindigkeiten}
  nt:integer;                                 {Index Zeitpunkte}
  g:real;                                   {Erdbeschleunigung}
  i:integer;                                    {Schleifenindex}

{$I STARTVGA}        {Prozedur einbinden: STARTVGA.PAS  (s.S.  34)}
{$I GITTER2}         {Prozedur einbinden:  GITTER2.PAS  (s.S.  37)}
{$I ENDEVGA}         {Prozedur einbinden:  ENDEVGA.PAS  (s.S.  35)}
{$I EREIGNIS}        {Prozedur einbinden: EREIGNIS.PAS  (s.S.  46)}
```

Mit der nun folgenden Prozedur FLANKEN kopieren wir die Zeitpunkte gleicher
Flankenwechsel in das Feld der Meßwerte und beziehen die Zeiten auf den ersten
Meßwert als Referenz.

```
procedure FLANKEN(n:integer;var nt:integer;var t:array of real);
begin
  nt:=0; i:=1;                                   {Anfangswerte}
  t[0]:=t[1];                                {Referenzzeitpunkt}
  while i<n do                              {Meßwerte abarbeiten}
  begin
    nt:=nt+1;                          {Zähler für gleiche Flanken}
    t[nt]:=t[i]-t[0];                  {Zeit bezogen auf Referenz}
    i:=i+2;                            {Index nächste gleiche Flanke}
  end;
end;
```

Listing 5.1.1   Auswertung der Ereignisse bei der fallenden Leiter

Die grafische Auswertung beginnt mit dem Orts-Zeit-Diagramm, welches die bereits mit der Lichtschranke erfaßte Leiterlänge über den mit der Prozedur
FLANKEN bearbeiteten Zeitpunkten ausgibt. Das Diagramm ist so skaliert, daß
auf der Abszisse 0,25 s und auf der Ordinate 40 cm abgebildet werden.

```
procedure HDIAGRAMM(nt:integer;t:array of real);
begin
  for i:=1 to nt-1 do                        {Meßwerte abarbeiten}
  begin
    if i>1 then
      LineTo(trunc(t[i]*479/0.25),479-trunc(2*s*(i-1)*479/0.4));
    circle(trunc(t[i]*479/0.25),479-trunc(2*s*(i-1)*479/0.4),5);
  end;
end;
```

Listing 5.1.2   Ortskurve der fallenden Leiter

In das Geschwindigkeitsdiagramm zeichnen wir die durchschnittliche Geschwindigkeit über den Intervallmitten mit einer Ordinaten-Skalierung von 3 m/s.

```
procedure VDIAGRAMM(nt:integer;var t,tm,v:array of real);
begin
  for i:=1 to nt-1 do                      {Meßwerte abarbeiten}
  begin
    v[i]:=2*s/(t[i+1]-t[i]);          {Mittlere Geschwindigkeit}
    tm[i]:=(t[i]+t[i+1])/2;                  {Intervallmitte}
    if i>1 then
      LineTo(trunc(tm[i]*479/0.25),479-trunc(v[i]*479/3));
    circle(trunc(tm[i]*479/0.25),479-trunc(v[i]*479/3),5);
  end;
end;
```

Listing 5.1.3   Geschwindigkeitskurve der fallenden Leiter

Für die experimentelle Bestimmung der Erdbeschleunigung berechnen wir die
Steigung der Ausgleichsgeraden [GES94] nach der Methode der kleinsten Qua-
drate:

```
procedure REGRESSION(nt:integer;tm,v:array of real;var m:real);
const
  t_:real=0;{Mittelwert t}
  v_:real=0;{Mittelwert v}
  tv_:real=0;{Mittelwert t*v}
  t2_:real=0;{Mittelwert t*t}
begin
  for i:=1 to nt do t_:=t_+tm[i];        t_ :=t_/nt;
  for i:=1 to nt do v_:=v_+v[i];         v_ :=v_/nt;
  for i:=1 to nt do tv_:=tv_+tm[i]*v[i]; tv_:=tv_/nt;
  for i:=1 to nt do t2_:=t2_+tm[i]*tm[i]; t2_:=t2_/nt;

  m:=(tv_-t_*v_)/(t2_-t_*t_);       {Steigung Ausgleichsgerade}
end;
```

Listing 5.1.4   Lineare Regression

```
begin
  EREIGNIS(20,t);                              {Ereigniszeiten}
  FLANKEN(20,nt,t);                   {Gleiche Flanken ermitteln}
  STARTVGA;                    {VGA-Grafik 640x480 initialisieren}
  GITTER2;                                  {Gitter 479x479}
  HDIAGRAMM(nt,t);                               {Ortskurve}
  VDIAGRAMM(nt,t,tm,v);                   {Geschwindigkeitskurve}
  REGRESSION(nt,tm,v,g);       {Berechnung der Erdbeschleunigung}
  ENDEVGA;                     {Programm nach Tastendruck beenden}
end.
```

Listing 5.1.5   Bestimmung der Erdbeschleunigung mit der fallenden Leiter

Im Hauptteil des Programms LEITER führen wir die einzelnen Anweisungen aus und erhalten das in Bild 5.1.3 dargestellte Diagramm mit der parabelförmigen Ortskurve und der linearen Geschwindigkeitskurve.

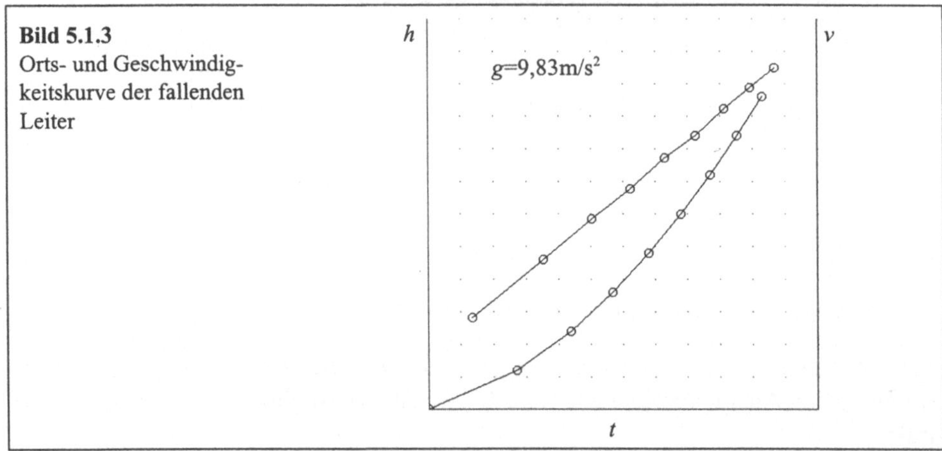

Bild 5.1.3
Orts- und Geschwindig-
keitskurve der fallenden
Leiter

Aus der Steigung der Regressionsgeraden erhalten wir mit g=9,83 m/s² ein ausgezeichnetes Ergebnis für die Erdbeschleunigung. Das Resultat ist für dieses Experiment ein typischer Wert und stellt keine besondere Ausnahme dar.

5.2 Die Fallröhre

Mit der Fallröhre [LIN86] führen wir ein einfaches Experiment zum Thema Induktion durch und untersuchen darüber hinaus noch einmal den freien Fall. Das Fallrohr besteht aus sechs in Serie geschalteten Spulen, die auf ein Rohr gewickelt sind und einen Abstand von 20 cm haben.

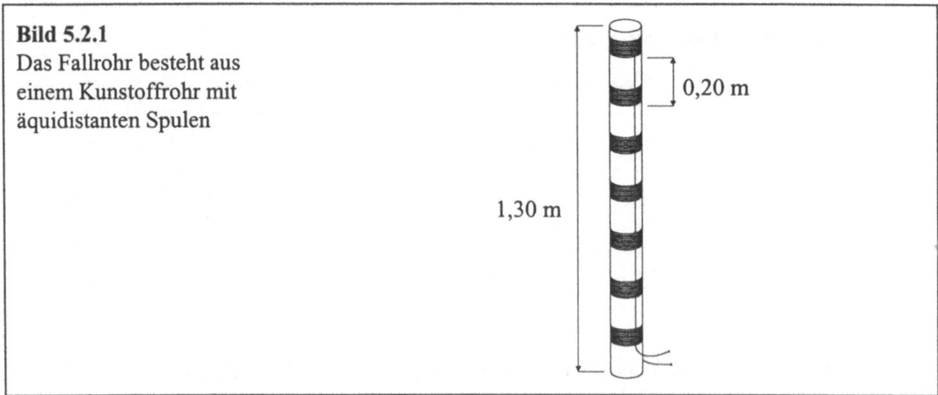

Bild 5.2.1
Das Fallrohr besteht aus
einem Kunstoffrohr mit
äquidistanten Spulen

Fällt ein Permanentmagnet durch das Rohr, so wird beim Passieren der einzelnen

Spulen eine Spannung induziert. Der zeitliche Verlauf der Induktionsspannung ergibt ein für das Fallrohr typisches Bild mit sechs ansteigenden Spannungsstößen, deren zeitlicher Abstand mit dem freien Fall korrespondiert. Für die Auswertung dieses Experiments benötigen wir zunächst das Induktionsgesetz für eine Spule mit N-Windungen

$$U_I = -N \frac{\mathrm{d}\Phi}{\mathrm{d}t} \tag{5.2.1}$$

unter dem Einfluß des magnetischen Flusses

$$\Phi = \int_F \vec{B} \cdot \mathrm{d}\vec{f} \,. \tag{5.2.2}$$

Im später von uns aufgenommenen Diagramm (s. Bild 5.2.4) der induzierten Spannungen fällt auf, daß die Spannungsstöße mit zunehmender Fallgeschwindigkeit des Magneten kürzer, aber auch höher werden. Es läßt sich leicht zeigen, daß die Flächeninhalte der Induktionsstöße konstant sind und das Integral bezogen auf das Nullpotential verschwindet. Wir berechnen allgemein das Integral über die induzierte Spannung in einem Zeitintervall $[t_1, t_2]$:

$$\int_{t_1}^{t_2} U_I = -N \int_{t_1}^{t_2} \frac{\mathrm{d}\Phi}{\mathrm{d}t} \mathrm{d}t = -N \left[\Phi_2 - \Phi_1 \right]. \tag{5.2.3}$$

Da vor dem Fall (t_1) und nach dem Fall (t_2) kein magnetischer Fluß durch die Spulen vorhanden ist, ergibt sich für den gesamten Flächeninhalt der Induktionsstöße in den Spulen jeweils der Wert Null. Berechnen wir nur den positiven Flächenanteil mit (t_1) vor dem Fall und (t_m) zum Fallmittelpunkt des Magneten in einer Spule (s. Bild 5.2.2), so gilt mit

$$\Phi_1 = 0 \quad \text{und} \quad \Phi_m = \Phi \tag{5.2.4}$$

die Beziehung

$$\int_{t_1}^{t_m} U_I = -N \int_{t_1}^{t_m} \frac{\mathrm{d}\Phi}{\mathrm{d}t} \mathrm{d}t = -N\Phi \,, \tag{5.2.5}$$

und die Fläche ist ein Maß für den magnetischen Fluß des Permanentmagneten und damit eine Konstante.

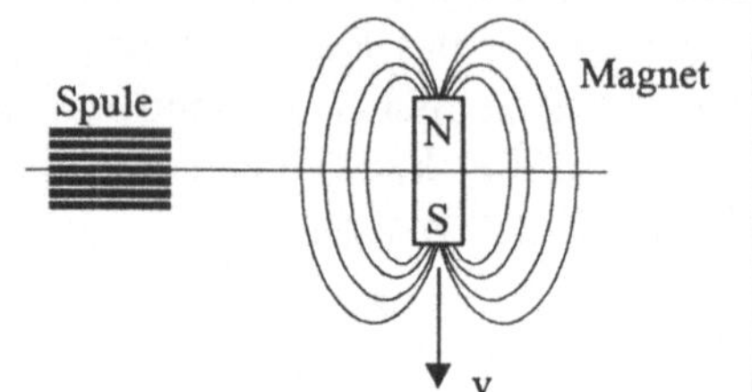

Bild 5.2.2
Zum Zeitpunkt des Falls, an dem die Mitte des Magneten genau die Mitte der Spule passiert, ist der magnetische Fluß maximal (die Feldlinien stehen senkrecht auf dem mittleren Spulenquerschnitt), die Änderung des magnetischen Flusses ist jedoch Null

Eine weitere Besonderheit bei diesem Experiment ist der Verlauf der Induktionsmaxima, die genau auf einer Geraden liegen. Um den Sachverhalt zu verstehen, multiplizieren wir die Flußänderung aus Gl. (5.2.1) mit einer Proportionalitätskonstanten k und interpretieren den Term

$$-k\frac{d\Phi}{dt} \tag{5.2.6}$$

als „Geschwindigkeit des magnetischen Flusses" zum Zeitpunkt der größten Flußänderung. Da der Magnet ein konstantes Feld besitzt, entspricht diese Geschwindigkeit der Fallgeschwindigkeit des Magneten, die für einen Fall aus der Ruhelage mit der Beziehung

$$v(t) = -gt \tag{5.2.7}$$

beschrieben wird. Die Spannungsspitzen der Induktionsstöße lassen sich daher mit einer Geradengleichung

$$U_{I,\text{max}} = g\frac{N}{k}t \tag{5.2.8}$$

beschreiben, die Steigung der Geraden kann also für die Bestimmung der Erdbeschleunigung herangezogen werden. Ein weiterer Ansatz für die Ermittlung der Erdbeschleunigung mit dem Fallrohr ergibt sich aus der Berechnung der Startzeit t_0 des freien Falls. Ist t_0 bekannt, so läßt sich die Erdbeschleunigung aus einem beliebigen Induktionspeak mit der Zeit t und der Fallstrecke $h(t)$ aus der Fallgleichung

$$h(t) = h_0 - \frac{g}{2}t^2 \tag{5.2.9}$$

berechnen. Die Anfangszeit t_0 bestimmen wir dabei aus dem Schnittpunkt der Geraden durch die Induktionsmaxima mit der Nullinie der Messung.

Wir bearbeiten folgende Aufgaben:

1. Messung der Induktionsspannung
Die während des freien Falles des Magneten induzierte Spannung an den

sechs Spulen wird mit dem ADT-Interface gemessen und grafisch dargestellt. Für die Meßwertaufnahme wird eine Pre-Triggerung eingesetzt, um
alle Peaks vollständig erfassen zu können und am Anfang der Messung die
Nullage zu bestimmen.

2. Auswertung des Fallrohr-Experiments

Nach der Messung werden die Flächen unter den Peaks durch Integration
der Induktionsspannung verglichen und die Gleichheit gezeigt. Mit Hilfe des
Zeitnullpunktes und den Koordinaten eines Peaks wird die Erdbeschleunigung quantitativ bestimmt.

5.2.1 Aufgabe: Messung der Induktionsspannung

Wir beginnen das Fallrohrexperiment mit der Datenaufnahme und stellen zunächst
den zeitlichen Verlauf der Induktionsspannung grafisch dar. Den Anfangszeit-
punkt der Meßwertaufnahme verschieben wir mit einer Pre-Triggerung zeitlich
vor den ersten Induktionspeak. Damit ermöglichen wir eine spätere Darstellung
des Zeitnullpunktes im Meßdiagramm und können zudem die Nullage des Signals
bestimmen. Die Abtastrate wird für dieses Experiment so gewählt, daß die Induktionspeaks aller Spulen in einer Grafik abgebildet werden können.

Versuchsaufbau:

Schließen Sie wie in Bild 5.2.3 dargestellt das Fallrohr an das ADT-Interface an,
und überbrücken Sie den Eingang zur Rauschunterdrückung mit einem Kondensator (C=6 µF).

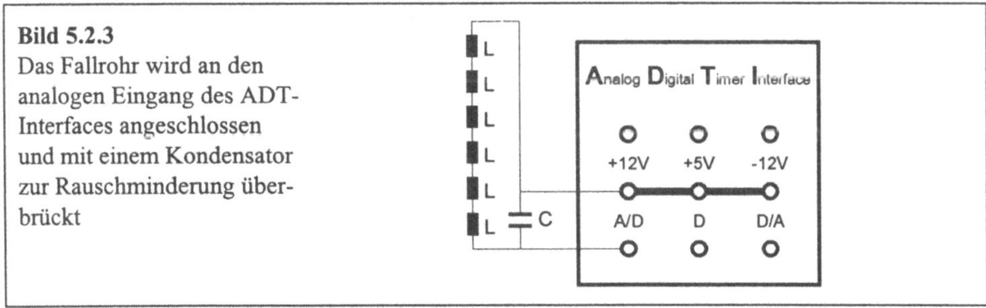

Bild 5.2.3
Das Fallrohr wird an den
analogen Eingang des ADT-
Interfaces angeschlossen
und mit einem Kondensator
zur Rauschminderung über-
brückt

Versuchsdurchführung:

Für die Aufnahme und Darstellung der Induktionsspannung schreiben wir ein
Programm FALLROHR, welches später für die Auswertung erweitert wird. Die
quantitative Analyse der Erdbeschleunigung erfordert eine Bestimmung der Abtastrate. Diese Funktion ist bereits in der Standardprozedur AUFNAHME imple-

mentiert und wird hier unter Berücksichtigung der Begrenzung der Meßdauer auf
einen Timerdurchlauf (55 ms, vgl. Kapitel 3.3) eingesetzt. Die Meßdauer kann
nicht im Verlauf der gesamten Versuchsdauer ermittelt werden, da der freie Fall
im Fallrohr etwa eine halbe Sekunde dauert. Es liegt daher nahe, die Meßdauer
zusammen mit der Nullage des Signals in einem entsprechend kurzen Intervall vor
der eigentlichen Meßwertaufnahme zu erfassen.

Das Programm FALLROHR beginnt mit den für die Aufnahme und Darstellung
notwendigen Deklarationen und Aufrufen der Standardprozeduren. Wir binden
hier bereits das Unit DOS und die Standardprozedur MAUS ein, um für die Auswertung des Experiments eine Vermessung der Grafik vornehmen zu können.

```
program FALLROHR;                                      {Fallrohr}
uses                                      {Einbinden externer Units}
  GRAPH,                                 {TURBO PASCAL Grafik-Befehle}
  DOS,                                   {TURBO PASCAL DOS-Befehle}
  ADT;                                     {ADT-Interface-Befehle}

const
  tmax=639;                                    {Anzahl Meßwerte-1}
type
  DatenTyp=array[0..tmax] of integer;           {Typ Datenfeld}
var
  Daten:DatenTyp;                            {Globales Datenfeld}
  MessT:Real;                      {Meßdauer für quantitative Analyse}
  N:real;                    {Hilfsvariable und Nullage des Signals}

{$I STARTVGA}    {Prozedur einbinden: STARTVGA.PAS (s.S. 34)}
{$I AUFNAHME}    {Prozedur einbinden: AUFNAHME.PAS (s.S. 51)}
{$I PRETRIG}     {Prozedur einbinden:  PRETRIG.PAS (s.S. 52)}
{$I AUSGABE}     {Prozedur einbinden:  AUSGABE.PAS (s.S. 54)}
{$I MAUS}        {Prozedur einbinden:     MAUS.PAS (s.S. 39)}
{$I ENDEVGA}     {Prozedur einbinden:  ENDEVGA.PAS (s.S. 35)}
```

Zur Bestimmung der Nullage des Signals führen wir eine Mittelwertbildung über
ein einstellbares Intervall durch:

```
function MITTELWERT(t1,t2:integer;y:array of integer):real;
var
  summe:real;
  i:integer;
begin
  summe:=0;                                    {Summe rücksetzen}
  for i:=t1 to t2 do summe:=summe+y[i];        {Summe berechnen}
  MITTELWERT:=summe/(t2-t1+1);                    {Mittelwert}
end;
```

Listing 5.2.1 Mittelwertbildung

Im Hauptteil stellen wir zunächst die Verstärkung auf den größtmöglichen Meßbereich ein, da die induzierten Spannungen im Fallrohr nur wenige 100 mV betragen. Bei der Ausgabe der Meßwerte berücksichtigen wir dann die geringen Spannungen mit einem Skalierungsfaktor von eins, so daß ein Digit des A/D-Wandlers genau auf einen Bildpunkt abgebildet wird.

```
begin
   SETGAIN(8);            {Meßbereich auf +/-1,25 Volt einstellen}
   STARTVGA;                 {VGA-Grafik 640x480 initialisieren}
```

Vor der eigentlichen Messung bestimmen wir Nullage und Meßdauer, dabei ergibt sich die größte Anzahl der Meßpunkte aus der für die Aufnahme des Fallrohrs notwendigen Verzögerungskonstanten (hier 8500) und der Beschränkung für den Timerdurchlauf auf 66. Wir erhalten eine Meßdauer von 52,22 ms für 66 Werte und daraus eine Abtastrate von 1264 Hz.

```
   AUFNAHME(Daten,0,65,8500,MessT);       {Nullage und Meßdauer}
```

Mit der Pre-Triggerung setzen wir die Datenaufnahme unmittelbar nach der Bestimmung der Nullage fort. Der Trigger reagiert auf eine positive Flanke mit der Schwelle 2060 Digits und ist auf den Triggerpunkt 120 Pixel eingestellt. Die Meßwertaufnahme des Pre-Triggers beginnt bei Pixel 66, so daß die Werte mit den Indizes 66 bis 120 vor dem Eintreten der Triggerbedingung kontinuierlich aktualisiert werden. An dieser Stelle ist zu beachten, daß die Meßdauer nicht mit der Triggerung bestimmt werden kann, der Parameter für die Meßdauer wird daher durch eine Hilfsvariable ersetzt. Nach der Meßwertaufnahme wird der zeitliche Verlauf der Induktionsspannung mit der Prozedur AUSGABE wie in Bild 5.2.4 gezeichnet und die Nullage der Messung berechnet.

```
   PRETRIG(120,2060,'+',Daten,66,tmax,8500,N);       {Messung}
   AUSGABE(Daten,0,tmax,1);        {Meßdaten grafisch ausgeben}
   N:=MITTELWERT(0,65,Daten);         {Berechnung der Nullage}
   ENDEVGA;        {Programm und Grafik nach Tastendruck beenden}
end.
```

Listing 5.2.2   Meßwertaufnahme für das Fallrohrexperiment

5.2.2 Aufgabe: Auswertung des Fallrohrexperiments

Mit dem Fallrohrexperiment untersuchen wir die einzelnen Peaks der induzierten Spannungen und führen eine quantitative Bestimmung der Erdbeschleunigung durch. Aus den Vorbetrachtungen und insbesondere aus Gl. (5.2.3) und Gl. (5.2.5) folgt, daß die Flächeninhalte aller sechs Induktionspeaks gleich groß sind und das

Integral bezogen auf die Nullage des Signals für jeden Durchgang des Magneten verschwindet. Weiterhin folgt aus der Proportionalität von Geschwindigkeit und Zeit beim freien Fall, sowie von Geschwindigkeit und maximaler induzierter Spannung des Permanentmagneten, eine Proportionalität zwischen Induktionsmaxima und der Zeit. Wie in Gl. (5.2.8) gezeigt, genügen die Spannungsspitzen der Induktionsstöße daher einer Geradengleichung, deren Schnittpunkt mit der Nulllage des Signals den Zeitnullpunkt der Messung bestimmt. Da die Abtastrate der Meßwertaufnahme bekannt ist, existiert jetzt eine Zuordnung zwischen den Meßpunkten und der Zeit. Wir sind also in der Lage, den Maxima der Peaks absolute Zeiten zuzuordnen und mit Gl. (5.2.9) und der Anordnung der Spulen die Erdbeschleunigung zu berechnen.

Aufgabenstellung:

Führen Sie eine numerische Integration über alle Induktionspeaks durch, und stellen Sie eine Tabelle der einzelnen Flächeninhalte auf. Vergleichen Sie die Flächeninhalte und bestätigen Sie die Gleichheit der Flächen bezogen auf die Nulllinie und auf die Gesamtheit der Peaks.

Aufgabenlösung:

Die numerische Integration diskreter Meßwerte wird einfach als Summation ausgeführt. Wir schreiben für die Integration der einzelnen Peaks eine Prozedur PEAKINT, die den Flächeninhalt eines mit der Maus markierten Intervalls bezüglich der Nullage des Signals berechnet. Die Einheit der Flächen geben wir ohne Skalierung als Produkt von Digits und Pixel an.

```
function INTEGRAL(null:real;y:array of integer):real;
var
  t1,t2,U:integer;                        {Intervall-Koordinaten}
  i:integer;                              {Schleifenzähler}
  summe:real;                             {Integralsumme}
begin
  MAUS(t1,U);                        {Linke Integrationsgrenze}
  MAUS(t2,U);                        {Rechte Integrationsgrenze}
  summe:=0;                      {Integrationssumme rücksetzen}
  for i:=t1 to t2 do summe:=summe+y[i]-null;      {Integration}
  INTEGRAL:=summe;
end;
```

Listing 5.2.3 Numerische Integration eines Intervalls

Für die Analyse der Flächeninhalte binden wir den Quellcode in das Programm FALLROHR aus Listing 5.2.2 ein und definieren eine Variable

```
var
  F:real;                     {Flächeninhalte der Induktionspeaks}
```

für die Flächeninhalte. Der Aufruf der Funktion INTEGRAL erfolgt nach der Datenaufnahme im Hauptteil:

```
begin
  SETGAIN(8);              {Meßbereich auf +/-1,25 Volt einstellen}
  STARTVGA;                {VGA-Grafik 640x480 initialisieren}
  AUFNAHME(Daten,0,65,8500,MessT);        {Nullage und Meßdauer}
  PRETRIG(120,2060,'+',Daten,66,tmax,8500,N);        {Messung}
  AUSGABE(Daten,0,tmax,1);          {Meßdaten grafisch ausgeben}
  N:=MITTELWERT(0,65,Daten);         {Berechnung der Nullage}
  F:=INTEGRAL(N,Daten);          {Integration eines Intervalls}
  ENDEVGA;         {Programm und Grafik nach Tastendruck beenden}
end;
```

Listing 5.2.4   Hauptteil Fallrohr mit Integration der Induktionspeaks

Für die Erstellung von Tabelle 5.2.1 muß die Integration der Peaks mehrfach mit Hilfe einer Schleifenkonstruktion vorgenommen werden. In dem folgenden Quellcode definieren wir eine Zählervariable im Deklarationsteil des Hauptprogramms

```
var
   integration:integer;   {Zähler für die Anzahl Integrationen}
```

und geben ein Beispiel für eine entsprechende REPEAT-Schleife im Auswertungsteil:

```
integration:=0;                                       {Zähler}
repeat
  F:=INTEGRAL(N,Daten);        {Integration eines Intervalls}
   integration:=integration+1;          {Zähler aktualisieren}
   {Ausgabe von F}                       {Zahlenwert ausgeben}
until integration=12;           {6 Peaks positiv und negativ}
```

Listing 5.2.5   Integrationsschleife für die Auswertung der Induktionspeaks

	Peak 1	Peak 2	Peak 3	Peak 4	Peak 5	Peak 6
Positiv	792,4	796,8	787,2	796,2	790,9	799,9
Negativ	-800,2	-784,8	-793,8	-793,8	-787,1	-800,5
Summe	-7,8	12,0	-6,6	2,4	3,8	-0,6
Gesamt						3,2

Tabelle 5.2.1 Numerische Integration der Induktionspeaks

In Tabelle 5.2.1 haben wir die Ergebnisse der Integration für die einzelnen Peaks zusammengefaßt. Die Summe der positiven und negativen Induktionspeaks nimmt theoretisch den Wert Null an, die Messung ist also hier mit einem Fehler kleiner als einem Prozent behaftet. Wird die Integration über die gesamte Meßdauer ausgeführt, so muß das Integral natürlich auch verschwinden (vor und nach der Messung ist die magnetische Flußänderung Null). Dieser Sachverhalt wird in der Zeile mit „Gesamt" deutlich: der verbleibende Wert der Integration ist sehr klein gegenüber dem Gesamtintegral. Wir wenden uns in der folgenden Aufgabenstellung der quantitativen Bestimmung der Erdbeschleunigung zu.

Aufgabenstellung:

Zeichnen Sie mit Hilfe von zwei Punkten die Gerade durch die Induktionsmaxima, und ermitteln Sie den Index für den Zeitnullpunkt. Berechnen Sie anschließend die Erdbeschleunigung aus der Fallstrecke und der Fallzeit bis zum letzen Peak der Aufnahme.

Aufgabenlösung:

Wir beginnen die Lösung dieser Aufgabe mit einer Funktion GERADE für die Zeichnung der Geraden durch die Maxima. Die Funktion berechnet die Geradengleichung nach der 2-Punkte-Form

$$\frac{y - y_1}{x - x_1} = \frac{y_2 - y_1}{x_2 - x_1} \tag{5.2.10}$$

und gibt als Rückgabewert den Index des Nulldurchgangs an. Die Koordinaten der Punkte auf der Geraden werden einfach mit der Standardprozedur MAUS markiert.

```
function GERADE(null:real):integer;
var
  t1,t2:integer;                             {Geraden-Koordinaten}
  U1,U2:integer;                             {Geraden-Koordinaten}
  m:real;                                    {Steigung der Geraden}
begin
  MAUS(t1,U1);                             {Punkt auf der Geraden}
  MAUS(t2,U2);                             {Punkt auf der Geraden}
  m:=(U2-U1)/(t2-t1);                      {Steigung der Geraden}
  line(0,trunc(m*(-t1)+U1),639,trunc(m*(639-t1)+U1)); {Gerade}
  GERADE:=trunc((240+2048-null-U1)/m+t1);     {Nulldurchgang}
end;
```

Listing 5.2.6   Gerade durch die Induktionsmaxima und Nulldurchgang

Ist der Nullpunkt bekannt, so läßt sich die Erdbeschleunigung mit einem zweiten Punkt und der zugehörigen Koordinate auf dem Fallrohr aus Gl. (5.2.9) berechnen. Die Fallzeit ergibt sich aus der bereits ermittelten Abtastrate und der Anzahl von Messungen zwischen den Punkten.

Wir übergeben also an die Funktion G den Nulldurchgang, die Fallhöhe bis zum markierten Punkt und die Abtastrate:

```pascal
function G(t0:integer;h,sample:real):real;
var
  t1,U1:integer;                        {Maus-Koordinaten}
begin
  MAUS(t1,U1);                          {Zweiter Punkt mit Maus}
  G:=2*h/sqr((t1-t0)/sample));          {Erdbeschleunigung}
end;
```

Listing 5.2.7   Berechnung der Erdbeschleunigung

Um den relativen Fehler der Fallzeit und der Fallhöhe möglichst gering zu halten, werten wir die Induktionsspannung an der letzten Spule aus und markieren dafür den Zeitpunkt, an dem der Magnet genau durch die Mitte der Spule fällt. Das entsprechende Längenmaß auf dem Fallrohr beträgt 1,05 m vom Rohranfang bis zur Mitte der sechsten Spule.

Wir binden den Quellcode der Funktionen GERADE und G in das Programm FALLROHR ein und modifizieren den Hauptteil für die Berechnung der Erdbeschleunigung:

```pascal
var
  g_:real;                     {Variable für die Erdbeschleunigung}

begin
  SETGAIN(8);                  {Meßbereich auf +/-1,25 Volt einstellen}
  STARTVGA;                    {VGA-Grafik 640x480 initialisieren}
  AUFNAHME(Daten,0,65,8500,MessT);       {Nullage und Meßdauer}
  PRETRIG(120,2060,'+',Daten,66,tmax,8500,N);       {Messung}
  AUSGABE(Daten,0,tmax,1);       {Meßdaten grafisch ausgeben}
  g_:=G(GERADE(MITTELWERT(0,65,Daten)),1.05,66*1E6/MessT);
  ENDEVGA;        {Programm und Grafik nach Tastendruck beenden}
end;
```

Listing 5.2.8   Bestimmung der Erdbeschleunigung mit dem Fallrohr

Die Parameterübergabe des Nullpunktes an die Funktion G ist hier als verschachtelte Funktionsübergabe ausgeführt. Unter TURBO PASCAL werden die Ausdrücke von innen nach außen ausgewertet: zunächst erfolgt die Berechnung des Mittelwertes der ersten 66 Meßwerte, anschließend wird der Nulldurchgang bezüglich dieses Mittelwertes an die Funktion zur Berechnung der Erdbeschleunigung übergeben.

Das grafische Ergebnis und der numerische Wert für die Erdbeschleunigung sind in Bild 5.2.4 dargestellt: die Induktionspeaks haben alle denselben Flächeninhalt, die Abstände verhalten sich entsprechend dem Gesetzt des freien Falls. Die Gerade durch die Induktionsmaxima schneidet die Nullinie genau am Zeitnullpunkt der Messung, so daß die Erdbeschleunigung mit bekannter Abtastrate und einem Peak quantitativ bestimmt werden kann.

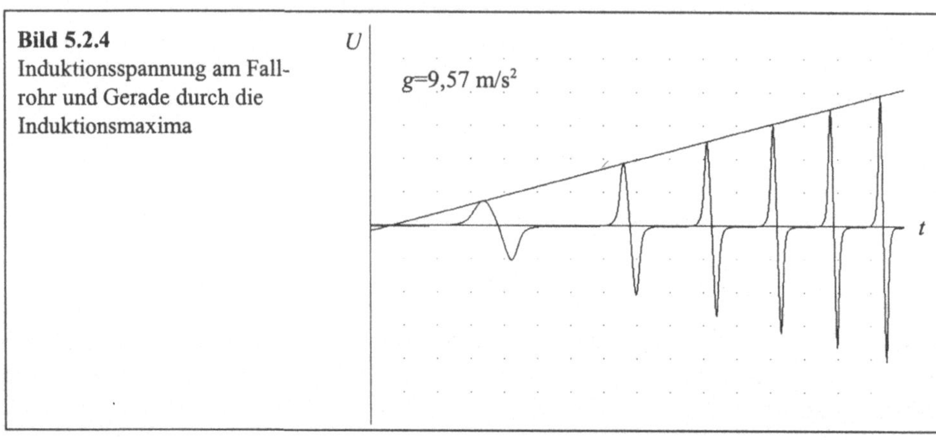

Bild 5.2.4
Induktionsspannung am Fall-
rohr und Gerade durch die
Induktionsmaxima

Wir erhalten mit g=9,57 m/s² ein geringfügig kleineres Ergebnis als erwartet, da der Fall im Rohr durch Berührungen des Magneten mit der Rohrwand etwas abgebremst wird.

5.3 Der gedämpfte LC-Schwingkreis

Physikalische Systeme, die die Fähigkeit besitzen, ihren Zustand periodisch zu ändern, werden als Oszillatoren bezeichnet. Im allgemeinen findet bei diesen schwingenden Systemen ein periodischer Energieaustausch zwischen verschiedenen Energiereservoirs statt. Mechanische Oszillatoren, wie beispielsweise *Feder-Masse-Systeme*, zeigen einen stetigen Austausch von potentieller Energie der Feder und kinetischer Energie der Masse. Im Falle elektromagnetischer Oszillatoren wie *LC-Schwingkreisen*, geht die elektrische Energie des Kondensators periodisch in die magnetische Energie der Spule über [CRA84]. Der elektrischer Schwingkreis stellt aufgrund der hohen Linearität der Bauteile einen sehr guten harmonischen Oszillator dar [PUR89].

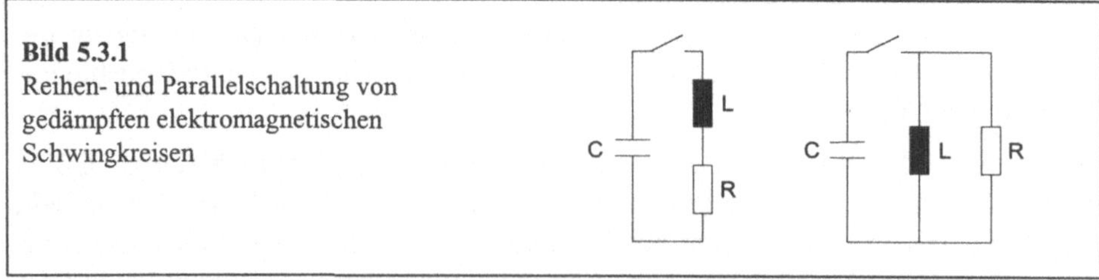

Bild 5.3.1
Reihen- und Parallelschaltung von
gedämpften elektromagnetischen
Schwingkreisen

Bild 5.3.1 zeigt die Schaltungen von freien gedämpften elektrischen Reihen- und Parallel-Schwingkreisen. Wird der Schalter bei geladenem Kondensator geschlossen, so entlädt sich der Kondensator über den Widerstand R und die Induktivität L. Der zeitlich veränderliche Stromfluß bewirkt ein zeitlich veränderliches Magnetfeld in der Spule. Die aus der Änderung des magnetisches Flusses resultierende Induktionsspannung führt zu einem Stromfluß, der den Kondensator entgegengesetzt wieder auflädt und die Oszillation verursacht. Dieser Vorgang wiederholt sich periodisch bis zur vollständigen Umsetzung der elektrischen Energie in Form von Wärme an den ohmschen Widerständen des Stromkreises.

In diesem Themenkreis behandeln wir folgende Aufgaben:

1. Aufnahme der gedämpften LC-Schwingung

Die Oszillation des LC-Schwingkreises wird mit dem ADT-Interface gemessen und das Amplituden-Zeit-Diagramm grafisch dargestellt. Für den Beginn der Meßwertaufnahme wird eine spezielle Triggerung eingesetzt.

2. Messung der Eigenfrequenz

Die Eigenfrequenz des LC-Schwingkreises wird aus den Zeitpunkten der Nullstellen des Datenfeldes der Messung berechnet.

3. Bestimmung des Abklingkoeffizienten

Mit Hilfe zweier Maxima der LC-Schwingung wird der Abklingkoeffizient berechnet und die einhüllende Funktion in das Meßdiagramm gezeichnet.

4. Aufnahme der Resonanzfunktion

Die Resonanzfunktion wird als Frequenzspektrum der Antwort des LC-Schwingkreises auf ein deltaförmiges Eingangssignal ermittelt. Aus der Grundfrequenz der FOURIER-Transformation und dem Index der entsprechenden Oberwelle läßt sich die Resonanzfrequenz des Schwingkreises quantitativ angeben.

Bevor wir mit der Lösung der Aufgaben beginnen, wenden wir uns zunächst einigen theoretischen Grundlagen des LC-Schwingkreises zu. Das dynamische Verhalten von gedämpften LC-Schwingkreisen wird durch die Lösungen der systembeschreibenden Differentialgleichung beschrieben. Zwei unterschiedliche Verfahren eignen sich zum Aufstellen der Differentialgleichung: Eine Betrachtung der Energiebilanz [HER95] oder die Anwendung der KIRCHHOFFschen Maschenregel [PFE97]. Beide Verfahren liefern die gesuchte Gleichung für die Abhängigkeit des Stromes von der Zeit:

$$\frac{\mathrm{d}^2 I}{\mathrm{d}t^2} + \frac{R_D}{L}\frac{\mathrm{d}I}{\mathrm{d}t} + \frac{1}{LC}I = 0 . \tag{5.3.1}$$

Im ungedämpften Fall ($R_D=0$) läßt sich Gl. (5.3.1) mit dem Ansatz

$$I(t) = I_0 \cos \omega_0 t \tag{5.3.2}$$

lösen [HER95]. Die Eigenfrequenz ω_0 des Schwingkreises wird dabei mit der THOMSON-Gleichung ausgedrückt:

$$\omega_0 = \sqrt{\frac{1}{LC}} \,. \tag{5.3.3}$$

Eine allgemeine Lösung von Gl. (5.3.1) kann mit verschiedenen analytischen Lösungsansätzen [BRA79] [HEU89] bestimmt werden, die vom Dämpfungsgrad

$$D = \frac{R_D}{2} \sqrt{\frac{C}{L}} \tag{5.3.4}$$

des Schwingkreises abhängen:

$D < 1$: Schwingfall,
$D > 1$: Kriechfall,
$D = 1$: aperiodischer Grenzfall.

Für eine numerische Behandlung der Differentialgleichung mit der EULER-Methode verweisen wir auf Kapitel 3.2.3.

Von praktischer Bedeutung für den gedämpften LC-Schwingkreis ist der Schwingfall ($D \ll 1$, R_D sehr klein) mit der Lösung:

$$I(t) = I_0 \exp\left(-\frac{R_D}{2L} t\right) \cos\left(\sqrt{\frac{1}{LC} - \left(\frac{R_D}{2L}\right)^2} \, t\right). \tag{5.3.5}$$

Die Exponentialfunktion in Gl. (5.3.5) beschreibt die als Folge der Dämpfung exponentiell abnehmende Hüllkurve der Stromamplitude mit dem Abklingkoeffizienten

$$\delta = \frac{R_D}{2L} \,. \tag{5.3.6}$$

Anhand des Arguments in der Kosinusfunktion von Gl. (5.3.5) läßt sich eine gegenüber dem ungedämpften Fall verringerte Eigenfrequenz erkennen:

$$\omega = \sqrt{\frac{1}{LC} - \left(\frac{R_D}{2L}\right)^2} = \sqrt{\omega_0^2 - \delta^2} = \omega_0 \sqrt{1 - D^2} \,. \tag{5.3.7}$$

Um Dämpfungsgrad D und Abklingkoeffizienten δ eines LC-Schwingkreises berechnen zu können, muß neben der Kapazität C und Induktivität L der Dämpfungswiderstand R_D bekannt sein. Der wirksame Dämpfungswiderstand setzt sich aus den ohmschen Widerständen der Induktivität R_L und des Widerstandes R zusammen, die parallel zur Kapazität geschaltet sind. Im Reihen-Schwingkreis gilt einfach

$$R_D = R_L + R,$$
(5.3.8)

im Falle des Parallel-Schwingkreises ist als Parallelschaltung der Widerstände R_L und R zu betrachten:

$$\frac{1}{R_D} = \frac{1}{R_L} + \frac{1}{R}.$$
(5.3.9)

5.3.1 Aufgabe: Messung der gedämpften LC-Schwingung

Inhalt dieser Aufgabenstellung sind die Messung einer gedämpften LC-Schwingung [LIN87] mit dem ADT-Interface und die Ausgabe des Amplituden-Zeit-Diagramms auf dem Monitor.

Versuchsaufbau:

Schließen Sie für die Aufnahme der gedämpften LC-Schwingung einen Kondensator (z.B. C=4,21 µF) und eine Induktivität (z.B. L=7,34 mH) entsprechend der in Bild 5.3.2 dargestellten Schaltung an den Analogeingang des Interfaces an.

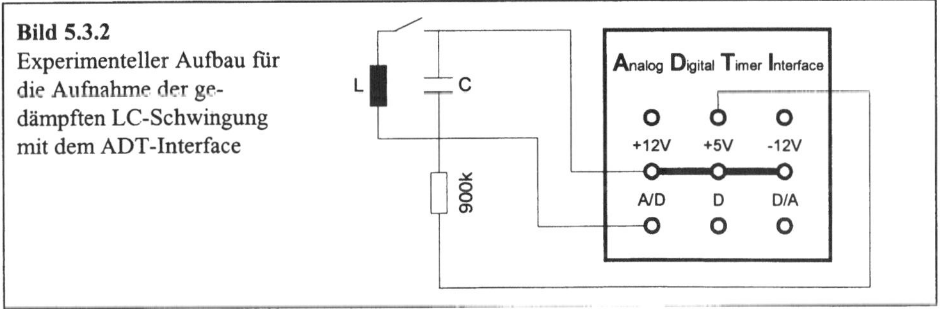

Bild 5.3.2
Experimenteller Aufbau für die Aufnahme der gedämpften LC-Schwingung mit dem ADT-Interface

Stellen Sie den Eingangsspannungsbereich in Ihrem Programm auf -2,5 V bis +2,5 V ein, und öffnen Sie den Schalter, um den Kondensator aufzuladen. Die zeitliche Oszillation der gedämpften LC-Schwingung beginnt mit dem Schließen des Schalters.

Der Kondensator liegt über dem Eingangswiderstand des analogen Eingangs (typisch 1 MΩ) und wird über einen Ladewiderstand (900 kΩ) an der Hilfsspannung (+5 V) des Interfaces aufgeladen. Eingangswiderstand und Ladewiderstand bilden einen Spannungsteiler, der die maximale Spannung am Kondensator auf eine Spannung begrenzt, die etwas oberhalb von 2,5 V liegt.

Versuchsausführung:

Für die Meßwertaufnahme entwerfen wir ein kurzes Programm LCR, das zunächst mit einem Programmkopf entsprechend den TURBO PASCAL 7.0 Konventionen beginnt:

```
program LCR;                           {Gedämpfte LC-Schwingung}
uses                                   {Einbinden externer Units}
  GRAPH,                               {TURBO PASCAL Grafik-Befehle}
  ADT;                   {ADT-Interface-Befehle und Initialisierung}
```

Die globalen Deklarationen beschränken sich auf die Definition eines Datentypen für die Aufnahme der Meßwerte und einer Zeitvariablen für eine spätere quantitative Auswertung der Messung.

```
const
  tmax=639;                            {Anzahl Meßwerte-1}
  Null=2048;                                    {Nullage}
type
  DatenTyp=array[0..tmax] of integer;        {Typ Datenfeld}
var
  Daten:DatenTyp;                      {Globales Datenfeld}
  MessT:Real;             {Meßdauer für quantitative Analysen}
```

Alle für die Programmausführung benötigten Standardprozeduren werden wieder mit der TURBO PASCAL Anweisung { $I } als externer Quellcode eingebunden:

```
{$I STARTVGA}    {Prozedur einbinden: STARTVGA.PAS (s.S. 34)}
{$I AUFNAHME}    {Prozedur einbinden: AUFNAHME.PAS (s.S. 51)}
{$I AUSGABE}     {Prozedur einbinden:  AUSGABE.PAS (s.S. 54)}
{$I ENDEVGA}     {Prozedur einbinden:  ENDEVGA.PAS (s.S. 35)}
```

Im Anweisungsteil des LCR-Programms definieren wir jetzt die für die Meß-wertaufnahme und die Auswertung des Experiments spezifischen Prozeduren. Um die gedämpfte Schwingung messen zu können, müssen wir zunächst den Zeit-punkt des Beginns der Oszillation sehr genau bestimmen. Ein manueller Start der Meßwertaufnahme ist nicht ratsam, denn die Oszillation klingt sehr schnell ab und wird möglicherweise von unserem Programm nicht erfaßt.

Hilfreich ist hier eine spezielle Trigger-Prozedur, die auf den Ladezustand des Kondensators reagiert. Zu Beginn des Experiments hatten wir den Ladewiderstand und den Meßbereich so gewählt, daß der A/D-Wandler bei voll aufgeladenem Kondensator leicht übersteuert wird. Diese Information können wir jetzt nutzen, um einen Triggerpunkt zu definieren.

Zunächst versetzen wir die Trigger-Prozedur in eine Warteschleife, die verlassen wird, wenn der Kondensator voll aufgeladen ist. Dieser Zustand wird durch die

Ausgabe des maximalen A/D-Wandler-Wertes von 4095 Digits bei 12 Bit Auflösung angezeigt. Anschließend können wir den Beginn der Entladung des Kondensators durch abnehmende Werte des A/D-Wandlers und Unterschreiten eines Schwellwertes erkennen. Als Schwelle wird hier der Wert 4093 Digits gewählt, um ein vorzeitiges Auslösen der Meßwertaufnahme als Folge geringer Spannungsschwankungen oder Rauschen während des Ladevorgangs zu verhindern.

```
procedure CTRIGGER(var y:integer);       {Trigger für Meßbeginn}
const
   schwelle=4093;                        {Schwellwert Entladung}
begin
   repeat                                         {Kondensator laden}
     y:=READAD;                            {A/D-Wandler auslesen}
   until y=4095;          {warten, bis Kondensator aufgeladen ist}

   write(#7);            {Signalton: Kondensator ist aufgeladen}
                  {Jetzt den Schalter am Schwingkreis schließen}

   repeat     {auf Beginn der Entladung des Kondensators warten}
     y:=READAD;                            {A/D-Wandler auslesen}
   until y<schwelle; {warten, bis Schwelle unterschritten wird}
end;
```

Listing 5.3.1   Triggerung der Kondensator-Entladung

Eine Besonderheit dieser Trigger-Prozedur ist die Rückgabe des ersten Meßwertes, der die Triggerbedingung erfüllt. Damit ist sichergestellt, daß im zeitlichen Verlauf der Triggerung kein Meßwert für die Datenaufnahme verlorengeht. Unmittelbar nach der Triggerung nehmen wir mit der Prozedur AUFNAHME für jeden weiteren horizontalen Bildpunkt auf dem Monitor einen Meßwert auf und bestimmen die Meßdauer. Der Parameter für die Warteschleife bei der Meßwertaufnahme wird hier auf Null gesetzt, da die Meßwertaufnahme mit höchster Abtastrate erfolgt.

Anschließend geben wir die gedämpfte LC-Schwingung mit der Prozedur AUSGABE skaliert als Funktion Amplitude über Zeit in einem Koordinatenkreuz aus. Der Skalierungsfaktor bildet den vollen Wertebereich des A/D-Wandlers (4096 Digits) auf dem Monitor (VGA 480 Punkte) ab.

Um ein lauffähiges Programm zur Messung der gedämpften LC-Schwingung zu erhalten, fügen wir noch den Hauptanweisungsteil an das Programm LCR an. Im Hauptteil erfolgt zunächst die Initialisierung des ADT-Interfaces und anschließend der Aufruf der einzelnen Prozeduren:

```
begin
   SETGAIN(4);         {Meßbereich auf +/-2,5 Volt einstellen}
   STARTVGA;              {VGA-Grafik 640x480 initialisieren}
```

```
CTRIGGER(Daten[0]);                    {Triggerung für Meßbeginn}
AUFNAHME(Daten,1,tmax,0,MessT);        {Messung und Meßdauer}
AUSGABE(Daten,0,tmax,480/4096); {Meßdaten grafisch ausgeben}
ENDEVGA;        {Programm und Grafik nach Tastendruck beenden}
end.
```

Listing 5.3.2   Aufnahme der Oszillation eines LC-Schwingkreises

Die mit dem Programm LCR aufgenommene Grafik der gedämpften Schwingung folgt am Ende des Kapitels 5.3 in Bild 5.3.3.

5.3.2 Aufgabe: Messung der Eigenfrequenz

Wir wollen jetzt das Programm LCR der Meßwertaufnahme aus Kapitel 5.3.1 um eine Prozedur für die Bestimmung der Eigenfrequenz der gedämpften LC-Schwingung erweitern. Da sowohl die Meßwerte als auch die Meßdauer bekannt sind, kann die Eigenfrequenz der LC-Schwingung nach dem folgenden Verfahren durch Auszählen der Nullstellen mit positiven Flanken quantitativ bestimmt werden: Die Anzahl von Pixeln zwischen zwei Nullstellen repräsentiert eine Schwingungsperiode und wird durch die Meßdauer dividiert. Das Ergebnis wird in die Einheit Hertz umgerechnet und stellt unmittelbar die gesuchte Frequenz dar.

Für die Erkennung der Nullstellen verwenden wir ein einfaches Verfahren, das prüft, ob zwei benachbarte Meßwerte im Datenfeld jeweils unterhalb und oberhalb der Nullinie (2048 Digits) vorgefunden werden. Die Signalperiode in Pixeln ergibt sich dann durch Mittelwertbildung aller gefundenen Perioden.

```
procedure FREQUENZ(Daten:DatenTyp;                    {Datenfeld}
                   tmax :integer;             {Anzahl Meßwerte-1}
                   MessT:real);                       {Meßdauer}
var
  i:integer;                                      {Laufvariable}
  nNull:integer;                            {Anzahl Nullstellen}
  tNull:DatenTyp;                           {Indizes Nullstellen}
  T:real;                                        {Signalperiode}
  f:real;                                       {Signalfrequenz}
  s:string;                                         {Hilfsstring}
begin
  nNull:=0;                     {Anzahl Nullstellen rücksetzen}
  for i:=1 to tmax do                  {Datenfeld untersuchen}
  begin
    if  (Daten[i-1]< 2048)            {Meßwert kleiner als Null}
    and (Daten[i]  >=2048) then   {Meßwert größergleich Null}
    begin
      nNull:=nNull+1;                       {Nullstelle gefunden}
      tNull[nNull]:=i;                       {Index Nullstelle}
      line(i,220,i,260);                 {Nullstelle markieren}
```

```
    end;
  end;
  if nNull>1 then                          {Nullstellen gefunden}
  begin
    T:=(tNull[nNull]-tNull[1])/(nNull-1);       {Signalperiode}
    if (MessT>0) and (T>0) then                 {gültige Zeiten}
    begin
      f:=1E6*(tmax+1)/MessT/T;                 {Signalfrequenz}
      str(f:6:1,s);OutTextXY(15,15,'f ='+s+' Hz');      {Text}
    end;
  end;
end;
```

Listing 5.3.3 Bestimmung der Resonanzfrequenz des LC-Schwingkreises

Zur Kontrolle der Nullstellenbestimmung in der Prozedur FREQUENZ markieren wir in dem bereits aufgenommenen Bild 5.3.3 der LC-Schwingung die jeweiligen Punkte mit senkrechten Linien. Die Prozedur FREQUENZ muß im Hauptteil des Programms LCR in die Zeile nach dem Aufruf der Prozedur AUSGABE eingefügt werden.

Im Anschluß an die Messung können wir das Ergebnis der Eigenfrequenz mit dem nach der THOMSON-Formel berechneten theoretischen Wert vergleichen. Der Dämpfungswiderstand kann hier aufgrund der geringen Dämpfung vernachlässigt werden, die Eigenfrequenz des gedämpften Schwingkreises unterscheidet sich in diesem Beispiel praktisch nicht von dem ungedämpften Fall. Als theoretisches Ergebnis erhalten wir ω=905 Hz, der experimentelle Wert ω=903 Hz zeigt also nur eine geringe Abweichung.

5.3.3 Aufgabe: Bestimmung des Abklingkoeffizienten

In dieser Aufgabe wollen wir den Abklingkoeffizienten der gedämpften LC-Schwingung experimentell bestimmen und die Einhüllende mit Hilfe des Programms LCR aus Kapitel 5.3.1 zeichnen. Nach Gl. (5.3.5) läßt sich der Verlauf der Hüllkurve durch eine Funktion $H(t)$ mit dem Abklingkoeffizienten δ beschreiben:

$$H(t) = H_0 \exp(-\delta t)\,. \tag{5.3.10}$$

Für die experimentelle Bestimmung des Abklingkoeffizienten δ stellen wir zunächst die Hüllkurve halblogarithmisch als Gerade dar. Dann können wir den Abklingkoeffizienten als Steigung der Geraden auffassen und mit zwei bekannten Punkten (t_1,H_1) und (t_2,H_2) quantitativ bestimmen. Aus Gl. (5.3.10) folgt durch Einsetzen der Punkte:

$$H_1 = H_0 \exp(-\delta t_1) \quad \text{und} \quad H_2 = H_0 \exp(-\delta t_2)\,. \tag{5.3.11}$$

Logarithmieren und anschließendes Subtrahieren von Gl. (5.3.11) führt auf den Ausdruck für die Steigung:

$$\delta = \frac{\ln H_1 - \ln H_2}{t_2 - t_1} . \tag{5.3.12}$$

Die Anfangsamplitude H_0 wird mit Hilfe von Gl. (5.3.11) und einem Meßpunkt (t_1, H_1) berechnet :

$$H_0 = \frac{H_1}{\exp(-\delta t_1)} . \tag{5.3.13}$$

Für die Markierung der Punkte auf dem Bildschirm binden wir im globalen Deklarationsteil des Programms LCR eine Prozedur MAUS ein, die ein Fadenkreuz erzeugt und nach Betätigen der linken Maustaste die aktuelle Mausposition an die aufrufende Prozedur zurückgibt. Da diese Prozedur auf DOS-Befehle zugreift, muß zusätzlich das Unit DOS aufgerufen werden. Unser Programm LCR wird also um die folgenden Zeilen erweitert:

```
uses                              {Einbinden externer Units}
   DOS,                           {TURBO PASCAL DOS-Befehle}

{$I MAUS}        {Prozedur einbinden:   MAUS.PAS (s.S. 39)}
```

Nach Eingabe zweier Punkte berechnet die Prozedur EINHUELL den Abklingkoeffizienten δ und die Anfangsamplitude H_0. Da Meßdauer und Meßbereich bekannt sind, können wir den Abklingkoeffizienten quantitativ angeben.

```
procedure EINHUELL(Daten:DatenTyp;               {Datenfeld}
                   tmax :integer;          {Anzahl Meßwerte-1}
                   MessT:real);                   {Meßdauer}
var
  i:integer;                               {Laufvariable}
  d:real;                                 {Dämpfungskonstante}
  H0:real;                                {Anfangsamplitude}
  v1,v2:real;                             {Skalierte Amplituden}
  t1,t2:real;                              {Skalierte Zeiten}
  t,v:integer;                             {Mauskoordinaten}
  s:string;                                 {Hilfsstring}
begin
  MAUS(t,v);             {1.Punkt der Hüllkurve ermitteln}
  t1:=t*MessT/640/1E6;   {Skalierung der Zeit in Sekunden}
  v1:=(240-v)*5/480;     {Skalierung der Amplitude in Volt}
  MAUS(t,v);             {2.Punkt der Hüllkurve ermitteln}
  t2:=t*MessT/640/1E6;   {Skalierung der Zeit in Sekunden}
  v2:=(240-v)*5/480;     {Skalierung der Amplitude in Volt}
  d:=ln(v1/v2)/(t2-t1);            {Abklingkoeffizient}
```

```
H0:=v1/exp(-d*t1);                              {Anfangsamplitude}

MoveTo(0,240-trunc(H0*480/5));                  {Anfangswert}
for i:=0 to tmax do                             {Hüllkurve}
  LineTo(t,240-trunc(H0*exp(-d*i*MessT/640/1E6)*480/5));

str(d:6:1,s);  OutTextXY(500,28,chr(235)+'  ='+s);      { δ}
str(H0:6:2,s);  OutTextXY(500,43,+'Ho ='+s+' V');       {H0}
end;
```

Listing 5.3.4   Hüllkurve der gedämpften LC-Schwingung

Um auch die Hüllkurve vom Programm LCR ausgeben zu können, fügen wir den
Aufruf EINHUELL im Anschluß an die Frequenzmessung ein. Das Hauptprogramm für die Erzeugung von Bild 5.3.3 und die vorhergehenden Aufgabenstellungen hat dann den folgenden Aufbau:

```
begin
  SETGAIN(4);           {Meßbereich auf +/-2,5 Volt einstellen}
  STARTVGA;             {VGA-Grafik 640x480 initialisieren}
  CTRIGGER(Daten[0]);             {Warten auf Meßbeginn}
  AUFNAHME(Daten,1,tmax,0,MessT);     {Messung und Meßdauer}
  AUSGABE(Daten,0,tmax,480/4096); {Meßdaten grafisch ausgeben}
  FREQUENZ(Daten,tmax,MessT);         {LC-Eigenfrequenz}
  EINHUELL(Daten,tmax,MessT);         {Einhüllende}
  ENDEVGA;        {Programm und Grafik nach Tastendruck beenden}
end.
```

Listing 5.3.5   Zeitfunktion, Resonanzfrequenz und Hüllkurve des LC-Schwingkreises

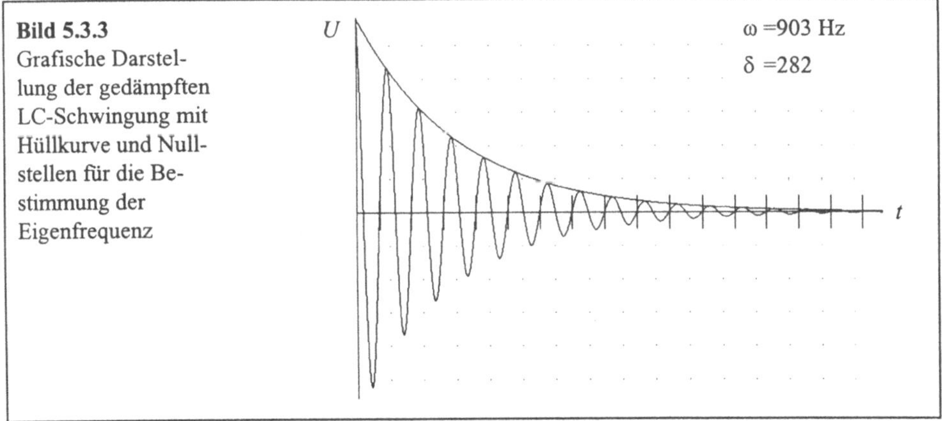

Für die theoretische Berechnung des Abklingkoeffizienten nach Gl. (5.3.6) müssen wir einen Dämpfungswiderstand angeben. Bei unserem Versuchsaufbau liegt
parallel zur Kapazität der hohe Eingangswiderstand des Interfaces, so daß für den

Dämpfungswiderstand R_D nur der ohmsche Widerstand der Induktivität (hier R_L=4 Ω) von Bedeutung ist. Damit errechnet sich für den Abklingkoeffizienten ein theoretischer Wert von δ=272. Eine Ursache für die Abweichung zum experimentellen Wert δ=282 ist hier im nicht exakt festellbaren Wert für den Dämpfungswiderstand zu sehen.

5.3.4 Aufgabe: Aufnahme der Resonanzfunktion

Ein übliches Verfahren zur Aufnahme von Resonanzfunktionen ist die Messung der Amplitude eines sinusförmigen Signals am Ausgang des Schwingkreises bei verschiedenen Frequenzen des Eingangssignals [FRI65] [LIN92]. Als Signalquelle wird dabei ein durchstimmbarer Frequenzgenerator verwendet.

Es gibt jedoch ein wesentlich eleganteres Verfahren zur Messung der Resonanzfunktion: Im Kapitel über die FOURIER-Transformation der δ-Funktion sahen wir, daß die δ-Funktion aus einem „weißen Spektrum" zusammengesetzt ist, das alle Frequenzen mit konstanter Amplitude enthält. Ein mit einer δ-Funktion angeregter Schwingkreis wird daher genau das Resonanzspektrum aus dem weißen Spektrum herausfiltern. Die Aufnahme der Resonanzfunktion kann also im Gegensatz zu der Methode mit dem Frequenzgenerator in nur einem Schritt durchgeführt werden.

In dieser Aufgabenstellung wollen wir mit dem digitalen Ausgang des Interfaces eine deltaförmige Funktion erzeugen und als Eingangssignal des Schwingkreises verwenden. Wir messen die Antwort des Schwingkreises und führen eine FOURIER-Transformation über die gesamte Meßdauer durch. Mit der FOURIER-Transformation geht die Antwort des Schwingkreises von der Zeitdarstellung über in eine Frequenzdarstellung, die dann unmittelbar als Resonanzfunktion zu interpretieren ist.

Bei diesem Experiment ist zu beachten, daß eine δ-Funktion eine mathematische Konstruktion ist [PRE85], die meßtechnisch nicht exakt wiedergegeben werden kann. Jedes deltaförmige digitale Signal hat eine minimale Signalbreite, die von der Methode der Generierung des Peaks abhängt. In unserem Beispiel geben wir den digitalen Peak während der Messung aus, die Signalbreite kann daher nicht geringer sein als die Abtastzeit der Meßwertaufnahme (bei einer Abtastrate von beispielsweise 50 kHz beträgt die Peakbreite 20 µs).

Eine Konsequenz endlicher Signalbreite sahen wir in Kapitel 4.5.6 bei der Analyse deltaförmiger Funktionen: die Frequenzspektren sind nicht „weiße" Kontinuen, sondern fallen zu höheren Frequenzen hin ab. Die Amplituden der Resonanzfunktion werden also entsprechend dem Abfall ebenfalls bei höheren Frequenzen gedämpft sein.

Versuchsaufbau:

Um die Resonanzfunktion aufzunehmen, verbinden Sie wie in Bild 5.3.4 gezeigt einen frequenzabhängigen Spannungsteiler, bestehend aus einem ohmschen Widerstand und einem LC-Kreis mit dem digitalen Ausgang des Interfaces.

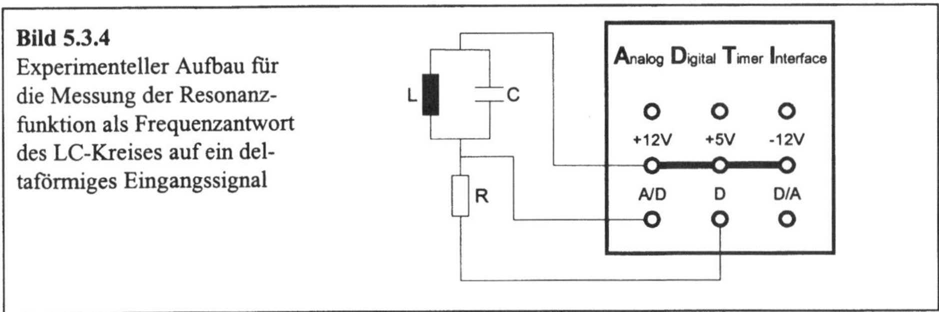

Bild 5.3.4
Experimenteller Aufbau für die Messung der Resonanzfunktion als Frequenzantwort des LC-Kreises auf ein deltaförmiges Eingangssignal

Messen Sie den Spannungsabfall über dem LC-Schwingkreis am Analogeingang. Wählen Sie den ohmschen Widerstand R groß gegenüber dem Scheinwiderstand $Z(f)$ des LC-Kreises, um eine Proportionalität zwischen Spannungsabfall und Scheinwiderstand zu gewährleisten. Bei einer Kapazität von $C=0{,}343\,\mu F$ und einer Induktivität von $L=35\,mH$ eignet sich ein ohmscher Widerstand von $R=10\,k\Omega$. Wählen Sie am Interface die größtmögliche Verstärkung, da der Spannungsabfall am LC-Kreis weniger als $100\,mV$ beträgt. Messen Sie die Reaktion des LC-Kreises auf den Deltapeak, und berechnen Sie die FOURIER-Reihe mit 100 Oberwellen. Stellen Sie in einer Grafik die Zeitfunktion über dem Amplitudenspektrum dar. Mit Hilfe der Meßdauer können Sie die Grundfrequenz der FOURIER-Analyse und daraus die Resonanzfrequenz des LC-Kreises berechnen.

Versuchsausführung:

Für die Durchführung des Experiments schreiben wir ein Programm LCRESO, das im globalen Teil neben den üblichen Deklarationen einen Datentypen und Datenfelder für die FOURIER-Koeffizienten enthält. Die für die FOURIER-Transformation nötigen Programmsequenzen werden als externer Quellcode eingebunden.

```
program LCRESO;                    {Resonanzfunktion des LC-Kreises}
uses                                      {Einbinden externer Units}
   GRAPH,                            {TURBO PASCAL Grafik-Befehle}
   ADT;                   {ADT-Interface-Befehle und Initialisierung}
const
   tmax=639;                                  {Anzahl Meßwerte-1}
   k=100;                                   {Anzahl der Oberwellen}
   Null=2048;                                        {Nullage}
type
   DatenTyp=array[0..tmax] of integer;           {Typ Datenfeld}
```

```
FourierTyp=array[0..k] of real;  {Typ FOURIER-Koeffizienten}
var
  Daten:DatenTyp;                          {Globales Datenfeld}
  MessT:real;           {Meßdauer für die FOURIER-Grundfrequenz}
  ak,bk,lk:FourierTyp;                     {FOURIER-Koeffizienten}
s:real;                           {Skalierung Zeitdarstellung}

{$I STARTVGA}      {Prozedur einbinden: STARTVGA.PAS (s.S.  34)}
{$I INITTI}        {Prozedur einbinden:   INITTI.PAS (s.S.  43)}
{$I READTI}        {Prozedur einbinden:   READTI.PAS (s.S.  44)}
{$I DFT}           {Prozedur einbinden:      DFT.PAS (s.S.108)}
{$I FSPEKTR}       {Prozedur einbinden:  FSPEKTR.PAS {s.S.109)}
{$I ENDEVGA}       {Prozedur einbinden:  ENDEVGA.PAS (s.S.  35)}
```

In der folgenden Prozedur werden der Deltapeak ausgegeben und 640 Meßwerte
aufgenommen. Der Peak wird zu Beginn der Messung (hier vor dem zehnten
Meßwert) für genau eine Wandlungsdauer des A/D-Wandlers aktiv gehalten, in
der verbleibenden Meßzeit nimmt die Prozedur die Antwort des LC-Kreises auf.
Um die Auflösung in der Frequenzdarstellung zu verbessern, verlängern wir die
Meßdauer mit einer Warteschleife über das Abklingen der Oszillation hinaus auf
die drei- bis vierfache Oszillationsdauer.

```
procedure DAUFNAHME(var Daten:DatenTyp;                 {Datenfeld}
                        tmax     :integer;      {Anzahl Meßwerte-1}
                        var MessT:real);                 {Meßdauer}
var
  t:integer;                              {Laufvariable für die Zeit}
  i:integer;                       {Laufvariable für Warteschleife}
begin
  inline($FA);                          {alle Interrupts ausschalten}
  INITTIMER;                            {Beginn der Zeitmessung}
  for t:=0 to tmax do                            {Meßschleife}
  begin
    if t=9 then WRITED(1) else WRITED(0);          {Peak an D1}
    Daten[t]:=READAD;                      {Aufnahme Meßwerte}
    for i:=0 to $FF do;                    {Warteschleife}
  end
  MessT:=READTIMER;                            {Meßdauer in µs}
  inline($FB);                      {alle Interrupts einschalten}
end;
```

Listing 5.3.6   Meßwertaufnahme mit δ-förmigem Eingangssignal

Die Resonanzfunktion erhalten wir jetzt durch die Berechnung und grafische Darstellung der FOURIER- Koeffizienten mit den in Kapitel 4.5.2 entwickelten Prozeduren DFT und FSPEKTR.

```
begin
  SETGAIN(4);            {Meßbereich auf +/-2,5 Volt einstellen}
```

```
STARTVGA;                    {VGA-Grafik 640x480 initialisieren}
DAUFNAHME(Daten,tmax,MessT);          {Messung und Deltapeak}
DFT(k,ak,bk,lk,Daten,0,tmax); {Berechnung der FOURIER-Reihe}
FSPEKTR(k,lk,Daten,0,tmax,Null,s);        {Amplitudenspektrum}
ENDEVGA;          {Programm und Grafik nach Tastendruck beenden}
end.
```

Listing 5.3.7   Resonanzspektrum des LC-Schwingkreises

Bevor wir mit dem eigentlichen Experiment am LC-Schwingkreis beginnen, wollen wir in einem Vorversuch das „weiße" Spektrum des deltaförmigen Peaks untersuchen. Dafür verbinden wir einfach den digitalen Ausgang des Interfaces mit dem analogen Eingang und messen den digitalen Puls mit dem Programm LCRESO. Die Zeitfunktion in Bild 5.3.5 zeigt den für eine Wandlungsdauer aktiven digitalen Puls, darunter ist das zugehörige Frequenzspektrum abgebildet. Aus der Meßdauer und der Anzahl der Meßwerte berechnen wir eine Pulsdauer von etwa 54 µs.

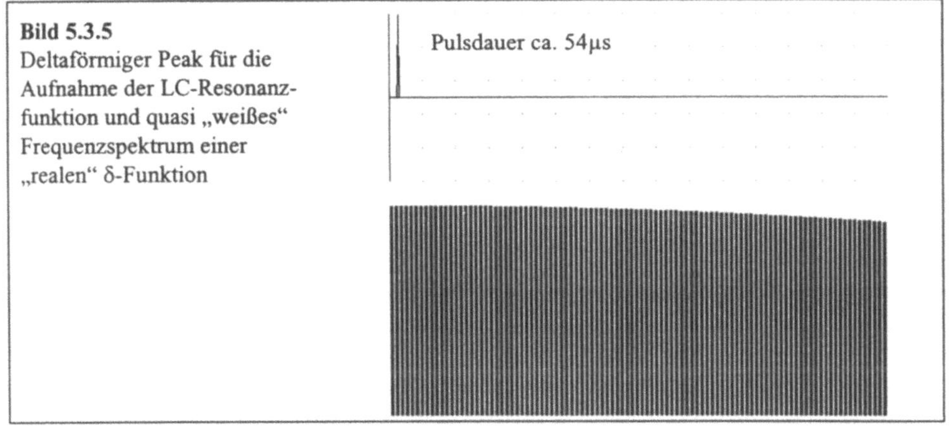

Bild 5.3.5
Deltaförmiger Peak für die
Aufnahme der LC-Resonanz-
funktion und quasi „weißes"
Frequenzspektrum einer
„realen" δ-Funktion

Besonders im Bereich niedriger Frequenzen sehen wir eine gute Übereinstimmung des im Realexperiment erzeugten Frequenzspektrums mit dem theoretischen einer δ-Funktion. Die geringe Abnahme der Amplituden bei höheren Frequenzen wird die Aufnahme des Resonanzspektrums kaum beeinflussen, denn vergleichen wir die Resonanzfunktion des LC-Kreises mit dem Spektrum des Peaks, so liegt die Resonanzfrequenz noch in einem relativ „kontinuierlichen" Frequenzbereich. Bild 5.3.6 zeigt die aufgenommene Zeitfunktion des LC-Schwingkreises und das Ergebnis der FOURIER-Transformation. Die Resonanzfrequenz finden wir im Resonanzspektrum durch Abzählen bei der 50. Oberwelle, mit einer FOURIER-Periode von 34,78 ms errechnet sich die Resonanzfrequenz zu 1437 Hz. Der Vergleich mit dem theoretischen Wert von 1453 Hz zeigt eine Abweichung unterhalb der Auflösung des Amplitudenspektrums, für die wir aus dem Kehrwert der FOURIER-Periode einen Wert von 28,8 Hz errechnen.

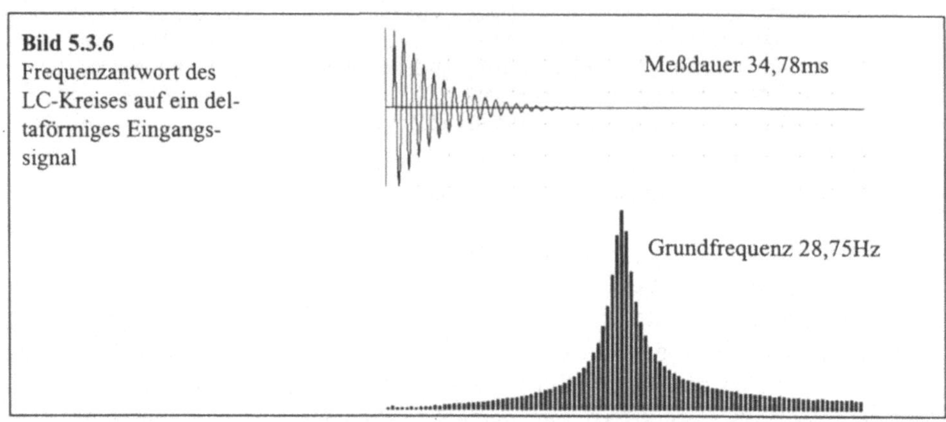

Bild 5.3.6
Frequenzantwort des
LC-Kreises auf ein del-
taförmiges Eingangs-
signal

5.4 Akustische Wellenpakete

Treffen zwei oder mehr Wellen in Raum und Zeit aufeinander, so interferieren Sie nach dem Prinzip der Superposition. Dabei überlagern sich die Amplituden der Wellen additiv zu einer resultierenden Welle, die in der Regel eine Veränderung in der Frequenz und Amplitude erfährt. Besonders anschaulich sind die Verhältnisse bei Wellen gleicher Frequenz und Amplitude: In Abhängigkeit von der Phasenlage treten im Grenzfall die Effekte der konstruktiven oder destruktiven Interferenz auf. Unter der konstruktiven Interferenz wird dann die Amplitudenverdopplung der resultierenden Welle bei den Phasendifferenzen

$$\phi = 2\,n\pi \quad \text{mit} \quad n = 0,1,2,... \tag{5.4.1}$$

verstanden, destruktive Interferenz beschreibt die durch die Phasenverschiebung

$$\phi = (2n + 1)\pi \quad \text{mit} \quad n = 0,1,2,... \tag{5.4.2}$$

charakterisierte Auslöschung. Konstruktive und destruktive Interferenz tritt natürlich auch bei interferierenden Wellen beliebiger Frequenz und Amplitude auf, die Phänomene sind dann aber weniger deutlich.

Interferenzerscheinungen lassen sich an verschiedenen physikalischen Wellen beobachten, als Beispiele seien Wasserwellen, Lichtwellen und akustische Schallwellen genannt. Wird die Interferenz zweier Wellen im Experiment untersucht, so muß die Eigenschaft der Kohärenz einer Welle berücksichtigt werden. Wellen bestehen nicht aus unendlich langen Wellenzügen, sondern abhängig von der Art der Entstehung aus mehr oder weniger langen Wellenzügen oder Wellenpaketen. Es kann also vorkommen, daß die Wellenzüge zweier Quellen nicht in Raum und Zeit aufeinandertreffen, beispielsweise zeigen zwei Glühbirnen keine optischen Interferenzerscheinungen. Die räumliche Ausdehnung, mit der eine Welle mit einer anderen interferieren kann, wird als Kohärenzlänge bezeichnet. Für Interferenzexperimente sollten also Wellenzüge mit großer Kohärenzlänge verwendet werden.

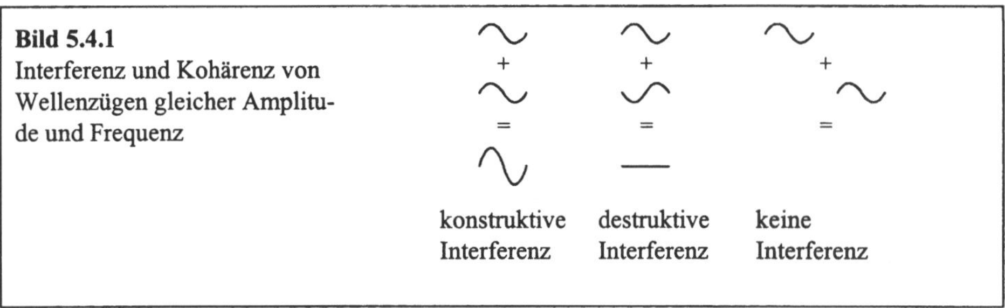

Bild 5.4.1
Interferenz und Kohärenz von Wellenzügen gleicher Amplitude und Frequenz

In der Optik werden für Interferenzversuche oft Mehrfachspalte verwendet, die das Licht einer Quelle nach dem HUYGENSschen Prinzip an den einzelnen Spalten als synchron schwingende Quellen abbilden. In dem Fall liegt kohärentes Licht vor, und Interferenzerscheinungen lassen sich experimentell zeigen. Als Beispiel für ein derartiges Experiment sei der YOUNGsche Doppelspaltversuch genannt.

5.4.1 Aufgabe: Kohärenz und Interferenz von Schall

Die Phänomene der Interferenz und der Kohärenzlänge lassen sich im Experiment sehr gut mit akustischen Wellenpaketen (Bursts) untersuchen. Als synchron schwingende Quellen eignen sich zwei in Serie geschaltete Lautsprecher, die quasi zeitgleich einen Burst aus beispielsweise drei Sinusperioden ausgeben. Werden die Lautsprecher genau nebeneinander angeordnet, so ist die Phasenverschiebung zwischen den Bursts Null, und das mit einem Mikrofon aufgenommene Amplituden-Zeit-Diagramm zeigt konstruktive Interferenz. Wird ein Lautsprecher in Richtung des Mikrofons verschoben, so nimmt die Amplitude des Interferenzsignals ab, bis die Phasenlage Gl. (5.4.2) erfüllt und destruktive Interferenz auftritt. Ein weiteres Verschieben führt zu einer räumlichen Trennung der Bursts, so daß die Schallwellen keine Kohärenz mehr aufweisen und daher keine Interferenzerscheinungen auftreten.

Versuchsaufbau:

Für die Untersuchung der Phänomene Interferenz und Kohärenz von akustischen Wellenpaketen verwenden wir den in Bild 5.4.2 gezeigten Versuchsaufbau: Die akustischen Wellenpakete werden mit dem D/A-Wandler des ADT-Interfaces erzeugt und mit einem Leistungsverstärker an den Lautsprechern ausgegeben. Die

Interferenz der akustischen Bursts wird unmittelbar nach der Ausgabe mit einem Mikrofon aufgenommen und grafisch dargestellt.

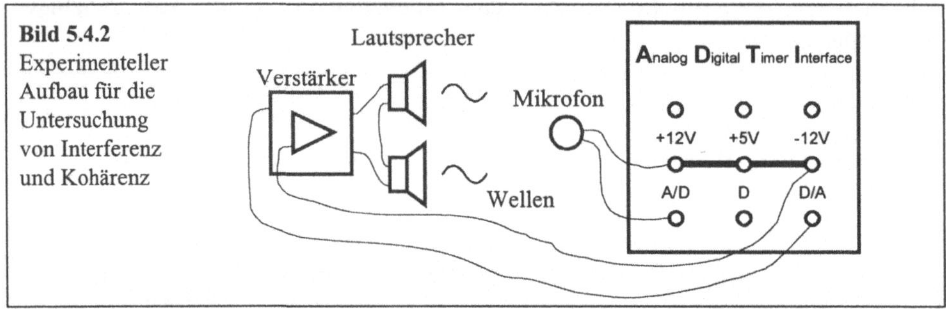

Bild 5.4.2
Experimenteller Aufbau für die Untersuchung von Interferenz und Kohärenz

Versuchsdurchführung:

Zunächst erzeugen wir akustische Bursts aus drei Perioden einer Sinusschwingung. Dabei ist es nicht notwendig, die Anzahl der Abtastungen eines Bursts nach dem SHANNONschen Abtasttheorem festzulegen, die Membranen der Lautsprecher folgen den analogen Spannungspunkten und erzeugen daher von sich aus sinusförmige Laute.

```
procedure BURST(nPeriode,nAbtast:integer);
begin
  for i:=1 to nPeriode do                    {Anzahl Perioden}
    for j:=0 to nAbtast do  {Anzahl Abtastungen einer Periode}
      WRITEDA(2048+trunc(2000*sin(2*pi*j/n)));       {Ausgabe}
end;
```

Listing 5.4.1   Erzeugung von akustischen Bursts

Im Hauptprogramm BURSTS geben wir ein Wellenpaket aus und stellen den zeitlichen Verlauf des Schalls am Mikrofon grafisch dar. Wir beginnen mit parallel angeordneten Lautsprechern und verschieben anschließend einen Lautsprecher bis zur destruktiven Interferenz und weiter bis zur Überschreitung der Kohärenzlänge.

```
program BURSTS;                  {Interferenz von akustischen Bursts}
uses
  GRAPH,                                {TURBO PASCAL Grafik-Befehle}
  DOS,                            {DOS-Zugriffe unter TURBO PASCAL}
  ADT;               {ADT-Interface-Befehle und Initialisierung}

{$I STARTVGA}       {Prozedur einbinden: STARTVGA.PAS (s.S. 34)}
{$I BURST}          {Prozedur einbinden:   BURST.PAS (s.S.168)}
{$I ENDEVGA}        {Prozedur einbinden: ENDEVGA.PAS (s.S. 35)}

var
  Daten:=array[0..639] of integer;              {Datenfeld}
```

```
  MessT:real;                                           {Meßdauer}

begin
  STARTVGA;                        {Initialisierung der VGA-Grafik}
  BURST(3,10);                     {Ausgabe eines akustischen Bursts}
  AUFNAHME(Daten,0,639,0,MessT);           {Datenaufnahme}
  AUSGABE(Daten,0,639,240/2048);           {Ausgabe der Daten}
  ENDEVGA;                                 {Programm verlassen}
end;
```

Listing 5.4.2   Interferenz und Kohärenz von akustischen Wellenpaketen

Bei der ersten Aufnahme in Bild 5.4.3 befinden sich die Lautsprecher in der Ausgangsstellung. Wir erkennen deutlich den Fall konstruktiver Interferenz: die Bursts treffen zeitversetzt am Mikrofon ein (Laufzeit des Schalls) und überlagern sich mit einer Amplitudenerhöhung.

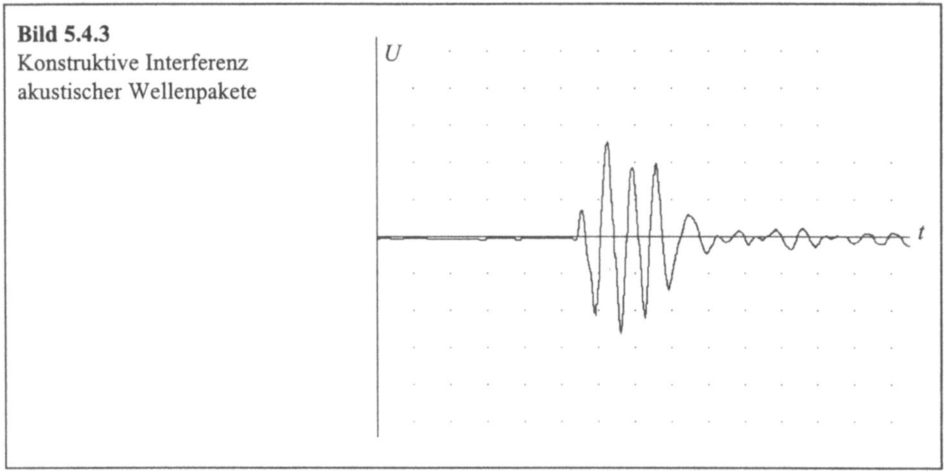

Bild 5.4.3
Konstruktive Interferenz
akustischer Wellenpakete

Jetzt verschieben wir einen Lautsprecher um die halbe Wellenlänge in Richtung des Mikrofons und messen die in Bild 5.4.4 gezeigte destruktive Interferenz mit nahezu vollständiger Auslöschung der Bursts.

Ein weiteres Verschieben führt zu der in Bild 5.4.5 dargestellten Situation: Die Bursts treffen nacheinander am Mikrofon ein und befinden sich außerhalb der Kohärenzlänge des anderen, so daß keine Interferenzerscheinungen mehr möglich sind.

Neben der Interferenz zeigen die Abbildungen auch das Laufzeitverhalten des Schalls: die vom näher am Mikrofon befindlichen Lautsprecher ausgesendeten Schallwellen haben eine geringere Laufzeit und werden früher gemessen als die vom stationären Lautsprecher.

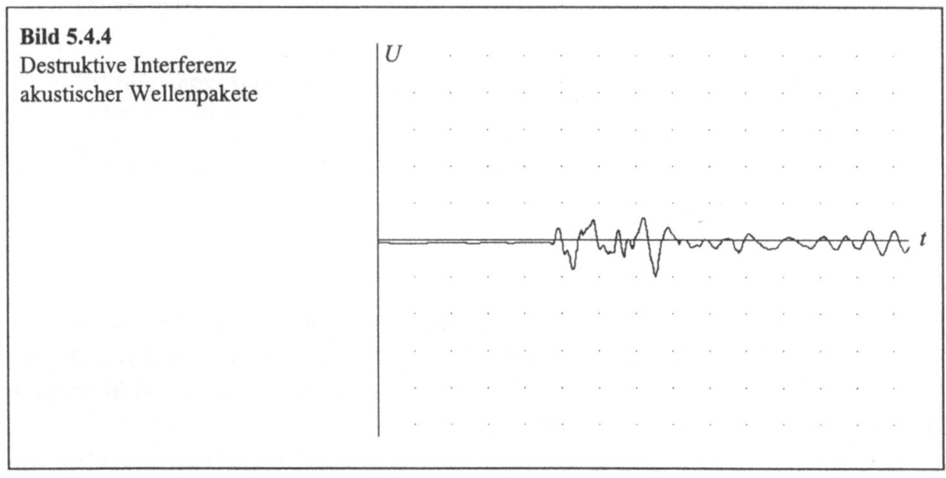

Bild 5.4.4
Destruktive Interferenz
akustischer Wellenpakete

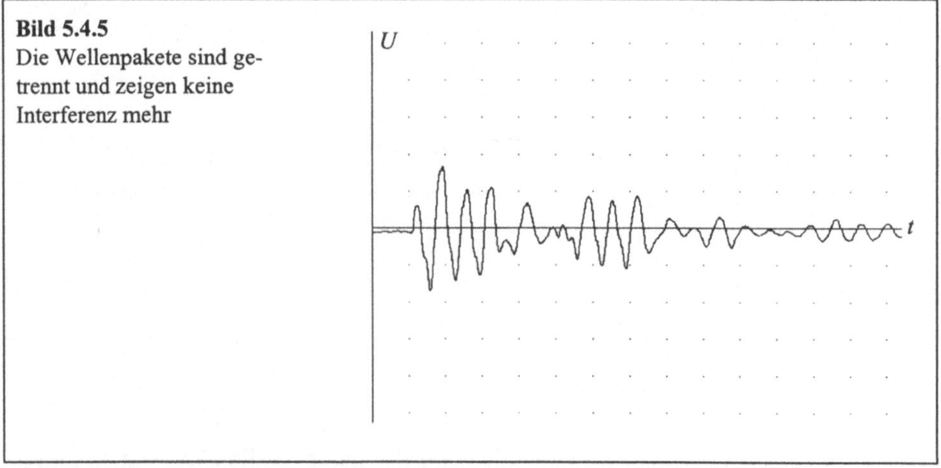

Bild 5.4.5
Die Wellenpakete sind ge-
trennt und zeigen keine
Interferenz mehr

5.4.2 Aufgabe: Messung der Schallgeschwindigkeit in Luft

Mit der in Aufgabe 5.4.1 verwendeten Versuchsanordnung läßt sich die Schallgeschwindigkeit in Luft aus der Laufzeit eines akustischen Wellenpakets bestimmen. Wir messen die Laufzeit bei verschiedenen Entfernungen des Lautsprechers vom Mikrofon und tragen in einer Grafik die Entfernung über der Laufzeit auf.

Die Schallgeschwindigkeit läßt sich dann aus der Steigung [LIN92] der Geraden berechnen. Das Verfahren wertet Laufzeitdifferenzen aus, so daß der genaue Nullpunkt der Laufzeitmessung nicht bekannt sein muß.

Versuchsdurchführung:

Wir erweitern das Programm BURSTS aus der vorigen Aufgabenstellung für die Messung der Schallgeschwindigkeit und binden dafür zunächst die Standardprozedur MAUS ein. Anschließend definieren wir Datenfelder für die Abstände (hier als konstantes Feld) und Laufzeiten sowie Variablen für die Geradengleichung.

```
{$I MAUS}              {Prozedur einbinden:    MAUS.PAS (s.S. 39)}

const
  n=6;                                       {Anzahl Messungen}
  s:array[0..n-1] of real=(100,90,80,70,60,50);    {Abstände}
var
  t:array[0..n-1] of real;                       {Laufzeiten}
  m,b:real;          {Steigung und Achsenabschnitt der Geraden}
```

Die Berechnung der Laufzeit führen wir mit der folgenden Funktion durch:

```
function LAUFZEIT:real;
var
  x,y:integer;                             {Mauskoordinaten}
begin
  MAUS(x,y);                               {Burstkoordinaten}
  LAUFZEIT:=MessT*x/640E6;                      {Laufzeit}
end;
```

Listing 5.4.3 Schallgeschwindigkeit in Luft

Jetzt vermessen wir für jede Abstandseinstellung das Eintreffen des akustischen Wellenpakets und berechnen die Laufzeiten.

```
procedure MESSUNG;                      {Messung der Laufzeiten}
var
  i:integer;
begin
  for i:=0 to n-1 do                        {Anzahl Messungen}
  begin
    BURST(1,10);              {Ausgabe eines akustischen Bursts}
    AUFNAHME(Daten,0,639,0,MessT);              {Datenaufnahme}
    AUSGABE(Daten,0,639,240/2048);          {Ausgabe der Daten}
    t[n]:=LAUFZEIT;                      {Laufzeit speichern}
  end;
end;
```

Listing 5.4.4 Messung der Laufzeiten der Schallwellen

Bevor die Grafik gezeichnet wird, berechnen wir die Regressionsgerade aus den einzelnen Abständen und Laufzeiten:

```
procedure REGR(n:integer;x,y:array of real;var m,b:real);
var
  i:integer;                                  {Schleifenindex}
  xm,ym:real;                         {Mittelwerte der Meßwerte}
  xym,xxm:real;              {Mittelwert von Produkt und Quadrat}
begin
  xm:=0; ym:=0; xym:=0; xxm:=0;                 {Anfangswerte}

  for i:=0 to n-1 do
  begin
    xm:=xm+x[i];                            {x aufsummieren}
    ym:=ym+y[i];                            {y aufsummieren}
    xym:=xym+x[i]*y[i];             {Produkt xy aufsummieren}
    xxm:=xxm+x[i]*x[i];             {Quadrat xx aufsummieren}
  end;
  xm:=xm/n;                                   {Mittelwert x}
  ym:=ym/n;                                   {Mittelwert y}
  xym:=xym/n;                           {Mittelwert Produkt}
  xxm:=xxm/n;                           {Mittelwert Quadrat}

  m:=(xym-xm*ym)/(xxm-xm*xm);                     {Steigung}
  b:=ym-b*xm;                            {Achsenabschnitt}
end;
```

Listing 5.4.5   Lineare Regression

Am Ende der Programmierung geben wir die Meßpunkte und die Regressionsgerade in einem Diagramm mit dem Wertebereich 5 ms für die Laufzeit und 100 cm
für die Entfernung aus

```
procedure DIAGRAMM;
var
  i:integer;
  x,y:integer;                                {Koordinaten}
begin
  line(0,0,0,479);                              {Ordinate}
  line(0,479,639,479);                          {Abszisse}

  for i:=0 to n-1 do                            {Meßwerte}
  begin
    x:=trunc(s[i]*639/100);                  {x-Koordinate}
    y:=479-trunc(t[i]*479/0.5));             {y-Koordinate}
    line(x-3,y-3,x+3,y+3);
    line(x-3,y+3,x+3,y-3);                         {Kreuz}
  end;

  MoveTo(0,479-trunc(b*479/0.5));       {Regressionsgerade}
  LineTo(639,479-trunc((m*100+b)*479/0.5));
end;
```

Listing 5.4.6   Diagramm für die Bestimmung der Schallgeschwindigkeit

und modifizieren den ausführbaren Teil aus der vorigen Aufgabe.

```
begin
  STARTVGA;                        {Initialisierung der VGA-Grafik}
  MESSUNG;                           {n Messungen durchführen}
  REGR(n,s,t,m,b);                  {Regressionsgerade berechnen}
  DIAGRAMM;              {Messung und Regression grafisch darstellen}
  ENDEVGA;                             {Programm verlassen}
end;
```

Listing 5.4.7   Messung der Schallgeschwindigkeit in Luft

Aus der Geradensteigung in Bild 5.4.6 ermitteln wir bei der Umgebungstemperatur 20 Grad eine Schallgeschwindigkeit von 341,5 m/s. Theoretisch errechnet sich aus der folgenden Formel der Wert 342,7 m/s:

$$v_{SCHALL} = 330{,}6 \cdot \left(1 + \frac{T}{2 \cdot 273{,}15}\right). \tag{5.4.1}$$

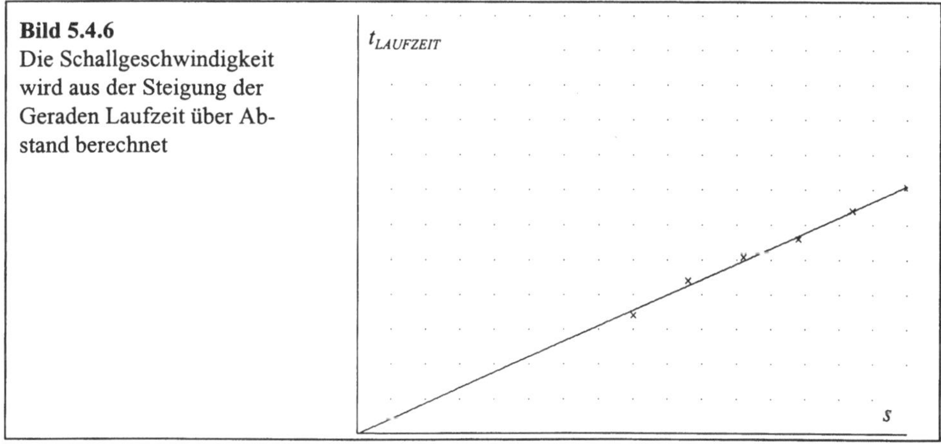

Bild 5.4.6
Die Schallgeschwindigkeit
wird aus der Steigung der
Geraden Laufzeit über Abstand berechnet

5.5 Zentrifugalkräfte am mathematischen Pendel

Am mathematischen Pendel sollen die Kräfte normal zur Bewegungsrichtung untersucht werden. Der Versuchsaufbau besteht wie in Bild 5.5.1 dargestellt aus einer DMS-Kraftmeßsonde und einer an einem Faden hängenden Kugel [BÜL93]. Als Pendellager dient eine aus zwei Stiften bestehende Umlenkvorrichtung, die dafür sorgt, daß an der DMS-Kraftmeßsonde nur die Radialkräfte des Pendels aufgenommen werden. Die anfängliche Auslenkung des Pendels kann an einem Winkelmesser abgelesen werden.

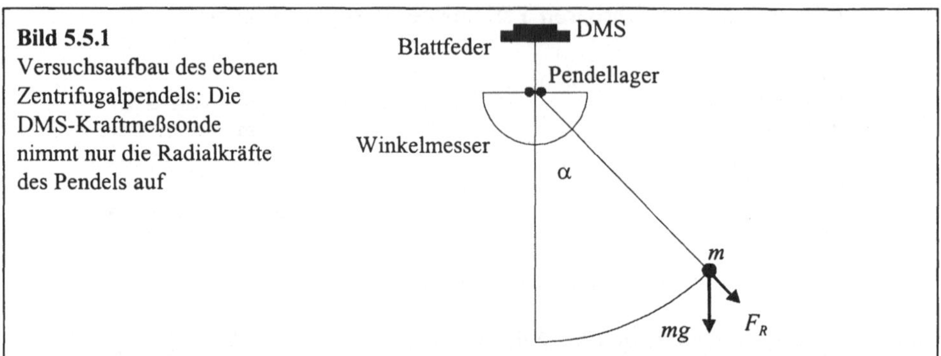

Bild 5.5.1
Versuchsaufbau des ebenen Zentrifugalpendels: Die DMS-Kraftmeßsonde nimmt nur die Radialkräfte des Pendels auf

Die an dem Sensor angreifende Kraft setzt sich zusammen aus der Zentrifugalkraft und dem zur Bewegungsrichtung senkrechten Anteil der Gewichtskraft der Pendelmasse. Mit der Vereinfachung des mathematischen Pendels ergibt sich die folgende Gleichung für die Kraft an der DMS-Meßsonde:

$$F_{DMS} = \frac{mv^2}{r} + mg\cos\alpha \,. \tag{5.5.1}$$

Für die Analyse des Kraftverlaufs der Pendelschwingung sind zwei Auslenkungen von besonderem Interesse: Im Umkehrpunkt der Schwingung verschwindet die Zentrifugalkraft, und an der Kraftmeßsonde wird nur der radiale Anteil

$$F_{DMS} = mg\cos\alpha \tag{5.5.2}$$

der Gewichtskraft gemessen; am Ort des Nulldurchgangs addieren sich die maximale Zentrifugal- und Gewichtskraft, so daß die Kraftamplitude zwischen zwei Grenzen oszilliert.

Im Falle des Nulldurchgangs läßt sich unter Berücksichtigung der Erhaltung von kinetischer und potentieller Energie eine Formel für die Kraft aufstellen, die neben der Pendelmasse nur das Verhältnis von Anfangshöhe und Pendellänge enthält:

$$F_{DMS,\max} = mg\left(1 + \frac{2h}{r}\right). \tag{5.5.3}$$

5.5.1 Aufgabe: Messung der Zentrifugalkräfte

In dieser Aufgabe wollen wir die Zentrifugalkräfte am mathematischen Pendel für einen bestimmten Anfangswinkel α messen. Bei α=90° und α=60° vereinfachen sich die Beziehungen für die Grenzen der Kraftoszillation zu den folgenden Gleichungen:

$$\alpha = 90° \quad (h = r) \; \Rightarrow \; F_{DMS,\text{max}} = 3mg \quad \text{und} \quad F_{DMS,\text{min}} = 0, \tag{5.5.4}$$

$$\alpha = 60° \quad (h = \frac{r}{2}) \; \Rightarrow \; F_{DMS,\text{max}} = 2mg \quad \text{und} \quad F_{DMS,\text{min}} = \frac{1}{2}mg. \tag{5.5.5}$$

Experimentell lassen sich die Zusammenhänge für α=60° gut zeigen, da das Fadenpendel bei Anfangsauslenkungen von α=90° nicht ausreichend genau oszilliert.

Aufgabenstellung:

Messen Sie die Normalkräfte am Zentrifugalpendel für eine Anfangsauslenkung von α=60°, und stellen Sie einige Perioden zusammen mit den Grenzen der Kraftoszillation grafisch dar.

Aufgabenlösung:

Für die Lösung dieser Aufgabe schließen wir das DMS-Interface aus Kapitel 2.2.1 an den analogen Eingang und die Hilfsspannungen des ADT-Interfaces an und schreiben ein Programm DMSGRAF für eine zeitaufgelöste grafische Darstellung der Kraft an der Meßsonde. Im Deklarationsteil des Programms binden wir die benötigten Units und die externen Quellcodes ein:

```
program DMSGRAF;                        {Grafik Kraft über Zeit}
uses
   GRAPH,                            {TURBO PASCAL Grafik-Befehle}
   CRT,                            {TURBO PASCAL Konsolen-Befehle}
   ADT;                   {ADT-Interface-Befehle und Initialisierung}

{$I STARTVGA}       {Prozedur einbinden: STARTVGA.PAS (s.S. 34)}
{$I GITTER1}        {Prozedur einbinden:  GITTER1.PAS (s.S. 36)}
{$I ENDEVGA}        {Prozedur einbinden:  ENDEVGA.PAS (s.S. 35)}
```

Da die Pendeloszillation einen relativ langsamen Vorgang darstellt, geben wir die Kraft während der Messung aus und verwenden als Zeitbasis den Verzögerungsbefehl DELAY von TURBO PASCAL. Unter Vernachlässigung der Zeit für die Meßwertaufnahme ergibt sich bei 640 Meßwerten und einem Verzögerungswert von Fünf eine Gesamtmeßdauer von etwa 3,2 Sekunden.

```
procedure MESSEN(wait:integer);
var
   t:integer;                               {Schleifenzähler}
begin
   for t:=0 to 639 do                    {Wertebereich abarbeiten}
   begin
     if t=0 then MoveTo(t, 479-trunc(479*KRAFT/20))
           else LineTo(t, 479-trunc(479*KRAFT/20));    {Linie}
     delay(wait);                            {Meßdauer einstellen}
```

```
    end;
end;
```

Listing 5.5.1   Aufnahme eines Kraftdiagramms

Im Hauptprogramm starten wir die Grafik und messen die Radialkraft am Zentrifugalpendel.

```
begin
  STARTVGA;                    {VGA-Grafik 640x480 initialisieren}
  GITTER1;                            {Gitter 640x480 ausgeben}
  MESSEN(5);                     {Zeitlicher Verlauf der Kraft}
  ENDEVGA;                    {Programm nach Tastendruck beenden}
end.
```

Listing 5.5.2   Zeitaufgelöste Kraftmessung

Bild 5.5.2 zeigt den Kraftverlauf des ebenen Zentrifugalpendels für eine Anfangshöhe von $h=r/2$ bei einer Pendelmasse von $m=1$ kg. Die Grenzen der Kräfte entsprechend Gl. (5.5.5) haben wir durch die Messung konstanter Gewichte dargestellt. Eine gute Übereinstimmung mit Gl. (5.5.5) ist für den Nulldurchgang der
Bewegung sichtbar; an den Umkehrpunkten des Pendels erreicht der Kraftverlauf
jedoch nicht die Grenze von $F_{DMS}=mg/2$. Ursache dafür ist die durch den einfachen
experimentellen Aufbau bedingte Reibung an der Pendelumlenkung. Mit wach-
sender Auslenkung nimmt die Reibung zu, so daß die Abnahme der Zentrifugalkraft nicht vollständig auf die Kraftmeßsonde übertragen wird.

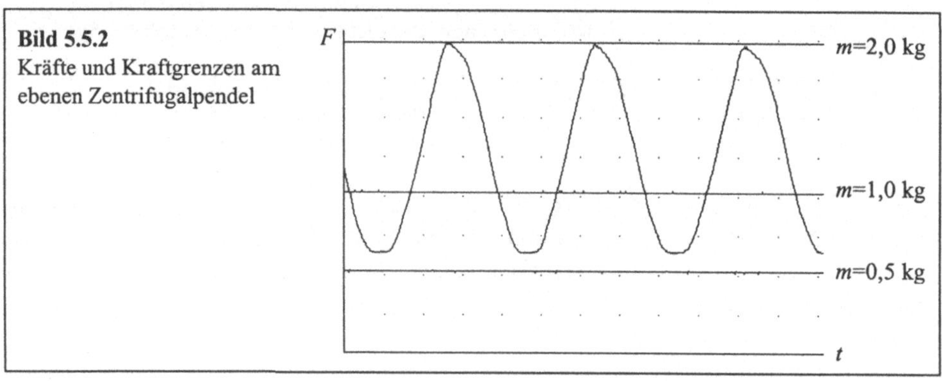

Der Anfangswinkel $\alpha=90°$ führt bei dem gewählten Versuchsaufbau zu komplexe-
ren Kraftverläufen, da die Pendellänge bei großen Auslenkungen im Experiment
nicht konstant gehalten werden kann. Die entsprechenden Meßkurven zeigen zwar
die Grenzwerte der Kraftoszillation sehr gut, sind aber im Verlauf der Oszillation
wenig aussagekräftig.

5.6 Kraftstoß

Für das Studium von Wechselwirkungen - insbesondere von Stößen - ist das Konzept des Kraftstoßes

$$\int_{t_1}^{t_2} \vec{F} \cdot \vec{\mathrm{d}} t = \vec{p}_2 - \vec{p}_1 \tag{5.6.1}$$

sehr nützlich. Unter dem Kraftstoß wird allgemein die Wirkung einer Kraft auf einen Körper in einem kurzen Zeitintervall verstanden.

5.6.1 Aufgabe: Messung des Kraftstoßes

In einem einfachen Experiment läßt sich mit der in Kapitel 2.2.1 vorgestellten DMS-Meßsonde die Kraft auf der linken Seite von Gl. (5.6.1) zeitaufgelöst messen und damit das Integral bestimmen [BÜL93]. Dafür verwenden wir den in Bild 5.6.1 gezeigten Versuchsaufbau: Ein Wagen läuft eine schwach geneigte Schienenbahn (oder Luftkissenbahn) hinab und spannt gegen Ende seines Weges über einen Faden die Blattfeder der DMS-Kraftmeßsonde. Dann wird der Wagen bis zum Stillstand abgebremst und anschließend wieder bergauf beschleunigt.

Um den rechten Teil von Gl. (5.6.1) zu bestimmen, wird das Experiment wiederholt und die Impulsänderung mit Hilfe einer am Wagen befindlichen Maske gemessen. Eine Lichtschranke wird unmittelbar vor dem Umkehrpunkt der Bewegung so angeordnet, daß die Passagezeiten beim Hin- und Rücklauf des Wagens erfaßt werden können. Aus den Dunkelzeiten, der Maskenabmessung und der Wagenmasse folgt dann die gesuchte Impulsänderung.

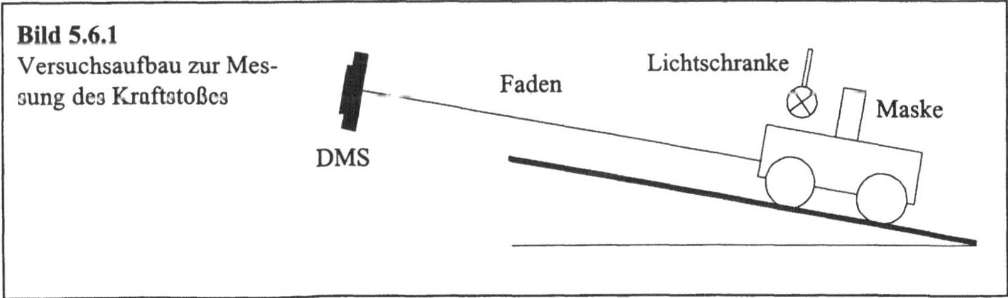

Bild 5.6.1
Versuchsaufbau zur Messung des Kraftstoßes

Versuchsaufbau:

Bauen Sie das Experiment wie in Bild 5.6.1 gezeigt auf, und schließen Sie das DMS-Kraftmeßinterface (vgl. Aufgabe 5.5.1) und eine Gabellichtschranke (vgl. Bild 5.1.2) an das ADT-Interface an.

Versuchsausführung:

Wir verwenden für die zeitaufgelöste Messung, Darstellung und Integration des Kraftverlaufes ein Programm KSTOSS, das mit den hier benötigten Standarddeklarationen beginnt:

```
program KSTOSS;                                     {Kraftstoß}
uses
  GRAPH,                            {TURBO PASCAL Grafik-Befehle}
  ADT;                                 {ADT-Interface-Befehle}
const
  tmax=639;                                  {Anzahl Meßwerte-1}
type
  DatenTyp=array[0..tmax] of integer;          {Typ Datenfeld}
var
  Daten:DatenTyp;                          {Globales Datenfeld}
  MessT:real;             {Meßdauer für quantitative Analysen}
  dummy:real;                   {Platzhalter für die Meßdauer}
  F:real;       {Variable für die Fläche unter dem Kraftverlauf}

{$I STARTVGA}      {Prozedur einbinden: STARTVGA.PAS (s.S. 34)}
{$I AUFNAHME}      {Prozedur einbinden: AUFNAHME.PAS (s.S. 51)}
{$I AUSGABE}       {Prozedur einbinden:  AUSGABE.PAS (s.S. 54)}
{$I ENDEVGA}       {Prozedur einbinden:  ENDEVGA.PAS (s.S. 35)}
```

Die Analyse des Kraftstoßes erfolgt in einer speziell für diese Anwendung entwickelten Funktion INTEGRAL, die neben der reinen Integration auch die Umrechnung der Einheit vornimmt. Eine manuelle Einstellung der Integrationsgrenzen ist nicht notwendig, da vor und nach dem Stoß keine Kräfte auf die Meßsonde wirken und somit über den gesamten Meßbereich integriert werden kann.

```
function INTEGRAL(y:array of integer;MessT:real):real;
var
  summe:real;                                  {Integralsumme}
  F:real;                                     {Flächenelement}
begin
  summe:=0;                         {Integrationssumme rücksetzen}
  for t:=0 to tmax do                     {Integrationsgrenzen}
  begin
    F:=int(y[t])-2048.0;                     {Kraft in Digits}
    F:=F*20/2048;                             {Umrechnung in N}
    F:=F*MessT*1E-6/tmax;           {Umrechnung der Fläche in Ns}
    summe:=summe+F;                              {Integration}
  end;
  INTEGRAL:=summe;
end;
```

Listing 5.6.1   Integration der Kraft

Im Hauptprogramm stellen wir den Verzögerungswert der Meßwertaufnahme (hier 8500) so ein, daß die Gesamtmeßdauer etwa eine halbe Sekunde beträgt. Analog zur Messung der Induktionsspannung am Fallrohr in Aufgabe 5.2.1 bestimmen wir die Meßdauer wieder in einem Vorversuch, um die dafür erforderliche Zeitmessung auf einen Timerdurchlauf zu beschränken.

```
begin
   STARTVGA;                        {VGA-Grafik 640x480 initialisieren}
   GITTER2;                             {Gitter 480x480 ausgeben}
   AUFNAHME(Daten,0,63,8500,MessT);        {Meßdauer bestimmen}
   AUFNAHME(Daten,0,tmax,8500,dummy);        {Datenaufnahme}
   AUSGABE(Daten,0,tmax,1);                  {Datenausgabe}
   F:=INTEGRAL(Daten,10*MessT);                {Kraftstoß}
   ENDEVGA;                      {Programm nach Tastendruck beenden}
end.
```

Listing 5.6.2 Messung des Kraftstoßes mit der DMS-Kraftmeßsonde

Die Integration des in Bild 5.6.2 dargestellten Kraftverlaufes liefert für den Kraftstoß ein Ergebnis von 0,779 Ns.

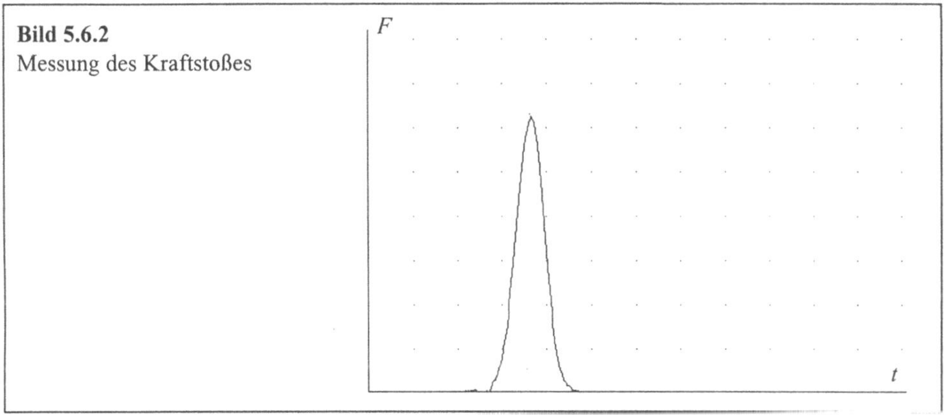

Um den Vergleich mit der Impulsänderung aufzustellen, schreiben wir ein kurzes Programm PZEIT zur Erfassung der Dunkelzeiten. Das Programm basiert auf der Prozedur EREIGNIS aus Aufgabe 3.3.2.

```
program PZEIT;                           {Passagezeiten messen}
uses
   ADT;                               {ADT-Interface Befehle}
var
   t:array[0..3] of real;       {Ereignisse an der Lichtschranke}
   t1,t2:real;                             {Passagezeiten}

{$I EREIGNIS}      {Prozedur einbinden: EREIGNIS.PAS (s.S. 46)}
```

```
begin
  EREIGNIS(4,t);                        {Ereignisse messen}
  t1:=t[1]-t[0];                        {Dunkelzeit abwärts}
  t2:=t[3]-t[2];                        {Dunkelzeit aufwärts}
end.
```

Listing 5.6.3   Messung der Passagezeiten des Kraftstoßes

Aus den Dunkelzeiten t_1=0,044 s und t_2=0,0551 s und einer Maskenlänge von 2 cm sowie der Wagenmasse von 0,902 kg berechnet sich die Impulsänderung infolge des Stoßes zu 0,734 Ns. Die Ergebnisse beider Meßanordnungen stimmen recht gut überein und zeigen die Äquivalenz von Kraftstoß und Impulsänderung entsprechend Gl. (5.6.1).

5.7 Der Wackelschwinger

In der modernen Physik haben nichtlineare Systeme eine große Bedeutung. Von der Wetterentstehung bis hin zum tropfenden Wasserhahn [DRE91] lassen sich interessante Beispiele finden, die sich im Sinne der NEWTONschen Mechanik nicht deterministisch, sondern chaotisch [SCH89] verhalten. Harmonische (lineare) Oszillatoren bilden in der Natur eher die Ausnahme, werden aber in der Physik häufig zur vereinfachten Darstellung schwingender Systeme eingesetzt.

Im Falle von schwingenden Systemen ist die Nichtlinearität eine Voraussetzung für die Möglichkeit der Entstehung chaotischer Zustände [MAR91]. Wir wollen daher als einführendes Beispiel den Begriff der Nichtlinearität von Schwingungen mit dem Wackelschwinger [ASC88a] untersuchen. Zunächst untersuchen wir die Funktion der potentiellen Energie als Indikator für ein nichtlineares Kraftgesetz. Anschließend zeigen wir in einem sehr einfachen Experiment eine grundlegende Eigenschaft von nichtlinearen Oszillatoren: die Abhängigkeit der Periodendauer von der Auslenkung.

Dafür werden wir folgende Aufgabenstellungen bearbeiten:

1. Berechnung der potentiellen Energie

Die Gleichung für die potentielle Energie des Wackelschwingers wird hergeleitet und mit einem Programm grafisch dargestellt. Ein Vergleich mit dem Potential des harmonischen Oszillators zeigt die Nichtlinearität des Wackelschwingers.

2. Aufnahme der nichtlinearen Oszillation

Mit der in Bild 5.7.4 gezeigten Versuchsanordnung wird die Oszillation des Wackelschwingers gemessen und als Geschwindigkeits-Zeit-Funktion gezeichnet. Anhand der zeitlichen Entwicklung der Periodendauer wird die Nichtlinearität der Schwingung deutlich.

Der in unserer Versuchsanordnung verwendete Wackelschwinger [LIN93] besteht aus einem Brettchen (Länge ca. 10 cm), auf dem eine Stange (Länge ca. 20 cm) mit einem Permanentmagneten montiert ist. Oszilliert der Magnet zwischen zwei Spulen, so läßt sich die in den Spulen induzierte Spannung messen.

Ein dem Wackelschwinger verwandtes Beispiel für einen nichtlinearen Oszillator finden Sie in der „Alltagsphysik": wird ein Geldstück auf einer Tischplatte kreiselförmig angeregt, so können Sie die abnehmende Periodendauer akustisch wahrnehmen.

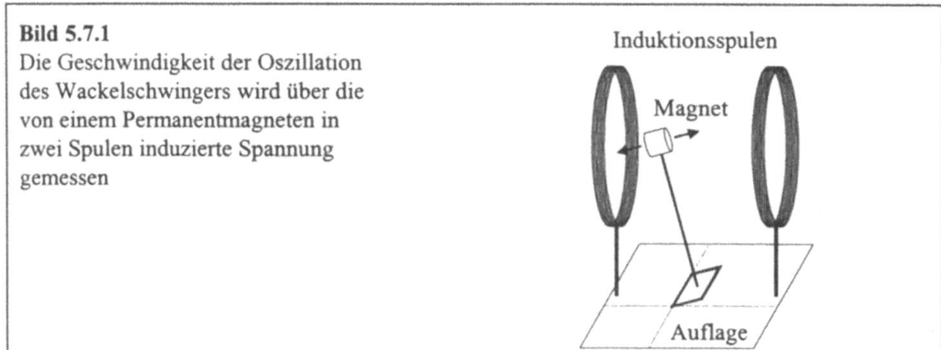

Bild 5.7.1
Die Geschwindigkeit der Oszillation des Wackelschwingers wird über die von einem Permanentmagneten in zwei Spulen induzierte Spannung gemessen

5.7.1 Aufgabe: Berechnung der potentiellen Energie

In dieser Aufgabe wollen wir die potentielle Energie des Wackelschwingers berechnen und mit einem kurzen Programm auf dem Bildschirm simulieren.

Aufgabenstellung:

Berechnen Sie zunächst das Drehmoment des Wackelschwingers in Abhängigkeit von der in Bild 5.7.2 gezeigten Geometrie und der Auslenkung. Die potentielle Energie folgt dann durch Integration des Drehmoments über den Auslenkungswinkel. Stellen Sie die potentielle Energie grafisch dar, und vergleichen Sie das Ergebnis mit dem Potential des harmonischen Oszillators.

Aufgabenlösung:

Die Geometrie des Wackelschwingers wird durch die Größen k und l bestimmt. S ist der Drehpunkt zu Beginn der Oszillation. Die wirkende Kraft folgt aus der Gewichtskraft der Masse m. Der Anfangswinkel φ ist begrenzt durch die maximale Auslenkung φ_{max}.

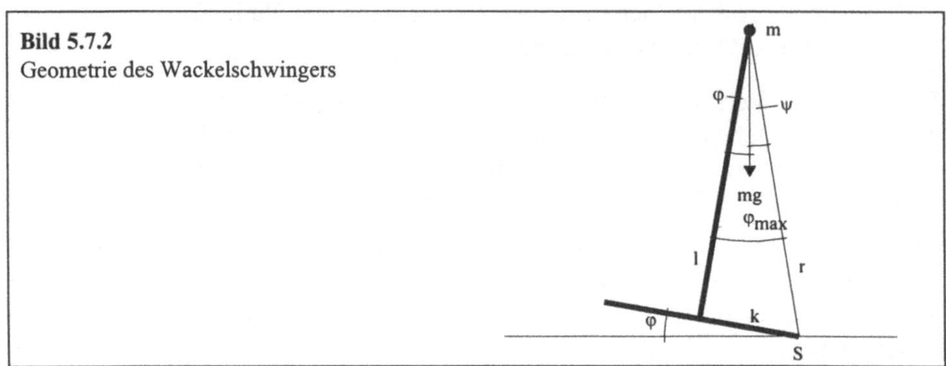

Bild 5.7.2
Geometrie des Wackelschwingers

Die Oszillation des Wackelschwingers wird durch ein Drehmoment hervorgerufen, das die Gewichtskraft

$$\vec{F} = m\vec{g}$$
(5.7.1)

bezüglich des Drehpunktes S ausübt:

$$\vec{M} = \vec{r} \times \vec{F}.$$
(5.7.2)

Da die Bewegung des Wackelschwingers in der Ebene stattfindet, betrachten wir nur den Betrag

$$M = mgr \sin \Psi$$
(5.7.3)

des Drehmoments. Jetzt wollen wir das Drehmoment durch die geometrischen Größen des Wackelschwingers und die Anfangsbedingungen ausdrücken. Aus Bild 5.7.2 folgen unmittelbar die Beziehungen

$$r = \sqrt{k^2 + l^2} \quad \text{und}$$
(5.7.4)

$$\Psi = \varphi_{max} - \varphi.$$
(5.7.5)

Damit ergibt sich für das Drehmoment die Gleichung

$$M(\varphi) = mg\sqrt{k^2 + l^2} \, \sin(\varphi_{max} - \varphi).$$
(5.7.6)

Die potentielle Energie des Wackelschwingers bestimmen wir durch Integration des Moments über die Auslenkung:

$$E_{pot}(\varphi) = \int_0^{\varphi} M(\varphi)d\varphi = mg\sqrt{k^2 + l^2} \int_0^{\varphi} \sin(\varphi_{max} - \varphi)d\varphi.$$
(5.7.7)

Mit der Substitution

$$z = \varphi_{max} - \varphi \quad \text{und} \quad dz = -d\varphi$$
(5.7.8)

wird das Integral aus Gl. (5.7.7) transformiert:

$$E_{pot}(\varphi) = -mg\sqrt{k^2 + l^2}\; \int\limits_{\varphi_0}^{\varphi_{max}-\varphi} \sin z\, dz\,. \tag{5.7.9}$$

Die Lösung ergibt sich durch einfache Integration:

$$E_{pot}(\varphi) = mg\sqrt{k^2 + l^2}\left[\cos(\varphi_{max} - \varphi) - \cos\varphi_{max}\right]. \tag{5.7.10}$$

Für die grafische Darstellung der potentiellen Energie schreiben wir ein Programm WACKEPOT, das mit dem Deklarationsteil und den Standardprozeduren beginnt:

```pascal
program WACKEPOT;               {Potential des Wackelschwingers}
uses                                {Einbinden externer Units}
  GRAPH;                         {TURBO PASCAL Grafik-Befehle}
const
  g=9.81;                              {Erdbeschleunigung}
  l=0.20;                            {Höhe Wackelschwinger}
  k=0.10;                     {Plattenabmessung Wackelschwinger}
  m=1;                        {Schwerpunktmasse Wackelschwinger}

{$I STARTVGA}     {Prozedur einbinden: STARTVGA.PAS (s.S. 34)}
{$I GITTER5}      {Prozedur einbinden:  GITTER5.PAS (s.S. 37)}
{$I ENDEVGA}      {Prozedur einbinden:  ENDEVGA.PAS (s.S. 35)}
```

Im nächsten Schritt entwerfen wir eine Funktion, die entsprechend Gl. (5.7.10) die potentielle Energie für beliebige Winkel in Abhängigkeit von der Anfangsauslenkung berechnet:

```pascal
function EPOT(a,a0:real):real;          {Potentielle Energie}
begin
  Epot:=m*g*sqrt(k*k+l*l)*(cos((a0-a)*pi/180)-cos(a0*pi/180));
end;
```

Listing 5.7.1 Potentielle Energie des Wackelschwingers

Für die grafische Ausgabe wird in der Prozedur PLOTEPOT die potentielle Energie in Schritten von ein Grad vom negativen bis zum positiven Anfangswinkel berechnet und ausgegeben.

```pascal
procedure PLOTEPOT(a0:real);                    {Diagramm Epot}
var
  W0:real;                                   {Anfangsenergie}
  a:integer;                                     {Auslenkung}
begin
  W0:= EPOT(a0,a0);                        {Epot Anfangswinkel}
  MoveTo(320-10*trunc(a0),0);                     {Startpunkt}
```

```
for a:=-trunc(a0) to trunc(a0) do      {Grafik von -a bis a}
   LineTo(320+10*a,479-trunc(EPOT(abs(a),a0)*479/W0));
end;
```

Listing 5.7.2   Diagramm der potentiellen Energie des Wackelschwingers

Das Hauptprogramm berechnet die potentielle Energie für den durch

$$\varphi_{max} = \arctan(\frac{k}{l})$$

(5.7.11)

definierten größtmöglichen Anfangswinkel und stellt das Potential grafisch dar.

```
begin
   STARTVGA;                       {VGA-Grafik 640x480 initialisieren}
   GITTER5;                                        {Gitter zeichnen}
   PLOTEPOT(arctan(k/l)*180/pi);            {Simulation zeichnen}
   ENDEVGA;       {Programm und Grafik nach Tastendruck beenden}
end.
```

Listing 5.7.3   Simulation der potentiellen Energie des Wackelschwingers

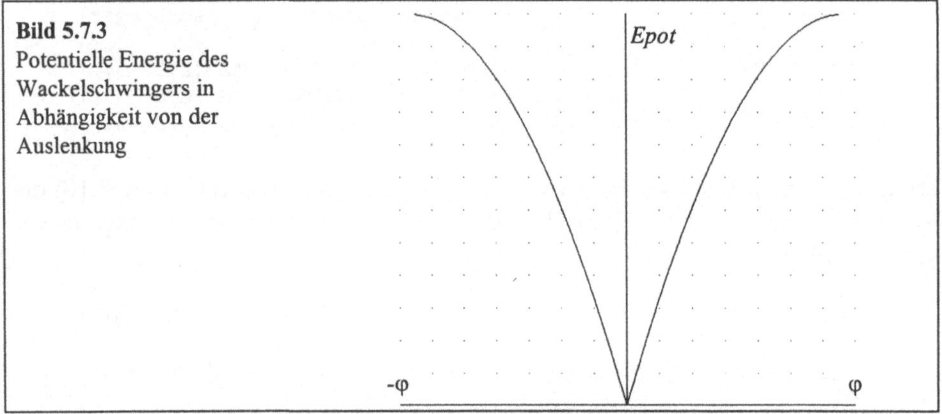

Bild 5.7.3
Potentielle Energie des
Wackelschwingers in
Abhängigkeit von der
Auslenkung

Harmonische Oszillatoren werden definiert durch ein lineares Kraftgesetz. Als Beispiel sei hier die Rückstellkraft

$$F = -kx$$

(5.7.12)

einer Feder genannt. Im Falle konservativer Kräfte (die potentielle Energie hängt nicht vom Weg, sondern nur vom Ort und einem Bezugspunkt ab) ergibt sich aus der Definitionsgleichung für die potentielle Energie

$$E_{pot}(\vec{r},\vec{r}_0) = -\int_{\vec{r}_0}^{\vec{r}} \vec{F}(\vec{r})\mathrm{d}\vec{r}$$

(5.7.13)

unmittelbar ein quadratisches Potential für lineare Oszillatoren. In diesem Fall gilt also

$$E_{pot} = -\int\limits_0^x F(x)\mathrm{d}x = k\int\limits_0^x x\,\mathrm{d}x = \frac{1}{2}kx^2 \ . \tag{5.7.14}$$

Bild 5.7.3 zeigt im Gegensatz dazu einen hochgradig nichtquadratischen Verlauf der potentiellen Energie, der Wackelschwinger ist also ein nichtlineares System.

5.7.2 Aufgabe: Aufnahme der nichtlinearen Oszillation

In dieser Aufgabe nehmen wir die nichtlineare Oszillation des Wackelschwingers mit dem ADT-Interface auf und erzeugen eine Grafik des zeitlichen Verlaufs der Geschwindigkeit des Magneten.

Versuchsaufbau:

Schließen Sie zunächst wie in Bild 5.7.4 gezeigt die in Serie geschalteten Induktionsspulen an den analogen Eingang des ADT-Interfaces an. Zur Minderung des Rauschens (die Spulen wirken als Antennen) empfiehlt es sich, über den Eingang des Interfaces einen Kondensator (z.B. C=4,2 µF) zu schalten.

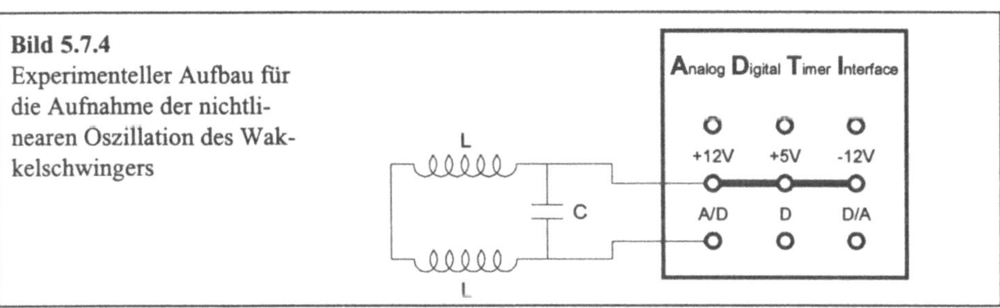

Bild 5.7.4
Experimenteller Aufbau für die Aufnahme der nichtlinearen Oszillation des Wakkelschwingers

Versuchsausführung:

Für die Aufnahme der induzierten Spannung und Darstellung der Oszillation entwerfen wir ein Programm WACK. Da die Schwingung des Wackelschwingers langsam verläuft, kann die Ausgabe der Meßwerte unmittelbar während der Aufnahme vorgenommen werden. Wir führen eine Mittelwertbildung der Meßwerte durch, um das Rauschen weiter zu unterdrücken. Die Anzahl der Mittelwertbildungen wird dabei zur zeitlichen Steuerung des Experiments verwendet. Der entsprechende Parameter wird so angepaßt, daß der gesamte Verlauf der Oszillation auf dem Monitor sichtbar ist.

Das Programm WACK beginnt wieder mit den globalen Deklarationen:

```
program WACK;                    {Oszillation des Wackelschwingers}
uses                               {Einbinden externer Units}
  GRAPH,                           {TURBO PASCAL Grafik-Befehle}
  ADT;                    {ADT-Interface-Befehle und Initialisierung}

{$I STARTVGA}       {Prozedur einbinden: STARTVGA.PAS (s.S. 34)}
{$I GITTER1}        {Prozedur einbinden:  GITTER1.PAS (s.S. 36)}
{$I ENDEVGA}        {Prozedur einbinden:  ENDEVGA.PAS (s.S. 35)}
```

Anschließend nehmen wir in einer Prozedur WACKMESS 640 Meßwerte auf und
stellen die Meßkurve skaliert auf dem Monitor dar. Da die induzierte Spannung
den Meßbereich bei größter Verstärkung nur teilweise aussteuert, bilden wir auf
dem Monitor nur einen Ausschnitt von 600 Digits des A/D-Wandlers ab.

Der Übergabeparameter n steuert die Meßdauer über die Anzahl der Mittelwertbildungen. Im Zusammenhang mit der Mittelwertbildung muß beachtet werden,
daß die Variable DATEN in der Mittelwertschleife die Summe der Meßwerte aufnehmen muß. Wir können daher mit einer Variablen vom Typ INTEGER bei einer
Auflösung von 12 Bit ohne Überlauf nicht mehr als acht Mittelwertbildungen
durchführen und verwenden daher in diesem Fall für den Meßwert den Datentypen REAL.

```
procedure WACKMESS(n:integer);              {Aufnahme und Ausgabe}
var
  i:integer;                                {Schleifen-Variable}
  j:integer;                                {Schleifen-Variable}
  Daten:real;                                      {Meßwert}
  s:real;                 {Skalierungsfaktor für VGA-Darstellung}
begin
  s:=480/600;             {Skalierung 600 Digits auf VGA-Auflösung}

  for i:=0 to 639 do             {Aufnahme- und Ausgabeschleife}
  begin
    Daten:=0;      {Meßwert zurücksetzen vor Mittelwertbildung}
    for j:=1 to n do Daten:=Daten+READAD;   {Mittelwertbildung}
    Daten:=Daten/n;                       {gemittelter Meßwert}

    if i=0 then MoveTo(i,240-trunc((Daten-2048)*s))  {Ausgabe}
           else LineTo(i,240-trunc((Daten-2048)*s));
  end;
end;
```

Listing 5.7.4 Meßwertaufnahme des Wackelschwingers

Das Hauptprogramm enthält wieder die Initialisierung von Grafik und Interfacesystem und führt den Aufruf der Prozedur MESSWACK mit dem an die Aufnahmegeschwindigkeit angepaßten Parameter n durch.

```
begin
  SETGAIN(4);              {Meßbereich auf +/-2,5 Volt einstellen}
  STARTVGA;                {VGA-Grafik 640x480 initialisieren}
  GITTER1;                             {Gitter zeichnen}
  WACKMESS(350);     {Meßwerte aufnehmen und Diagramm zeichnen}
  ENDEVGA;         {Programm und Grafik nach Tastendruck beenden}
end.
```

Listing 5.7.5   Nichtlineare Oszillation des Wackelschwingers

Das Ergebnis der Aufnahme ist in Bild 5.7.5 dargestellt. Die Periodendauer ist nicht konstant und zeigt im Verlauf der gedämpften Schwingung eine starke Abhängigkeit von der Amplitude. Ein weiteres Merkmal für einen nichtlinearen Vorgang zeigen die Amplitudenmaxima: Die einhüllende Funktion kann nicht wie bei harmonischen Oszillatoren als Exponentialfunktion beschrieben werden.

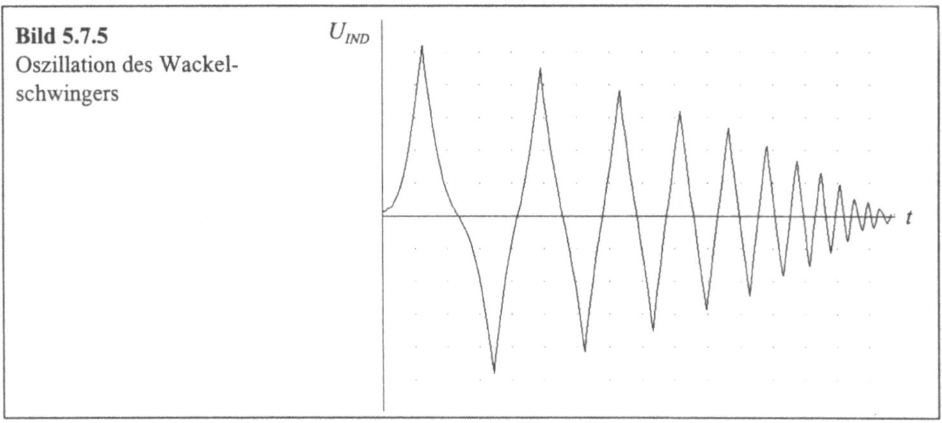

Bild 5.7.5
Oszillation des Wackel-
schwingers

5.8 Das ebene Überschlagspendel

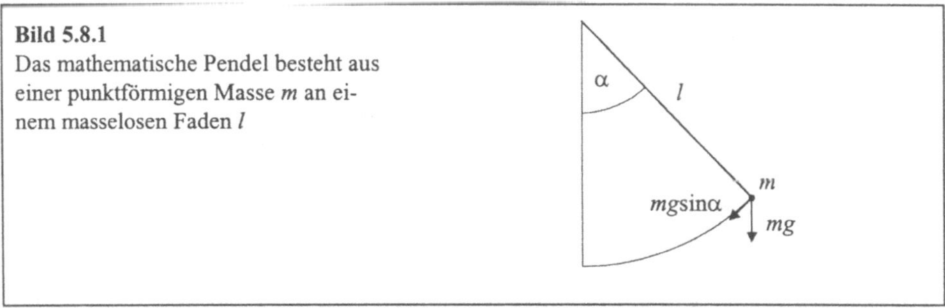

Bild 5.8.1
Das mathematische Pendel besteht aus
einer punktförmigen Masse m an einem masselosen Faden l

Das in Bild 5.8.1 dargestellte mathematische Pendel besteht aus einer punktförmigen Masse m, die an einem unelastischen Faden der Länge l aufgehängt ist. Wird das mathematische Pendel unter dem Winkel α ausgelenkt, so wirkt als Folge der Gewichtskraft eine Rückstellkraft, die eine Oszillation des Pendels verursacht. Aus dem Energieerhaltungssatz für die potentielle und kinetische Energie läßt sich die Differentialgleichung

$$\frac{d^2\alpha}{dt^2} + \frac{g}{l}\sin\alpha = 0 \tag{5.8.1}$$

für das mathematische Pendel herleiten [HER95]. Da der Zusammenhang zwischen Kraft und Auslenkung in Gl. (5.8.1) nicht linear ist, beschreibt die Differentialgleichung keine harmonische Schwingung. Für sehr kleine Pendelauslenkungen führt die Approximation

$$\sin\alpha \approx \alpha \tag{5.8.2}$$

auf ein lineares Kraftgesetz mit der konstanten Pendelperiode

$$T = 2\pi\sqrt{\frac{l}{g}}\,. \tag{5.8.3}$$

Die Approximation in Gl. (5.8.2) entspricht einem Abbruch der Reihenentwicklung der Sinusfunktion nach dem ersten Glied:

$$\sin\alpha = \alpha - \frac{\alpha^3}{3!} + \frac{\alpha^5}{5!} - \frac{\alpha^7}{7!} + -\ldots \tag{5.8.4}$$

Allgemein führt die Integration der Bewegungsgleichung Gl. (5.8.1) auf einen Ausdruck für die Pendelperiode, der aufgrund des elliptischen Integrals erster Gattung [PFE97]

$$T(\alpha) = 4\sqrt{\frac{l}{g}}\int_0^{\pi/2} \frac{d\beta}{\sqrt{1 - \sin^2\frac{\alpha}{2}\sin^2\beta}} \tag{5.8.5}$$

nicht geschlossen lösbar ist. Eine Approximation der Periodendauer läßt sich aus der Reihenentwicklung des elliptischen Integrals ableiten:

$$T(\alpha) = 2\pi\sqrt{\frac{l}{g}}\left[1 + \left(\frac{1}{2}\right)^2\sin^2\frac{\alpha}{2} + \left(\frac{1\cdot 3}{2\cdot 4}\right)^2\sin^4\frac{\alpha}{2} + \ldots\right]. \tag{5.8.6}$$

Gl. (5.8.7) zeigt eine etwas kompaktere Darstellung der Reihenentwicklung:

$$T(\alpha) = 2\pi\sqrt{\frac{l}{g}}\sum_{n=0}^{m}\left[\left(\prod_{i=1}^{n}\frac{2i-1}{2i}\right)^2\sin\left(\frac{\alpha}{2}\right)^{2n}\right]. \tag{5.8.7}$$

Die bisherigen Betrachtungen lassen sich auch auf das physikalische Pendel anwenden. Ein physikalisches Pendel ist ein starrer Körper mit einer bestimmten Masse, die um einen Aufhängepunkt schwingt. Mit dem NEWTONsche Bewegungsgesetz für die Rotation

$$M = J\frac{\mathrm{d}^2\alpha}{\mathrm{d}t^2} \tag{5.8.8}$$

(das als Folge der Gewichtskraft rücktreibende Moment M ist das Produkt aus Massenträgheitsmoment J und Winkelbeschleunigung) gilt für das physikalische Pendel die Bewegungsgleichung

$$\frac{\mathrm{d}^2\alpha}{\mathrm{d}t^2} + \frac{mgl}{J}\sin\alpha = 0 \, . \tag{5.8.9}$$

Ein Vergleich mit der Bewegungsgleichung Gl. (5.8.1) für das mathematische Pendel zeigt, daß das physikalische Pendel als mathematisches Pendel mit reduzierter Pendellänge

$$l_{\mathrm{red}} = \frac{J}{ml} \tag{5.8.10}$$

angesehen werden kann und daher keine zusätzliche theoretische Betrachtung bezüglich der Periodendauer erfordert.

Wir untersuchen in den folgenden Aufgabenstellungen zunächst die Periodendauer des ebenen Pendels und vergleichen anschließend die Simulation eines Überschlagspendels mit experimentellen Ergebnissen.

1. Entwicklung und Integration der Pendelperiode
Anhand der Reihenentwicklung der Periodendauer des ebenen Pendels läßt sich die Nichtlinearität der Schwingung zeigen. Abhängig von der Anzahl der Entwicklungsglieder wird die reale Abhängigkeit der Periodendauer von der Auslenkung unterschiedlich genau wiedergegeben. Exakte Ergebnisse liefert die direkte Integration des elliptischen Integrals.

2. Simulation der Pendelperiode
Für die Berechnung des nichtlinearen Verhaltens der Pendelperiode des Überschlagspendels kann mit Hilfe des Energiesatzes ein Simulationsalgorithmus aufgestellt werden.

3. Messung der Pendelperiode
Während der Oszillation des Überschlagspendels kann die Geschwindigkeit beim Nulldurchgang mit einer Maske und einer Lichtschranke gemessen

werden. Messung und Simulation zeigen eine universelle Kurve für die Abhängigkeit der Periode von der Auslenkung.

Eine Besonderheit bei der Untersuchung der Periodendauer des Überschlagspendels ist die Erweiterung des Anfangswinkels über den Hochpunkt der Pendeloszillation hinaus. Das entsprechende Diagramm der Simulation und Messung wird interessante Aspekte bezüglich der Konvergenz von Oszillation und Überschlag zeigen.

5.8.1 Aufgabe: Entwicklung und Integration der Pendelperiode

Betrachten wir die Reihenentwicklung der Pendelperiode in Gl. (5.8.6), so erkennen wir zunächst eine Übereinstimmung der Näherungsgleichung für kleine Anfangswinkel mit dem ersten Glied der Reihe. Brechen wir die Reihenentwicklung also nach dem ersten Glied ab, so erhalten wir unmittelbar Gl. (5.8.3). Mit zunehmender Anzahl von Entwicklungsgliedern erhöht sich die Periodendauer für einen bestimmten Anfangswinkel, der Grenzfall höchster Periodendauer wird für den Anfangswinkel 180 Grad bei unendlich vielen Entwicklungsgliedern als unendliche Periodendauer erreicht.

Aufgabenstellung:

Führen Sie die Reihenentwicklung der Pendelperiode für verschiedene Abbruchglieder durch, und stellen Sie die Periodendauern im Intervall [0,π] dar. Berechnen Sie das Integral in Gl. (5.8.5) für die exakte Lösung der Pendelperiode.

Aufgabenlösung:

Für die Lösung dieser Aufgabe setzen wir zunächst die Reihenentwicklung Gl. (5.8.7) in einer Funktion TREIHE mit den Parametern Anfangswinkel und Entwicklungsglieder um. Die Pendellänge ist hier von sekundärer Bedeutung und wird auf Eins gesetzt.

```
function TREIHE(alpha:real;m:integer):real;        {Reihen}
const
  g=9.81;                              {Erdbeschleunigung}
  l=1;                                      {Pendellänge}
```

Im Deklarationsteil der Funktion definieren wir Variablen für die Berechnung der gesamten Summe, der inneren Produkte und der Potenzen der Sinusterme sowie Indizes für die zugehörigen Schleifenkonstruktionen

```
var
  summe:real;              {Summation der Entwicklungsglieder}
  produkt:real;                     {Produkt eines Gliedes}
```

```
sinus:real;                {Potenzberechnung der Sinusfunktionen}
n:integer;                    {Index Entwicklungsglieder}
i:integer;                     {Index Produktberechnung}
j:integer;                      {Index Sinuspotenzen}
```

Der Hauptteil der Funktion TREIHE beginnt mit der Initialisierung der Reihen-Summationsschleife auf die gewünschte Anzahl von Entwicklungsgliedern.

```
begin
  summe:=0;                      {Summe rücksetzen}
  for n:=0 to m-1 do          {m Glieder entwickeln}
```

Innerhalb der Schleife berechnen wir für jedes Entwicklungsglied das Produkt der Vorfaktoren der Sinusfunktionen und führen anschließend die Potenzbildung der Sinusterme in einer weiteren Schleife durch. Das Entwicklungsglied wird danach zur aktuellen Reihensumme addiert.

```
begin
  produkt:=1;                           {Produkt rücksetzen}
  for i:=1 to n do                      {Produkt berechnen}
    produkt:=produkt*(2*i-1)/(2*i);
  sinus:=1;                             {Sinus rücksetzen}
  for j:=1 to 2*n do
    sinus:=sinus*sin(alpha/2);            {Sinuspotenz}
  summe:=summe+produkt*produkt*sinus;  {Entwicklungsglied}
  end;
  TREIHE:=2*pi*sqrt(l/g)*summe;        {Reihenentwicklung}
end;
```

Listing 5.8.1   Reihenentwicklung der Pendelperiode

Am Ende der Reihenentwicklung multiplizieren wir die Reihe noch mit dem Term für kleine Ausschläge und erhalten als Ergebnis die genäherte Periodendauer. Für die grafische Ausgabe schreiben wir die Prozedur RGRAFIK mit variabler Anzahl von Entwicklungsgliedern. Die Skalierung der Ausgabe korrespondiert mit der Standardprozedur GITTER2 und bildet die Grafik in einem Bereich von 480x480 Bildpunkten entsprechend acht Sekunden und π Grad ab.

```
procedure RGRAFIK(m:integer);       {Grafik Reihenentwicklung}
var
  i:integer;                               {Koordinate}
begin
  for i:=0 to 480 do          {Winkel von 0 bis pi abarbeiten}
    if i=0 then MoveTo(i,480-trunc(T_REIHE(i*pi/480,m)*480/8))
           else LineTo(i,480-trunc(T_REIHE(i*pi/480,m)*480/8));
end;
```

Listing 5.8.2   Grafische Ausgabe der Reihenentwicklung

Wir wenden uns jetzt der exakten Lösung für die Pendelperiode aus Gl. (5.8.5) zu und modifizieren das SIMPSON-Verfahren aus Kapitel 4.1.2 für die Lösung von elliptischen Integralen. Betrachten wir Gl. (5.8.5), so erkennen wir im Integranden des elliptischen Integrals neben der Integrationsvariablen den Auslenkungswinkel, so daß die externe Funktion für das numerische Integrationsverfahren folgendermaßen definiert werden muß:

```
function F(alpha,x:real):real;                        {Integrand}
begin
  F:=1/sqrt(1-sqr(sin(alpha/2)*sqr(sin(x))));
end;
```

Listing 5.8.3   Integrand des elliptischen Integrals der Pendelperiode

Die Funktion SIMPSON zur numerischen Berechnung des elliptischen Integrals wird ebenfalls um die Angabe des Winkels erweitert und in ELLIPTIC umbenannt:

```
function ELLIPTIC(s,                          {Anzahl Stützstellen}
               alpha,                              {Auslenkung}
               xa,xe:real;):real;            {Intervallgrenzen}
var
  x:real;               {Aktuelle Koordinate des Schrittanfangs}
  h:real;                                      {Schrittweite}
  summe:real;                               {Integrationssumme}
begin
  h:=(xe-xa)/(s-1);                      {Berechnete Schrittweite}
  summe:=0;                           {Anfangswert Integralsumme}
  x:=xa;                                {Anfangswert Koordinate}
  repeat                                   {Intervallschleife}
    summe:=summe+F(alpha,x)+4*F(alpha,x+h/2)+F(alpha,x+h);
    x:=x+h;                                 {Neue Stützstelle}
  until x>xe;                       {Intervallgrenze überschritten}
  ELLIPTIC:=summe*h/6;                              {Integral}
end;
```

Listing 5.8.4   Numerische Lösung des elliptischen Integrals der Pendelperiode

Jetzt können wir die Pendelperiode mit der Funktion TELLIP berechnen und mit der Prozedur EGRAFIK im Diagramm ausgeben.

```
function TELLIP(alpha:real):real;
const
  g=9.81;                                  {Erdbeschleunigung}
  l=1;                                         {Pendellänge}
begin
  TELLIP:=4*sqrt(l/g)*ELLIPTIC(100,alpha,0,pi/2);
end;
```

Listing 5.8.5   Integration der Pendelperiode

```
procedure EGRAFIK;                       {Grafik exakte Lösung}
var
  i:integer;                             {Koordinate}
begin
  for i:=0 to 480 do         {Winkel von 0 bis pi abarbeiten}
    if i=0 then MoveTo(i,480-trunc(T_ELLIP(i*pi/480)*480/8))
          else LineTo(i,480-trunc(T_ELLIP(i*pi/480)*480/8));
end;
```

Listing 5.8.6   Grafische Ausgabe der exakten Lösung der Pendelperiode

Am Ende der Quellcode-Entwicklungen für die Untersuchung der Pendelperiode
fassen wir die einzelnen Prozeduren und Funktionen in einem Programm PENDEL
zusammen und erzeugen die in Bild 5.8.2 dargestellte Grafik. Dafür berechnen wir
zunächst die Reihenentwicklung mit verschiedenen Abbruchgliedern und anschließend die exakte Lösung aus der numerischen Näherung des elliptischen Integrals.

```
program PENDEL;              {Periodendauer des ebenen Pendels}
uses
  GRAPH;                          {TURBO PASCAL Grafik-Befehle}

{$I STARTVGA}   {Prozedur einbinden: STARTVGA.PAS (s.S.  34)}
{$I GITTER2}    {Prozedur einbinden:  GITTER2.PAS (s.S.  37)}
{$I TREIHE}     {Prozedur einbinden:   TREIHE.PAS (s.S.190)}
{$I RGRAFIK}    {Prozedur einbinden:  RGRAFIK.PAS (s.S.191)}
{$I F}          {Prozedur einbinden:        F.PAS (s.S.192)}
{$I ELLIPTIC}   {Prozedur einbinden: ELLIPTIC.PAS (s.S.192)}
{$I TELLIP}     {Prozedur einbinden:   TELLIP.PAS (s.S.192)}
{$I EGRAFIK}    {Prozedur einbinden:  EGRAFIK.PAS (s.S.193)}
{$I ENDEVGA}    {Prozedur einbinden:  ENDEVGA.PAS (s.S.  35)}

begin
  STARTVGA;                  {VGA-Grafik 640x480 initialisieren}
  GITTER2;                             {Gitter 480x480}
  TGRAFIK(1);        {Abbruch nach einem Entwicklungsglied}
  TGRAFIK(10);       {Abbruch nach 10 Entwicklungsgliedern}
  TGRAFIK(100);     {Abbruch nach 100 Entwicklungsgliedern}
  EGRAFIK;                  {Exakte Lösung der Pendelperiode}
  ENDEVGA;              {Programm nach Tastendruck beenden}
end.
```

Listing 5.8.7   Entwicklung und Integration der Pendelperiode

Bild 5.8.2 zeigt deutlich die Abhängigkeit der Periodendauer von der Auslenkung
des Pendels. Bei kleinen Auslenkungen nähert sich die Periodendauer der konstanten Pendelperiode aus der linearen Näherung entsprechend Gl. (5.8.3). Für

große Winkel nimmt die Periodendauer immer größere Werte an und strebt schließlich bei einer Auslenkung von 180 Grad gegen unendlich. In dem Fall hält das Pendel bei 180 Grad an und oszilliert nicht mehr. Dieses Verhalten wird von der Lösungskurve, die mittels Integration des elliptischen Integrals in Gl. (5.8.5) berechnet wurde, sehr gut wiedergegeben. Die Reihenentwicklungen konvergieren dagegen je nach Anzahl der Entwicklungsglieder nur bei kleineren Auslenkungen gegen die exakte Lösung.

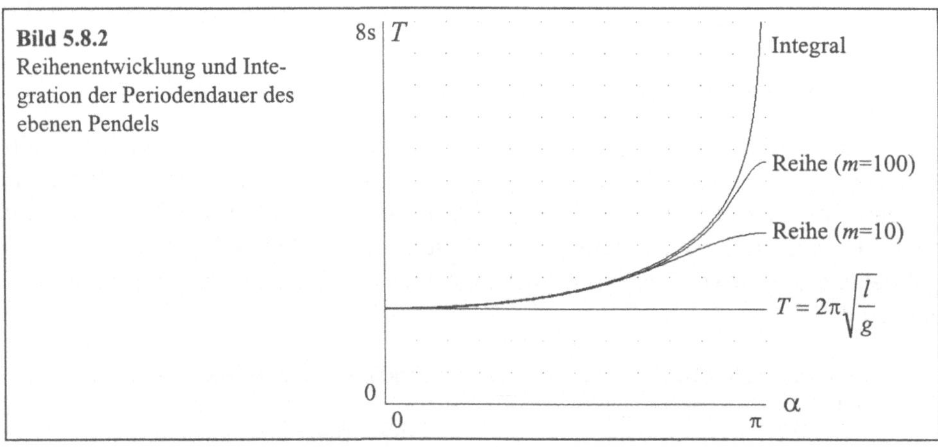

Bild 5.8.2
Reihenentwicklung und Integration der Periodendauer des ebenen Pendels

5.8.2 Aufgabe: Simulation der Pendelperiode

In dieser Aufgabe wollen wir die Abhängigkeit der Periodendauer von der Auslenkung mit einem Ansatz [LIN90b] zeigen, der nicht wie in der vorigen Aufgabe die Pendelgleichungen direkt behandelt, sondern auf physikalischen Eigenschaften des Pendels basiert und auf Formalismen der numerische Mathematik verzichtet. Wir beschränken uns dabei nicht mehr auf einen Winkelbereich von 180 Grad, sondern lassen auch Überschläge des Pendels zu, als Ergebnis erhalten wir dann ein Diagramm, welches das Gesamtverhalten der Periodendauer bei beliebigen Winkeln zeigt [BÜL96b].

Das von uns vorgestellte Verfahren läßt sich aus dem elementaren physikalischen Prinzip der Energieerhaltung abgeschlossener Systeme ableiten: Die Gesamtenergie des Pendels ist konstant und setzt sich aus potentieller und kinetischer Energie zusammen. Ausgehend vom Nulldurchgang des Pendels wird die kinetische Energie solange in potentielle Energie umgewandelt, bis der Umkehrpunkt der Bewegung erreicht ist. Für die numerische Simulation der Pendelperiode teilen wir zunächst den Auslenkungswinkel φ_0 in viele Winkelsegmente $d\varphi$ auf. Anschließend berechnen wir aus der jeweiligen kinetischen Energie die Geschwindigkeiten

v_1 am Anfang und v_2 am Ende eines jeden Segments. Mit der mittleren Geschwindigkeit $v_m = (v_1 + v_2)/2$ in einem Segment und der Bogenlänge $l\,d\varphi$ läßt sich die Passagezeit ermitteln, die Pendelperiode ergibt sich dann aus der vierfachen Summe aller Passagezeiten eines Quadranten. Bild 5.8.3 zeigt eine Pendelschwingung, bei der die Anfangsauslenkung φ_0 exemplarisch in vier Segmente $d\varphi$ zerlegt wurde.

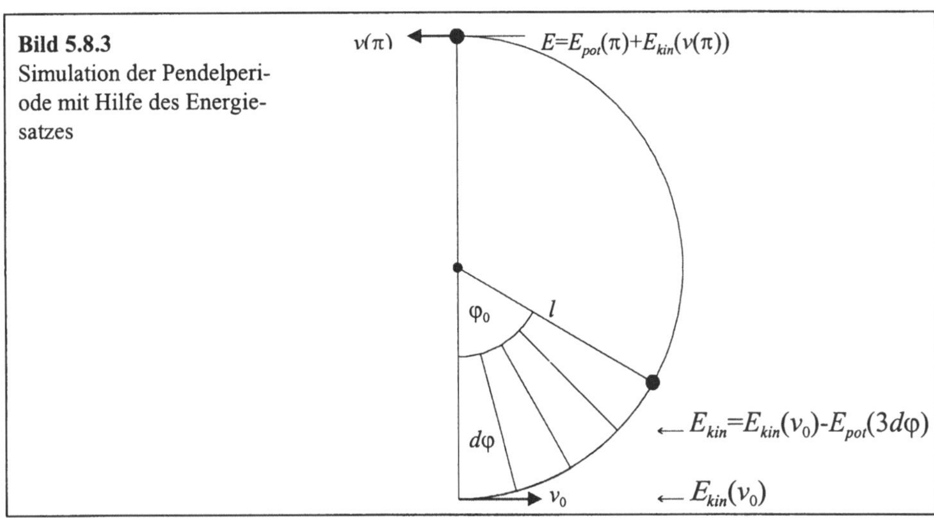

Der Geschwindigkeitsvektor am Hochpunkt der Schwingung bei $\varphi = \pi$ deutet an, daß die vorgestellte Methode auch die Berechnung von Pendelüberschlägen erlaubt. Ein Pendelüberschlag tritt genau dann ein, wenn die Gesamtenergie am Hochpunkt größer ist, als die maximale potentielle Energie:

$$E_{Ges} = E_{pot}(\pi) + E_{kin}(v(\pi)). \tag{5.8.11}$$

Gl. (5.8.11) läßt sich auch in der Form

$$\frac{1}{2}mv_0^2 = mg2l + \frac{1}{2}mv_\pi^2 \tag{5.8.12}$$

schreiben, so daß das Pendel am Hochpunkt die Geschwindigkeit

$$v_\pi = \sqrt{v_0^2 - 4gl} \tag{5.8.13}$$

besitzt. Wir können andererseits feststellen, daß das Pendel keinen Überschlag ausführt, wenn die folgende Ungleichung gilt:

$$v_0^2 \le 4gl. \tag{5.8.14}$$

Aufgabenstellung:

Entwerfen Sie einen Algorithmus für die Simulation der Pendelperiode.

Aufgabenlösung:

In der nächsten Aufgabe 5.8.3 beabsichtigen wir, die Simulation mit einer Messung zu vergleichen. Da bei der Meßwertaufnahme die Dunkelzeit beim Nulldurchgang gemessen wird, empfiehlt es sich, die Periodendauer bei der Simulation in Abhängigkeit von der Geschwindigkeit beim Nulldurchgang zu berechnen (die Dunkelzeit folgt später aus der Maskenbreite für die Lichtschranke).

Wir werden für die algorithmische Umsetzung der Simulation daher zunächst einen Anfangswinkel aus der Geschwindigkeit am Nulldurchgang berechnen und anschließend diesen Winkel in eine feste Anzahl von Segmenten unterteilen. Im Falle des Überschlags beträgt der Anfangswinkel einfach 180 Grad, bei der normalen Pendelschwingung berechnet sich der Winkel φ aus der Forderung, daß die kinetische Energie vollständig in potentielle Energie umgesetzt wird:

$$\frac{1}{2}mv_0^2 = mgl(1-\cos\varphi) \Leftrightarrow \cos\varphi = 1 - \frac{v_0^2}{2gl}. \tag{5.8.15}$$

Für die Berechnung der mittleren Geschwindigkeit des ersten Segments benötigen wir die Geschwindigkeit beim Anfangswinkel. Je nachdem, ob die Bewegung mit oder ohne Überschlag ausgeführt wird, ist die Anfangsgeschwindigkeit Null oder nimmt die Restgeschwindigkeit nach Gl. (5.8.13) an. Allgemein berechnet sich die Endgeschwindigkeit der Segmente aus der kinetischen Energie bei der entsprechenden Auslenkung:

$$\frac{1}{2}mv^2 = \frac{1}{2}mv_0^2 - mgl(1-\cos\varphi) \Leftrightarrow v = \sqrt{v_0^2 - 2gl(1-\cos\varphi)}. \tag{5.8.16}$$

Wir beginnen jetzt die Funktion `PERIODE` mit der Parameterübergabe und deklarieren die Erdbeschleunigung und die Segmentteilung als konstante Werte:

```
function PERIODE(v_0,l:real):real;        {Periode eines Pendels}
const
  g=9.81;                                     {Erdbeschleunigung}
  steps=2600;                            {Anzahl Winkelintervalle}
```

Im nächsten Schritt definieren wir einige Variablen für die Daten eines Segments und eine Variable für die Summation der Passagezeiten.

```
var
  t:real;                                        {Passagezeiten}
  phi:real;                                    {Auslenkung Pendel}
  d_phi:real;                              {Segmentwinkel in rad}
  vm:real;                    {Mittlere Geschwindigkeit im Segment}
  v1:real;                 {Endgeschwindigkeit im vorigen Segment}
  v2:real;               {Endgeschwindigkeit im aktuellen Segment}
```

Den Hauptteil beginnen wir mit der Fallunterscheidung bezüglich des Überschlags und ermitteln die Anfangsauslenkung und die Geschwindigkeit beim Umkehrpunkt bzw. die Restgeschwindigkeit am Hochpunkt.

```
begin
  if v_0*v_0<=4*g*l then           {Kein Überschlag des Pendels}
  begin
    phi:=ArcCos(1-v_0*v_0/(2*g*l));              {Umkehrwinkel}
    v1:=0;                     {Geschwindigkeit am Umkehrpunkt}
  end else
  begin                                            {Überschlag}
    phi:=pi;                                    {Anfangswinkel}
    v1:=sqrt(v_0*v_0-4*g*l);  {Restgeschwindigkeit bei phi=pi}
  end;
```

Mit den Anfangswerten nehmen wir jetzt die Unterteilung in Segmente vor und berechnen die Passagezeiten von der Anfangsauslenkung bis zum Nulldurchgang.

```
t:=0;                                           {Anfangszeit}
d_phi:=phi/steps;                             {Segmentwinkel}
while phi>=d_phi do          {Schleife bis zum Nulldurchgang}
begin
  phi:=phi-d_phi;            {Endwinkel des aktuellen Segments}
  v2:=sqrt(v_0*v_0-2*g*l*(1-cos(phi))); {Endgeschwindigkeit}
  vm:=(v1+v2)/2;                      {Mittlere Geschwindigkeit}
  v1:=v2;                    {v wird altes v im nächsten Segment}
  t:=t+l*d_phi/vm;          {Segment-Passagezeiten aufsummieren}
end;
```

Am Ende der Berechnungen ergibt sich die Periodendauer aus den Passagezeiten eines Quadranten durch Multiplikation mit 4.

```
PERIODE:=4*t;                                 {Periodendauer}
end;
```

Listing 5.8.8   Algorithmus für die Simulation der Pendelperiode

Da der TURBO PASCAL-Compiler keine Arkuskosinusfunktion bereitstellt, müssen wir sie selbst definieren:

```
function ARCCOS(cs:real):real;
var
  ac:real;
begin
  if cs=0  then ac:=pi/2 else
  if cs=-1 then ac:=pi    else begin
                    ac:=ArcTan(sqrt(1-cs*cs)/cs);
                    if ac<0 then ac:=ac+pi;
                  end;
```

```
    ARCCOS:=ac;
end;
```

Listing 5.8.9   Funktion für die Berechnung des Arkuskosinus

5.8.3 Aufgabe: Messung der Pendelperiode

Im Experiment wird die Periodendauer mit dem ADT-Interface und einer Lichtschranke gemessen. Eine Maske am Überschlagspendel verdunkelt die Lichtschranke beim Nulldurchgang der Schwingung. Mit der Anordnung führen fünf
aufeinanderfolgende Flankenwechsel sowohl auf die Periodendauer, als auch auf
die Geschwindigkeit beim Nulldurchgang. Da die Anfangsauslenkung wie oben
bereits erwähnt nicht direkt gemessen werden kann, werden wir in diesem Experiment die Periodendauer über der Dunkelzeit am Nulldurchgang darstellen. Aufgrund der Energieerhaltung des ebenen Pendels ist es gleichwertig, ob die
Periodendauer über der Gesamtenergie, der Anfangsauslenkung oder der Dunkelzeit der Pendelmaske aufgetragen wird. Die Variation der Anfangsenergie führt
bei unserem Experiment auf die grafische Darstellung der Pendelperiode vom
Überschlag bis hin zum Stillstand der Schwingung. Wir müssen im Experiment
keine Vorkehrungen für eine Änderung der Gesamtenergie treffen, da das Pendel
nach dem Start bedingt durch die Reibung im Pendellager kontinuierlich Energie
verliert, bis am Ende die Grenzperiode für kleine Auslenkungen erreicht wird.

Versuchsaufbau:

Schließen Sie wie in Bild 5.8.4 dargestellt eine Gabellichtschranke an das ADT-
Interface an (vgl. Bild 5.1.2), und bauen Sie das Überschlagspendel so auf, daß die
Maske beim Nulldurchgang eine Verdunklung der Lichtschranke verursacht.

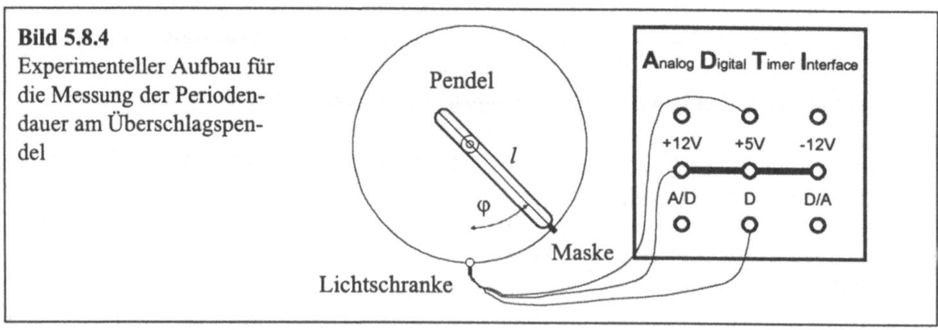

Bild 5.8.4
Experimenteller Aufbau für
die Messung der Perioden-
dauer am Überschlagspen-
del

Versuchsdurchführung:

Für die Messung der Periodendauer und der Geschwindigkeit beim Nulldurchgang
setzen wir die Prozedur EREIGNIS aus Kapitel 3.3.2 ein. Wir erwähnten bereits,

daß eine Pendelperiode stets fünf Ereignissen an der Lichtschranke zugeordnet werden kann. Die Systematik wird in Bild 5.8.5 deutlich: eine Periode beginnt mit dem ersten Durchschwingen des Pendels durch die Nullage und wird genau zu dem Zeitpunkt beendet, an dem derselbe Zustand wieder erreicht wird. Das Ende einer Periode ist dabei gleichzeitig als Beginn der folgenden auszuwerten. Bild 5.8.5 zeigt weiterhin, daß im Verlauf einer Periode zwei Geschwindigkeiten gemessen werden können. Die einer Periodendauer zuzuordnende Geschwindigkeit (als Maß für die Gesamtenergie bzw. die Anfangsauslenkung der Periode) sollte daher als Mittelwert angenommen werden.

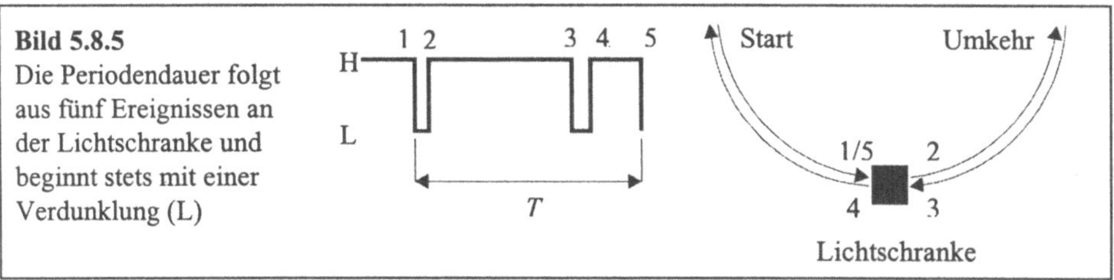

Im Deklarationsteil des Programms SPENDEL binden wir zunächst die Units für die Grafikbibliothek und die Interfacefunktionen ein. Anschließend erfolgen die Aufrufe der extern definierten Standardprozeduren und der für die Simulation der Periodendauer in der vorigen Aufgabe entwickelten Prozeduren ARCCOS und PERIODE.

```
program SPENDEL;        {Messung und Simulation der Pendelperiode}
uses
   GRAPH,                          {TURBO PASCAL Grafik-Befehle}
   ADT;                   {ADT-Interface-Befehle und Initialisierung}

{$I STARTVGA}           {Prozedur einbinden: STARTVGA.PAS (s.S.  34)}
{$I GITTER2}            {Prozedur einbinden:  GITTER2.PAS (s.S.  37)}
{$I EREIGNIS}           {Prozedur einbinden:  EREIGNIS.PAS (s.S.  46)}
{$I ARCCOS}             {Prozedur einbinden:    ARCCOS.PAS (s.S.197)}
{$I PERIODE}            {Prozedur einbinden:   PERIODE.PAS (s.S.196)}
{$I ENDEVGA}            {Prozedur einbinden:   ENDEVGA.PAS (s.S.  35)}
```

Wir fahren mit den technischen Daten des Pendels fort und geben die reduzierte Pendellänge l und die Maskenbreite ds als konstante Parameter an. Für die Speicherung der Ereigniszeiten definieren wir ein reelles Array mit n Elementen.

```
const
   l=0.258;                        {Reduzierte Pendellänge}
   ds=0.008;              {Breite der Maske für die Lichtschranke}
   g=9.81;                         {Erdbeschleunigung}
   n=4000;                         {Anzahl der Ereignisse}
```

```
var
   t:array[1..n] of real;                 {Zeiten der Ereignisse}
```

Die Meßwertaufnahme wird von der Prozedur MESSUNG ausgeführt und beginnt
mit der Erfassung einer der festgelegten Anzahl von Ereignissen an der Lichtschranke. Nach dem in Bild 5.8.5 illustrierten Verfahren berechnen wir im Anschluß an die Messung aus je fünf Ereignissen einen Datensatz, bestehend aus der
momentanen Periodendauer und der entsprechenden Dunkelzeit. Die Datensätze
werden unmittelbar in einer Grafik Pendelperiode über Dunkelzeit dargestellt. Wir
legen dabei den Wertebereich für die Periode auf das Intervall [0,3] Sekunden und
für die Dunkelzeit auf [0,20] Millisekunden fest. Es ist hier zweckmäßig, für die
Umrechnung in das Achsensystem (480x480) zwei Funktionen x und y zu verwenden:

```
function y(T:real):integer;            {Umrechnung auf Monitor}
begin
   y:=480-trunc(T*480/3);          {Skalierung 3s auf 480 Pixel}
end;
```

Listing 5.8.10 Koordinatentransformation

```
function x(dt:real):integer;           {Umrechnung auf Monitor}
begin
   x:=trunc(dt*480/0.02);          {Skalierung 20ms auf 480 Pixel}
end;
```

Listing 5.8.11 Koordinatentransformation

```
procedure MESSUNG(var t:array of real);    {Periode/Dunkelzeit}
var
   i:integer;                         {Indizierung des Datenfeldes}
   t1,t2:real;                        {Dunkelzeiten einer Periode}
   P:real;                                    {Periodendauer}
begin
   EREIGNIS(n,t);                            {Ereigniszeiten messen}

   i:=1;                                             {Anfangswert}
   repeat                               {Alle Meßwerte abarbeiten}
     P:=(t[i+4]-t[i]);                            {Periodendauer}
     t1:=t[i+1]-t[i];                        {Erster Nulldurchgang}
     t2:=t[i+3]-t[i+2];                     {Zweiter Nulldurchgang}

     if i=1 then MoveTo(x((t1+t2)/2),y(P))            {Ausgabe}
            else LineTo(x((t1+t2)/2),y(P));

     i:=i+4;                               {Index zur nächsten Periode}
   until i+4>=n;           {Bis alle Quadrupel ausgewertet wurden}
end;
```

Listing 5.8.12 Messung der Pendelperiode

Mit der nun folgenden Prozedur SIMULATION vergleichen wir die experimentell gewonnenen Ergebnisse grafisch mit der Simulation aus der vorigen Aufgabenstellung und stellen darüber hinaus die Grenzperiode für kleine Ausschläge als Gerade dar.

```
procedure SIMULATION(ds,l,g:real);     {Simulation der Periode}
const
  dt=0.00005;  {Schrittweite für die Dunkelzeit (ca. 1 Pixel)}
var
  t:real;                                              {Zeit}
begin
  MoveTo(0,y(2*pi*sqrt(l/g))); {Periode der linearen Näherung}
  LineRel(480,0);                            {Gerade zeichnen}

  t:=dt;                                {Anfangswert Zeit in s}
  MoveTo(x(t),y(PERIODE(ds/t,l)));       {Anfangswert Periode}

  while x(t+dt)<=480 do {Wertebereich der Abszisse abarbeiten}
  begin
    t:=t+dt;              {Zeit mit Schrittweite aktualisieren}
    LineTo(x(t),y(PERIODE(ds/t,l)));   {Neue Periode zeichnen}
  end;
end;
```

Listing 5.8.13 Grafik der Simulation der Pendelperiode

Die Aufrufe der einzelnen Komponenten des Programms SPENDEL werden im Hauptteil ausgeführt.

```
begin
  STARTVGA;                 {VGA-Grafik 640x480 initialisieren}
  GITTER2;                        {Gitter 480x480 ausgeben}
  MESSUNG(t);                   {Messung der Pendelperiode}
  SIMULATION(ds,l,g);          {Simulation der Pendelperiode}
  ENDEVGA;                {Programm nach Tastendruck beenden}
end.
```

Listing 5.8.14 Messung und Simulation der Periode des Überschlagspendels

Für die praktische Durchführung des Experiments regen wir das Pendel zu Überschlägen an und starten das Programm SPENDEL. Nach der Aufnahme von *n* Ereignissen erfolgt die Ausgabe der Messung und der Simulation in einer Darstellung Periodendauer über der Dunkelzeit.

Die geringe Verschiebung von Simulation und Messung in Bild 5.8.6 resultiert aus der unterschiedlichen Bewertung der Periodendauer: Während der Meßwertaufnahme einer Periode nimmt diese durch Reibung bereits ab, die Simulation rechnet eine reibungsfreie Schwingung mit konstanter Periodendauer. Beide Kurven zeigen aber den für das Pendel typischen Verlauf der Periodendauer. Im Bereich der Überschläge nimmt die Periodendauer zu, bis das Pendel erstmalig zum Stillstand kommt und zu schwingen beginnt. Dann nimmt die Periodendauer wieder ab und nähert sich dem Grenzfall der linearen Näherung.

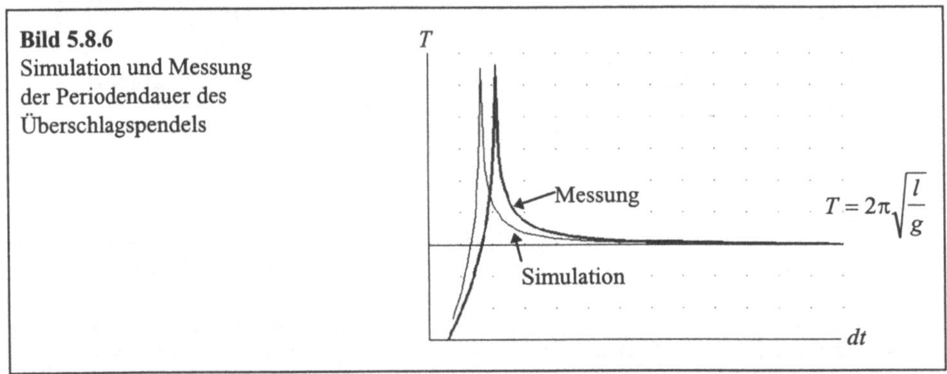

Bild 5.8.6
Simulation und Messung
der Periodendauer des
Überschlagspendels

Das in Bild 5.8.6 dargestellte Diagramm stellt eine universelle Kurve für das Pendel dar: Alle Schwingungsvorgänge verlaufen unabhängig von der Anfangsauslenkung auf einem Grafen.

5.9 Ein DUFFING-Oszillator auf der Luftkissenbahn

In der Chaosphysik besitzen nichtlineare Oszillatoren eine große Bedeutung als ein besonders anschaulicher und sowohl im Experiment, als auch in der Simulation, praktikabler Zugang zu chaotischen Vorgängen. Mit getriebenen nichtlinearen Oszillatoren lassen sich grundlegende Aspekte der nichtlinearen Physik wie beispielsweise Attraktoren, Periodenverdopplungen oder chaotische Zustände zeigen.

Wir wollen anhand eines frei schwingenden DUFFING-Oszillators die Nichtlinearität als Voraussetzung für die Fähigkeit zu chaotischem Verhalten untersuchen. Unter einem DUFFING-Oszillator wird allgemein ein Oszillator verstanden, der durch die Differentialgleichung

$$\ddot{x} + k\dot{x} + x^3 = B\cos\omega t \tag{5.9.1}$$

definiert wird und somit ein kubisches Kraftgesetz aufweist. In dem von uns gewählten Experiment besteht der DUFFING-Oszillator aus einem Feder-Masse-System, dessen Nichtlinearität aus der besonderen Geometrie folgt. Bild 5.9.1 zeigt den Aufbau des Oszillators [EUL94]: Eine Masse wird an zwei einseitig eingespannten Federn angebracht und rechtwinklig zur Federausrichtung ausgelenkt. Die aus der rücktreibenden Kraft resultierende Schwingung des Systems kann für kleine Auslenkungen x mit einem Kraftgesetz $F \approx x^3$ beschrieben werden.

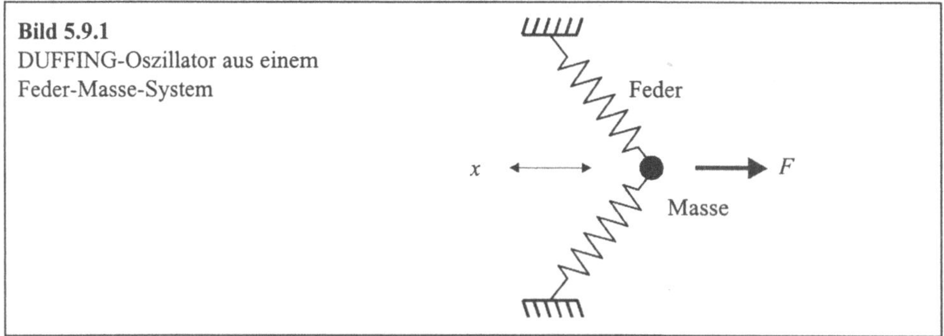

Wir wollen den Oszillator für ein Experiment auf der Luftkissenbahn modifizieren und verwenden den in Bild 5.9.2 gezeigten Versuchsaufbau [BÜL95], der bezüglich der Geometrie und den auftretenden Kräften äquivalent zu Bild 5.9.1 ist.

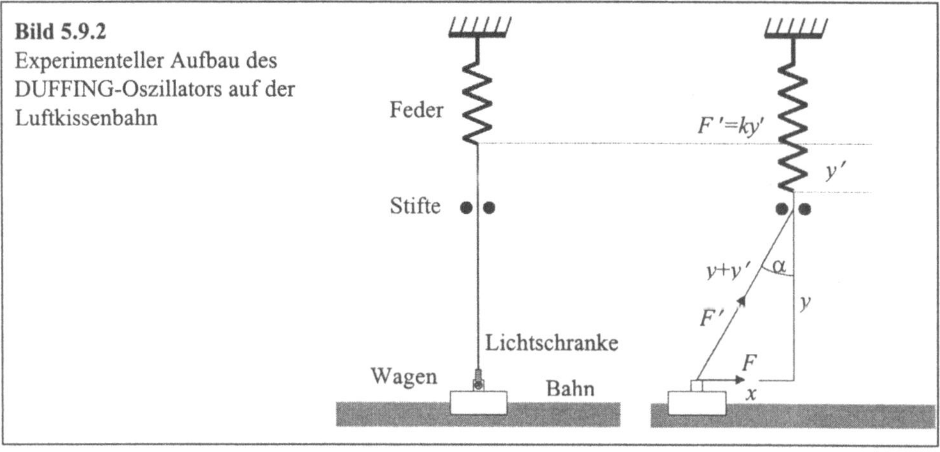

Für die mathematische Beschreibung des hier vorgestellten DUFFING-Oszillators setzen wir zunächst voraus, daß die von der Feder auf den Wagen ausgeübte Kraft im Ruhezustand verschwindet. Die bezüglich des Wagens auf der Luftkissenbahn rücktreibende Kraft F durch die Feder mit der Federkonstanten k berechnet sich dann bei der Auslenkung x nach den folgenden Beziehungen:

$$F = F'\sin\alpha = F'\,\frac{x}{y+y'} = -ky'\,\frac{x}{y+y'} = -kx\,\frac{y'}{y+y'}\,. \tag{5.9.2}$$

Wir drücken jetzt die Auslenkung der Feder mit Hilfe der Katheten des Dreiecks in Bild 5.9.2 aus

$$x^2 + y^2 = \left(y+y'\right)^2 \;\Rightarrow\; y' = \sqrt{x^2 + y^2} - y \tag{5.9.3}$$

und erhalten schließlich die gesuchte Abhängigkeit der Kraft von der Auslenkung des Wagens:

$$F = -kx\left[1 - \frac{1}{\sqrt{1 + \left(\dfrac{x}{y}\right)^2}}\right]. \tag{5.9.4}$$

Mit der Reihenentwicklung

$$\frac{1}{\sqrt{1 + z^2}} = 1 - \frac{1}{2}z^2 + \frac{1 \cdot 3}{2 \cdot 4}z^4 - \frac{1 \cdot 3 \cdot 5}{2 \cdot 4 \cdot 6}z^6 - \ldots \tag{5.9.5}$$

vereinfacht sich Gl. (5.9.4) für kleine Auslenkungen ($x \ll y$) durch Abbruch nach dem zweiten Glied zu der folgenden Beziehung dritter Potenz für die Kraft:

$$F = -\frac{k}{2y^2}x^3. \tag{5.9.6}$$

Bei der experimentellen Bestimmung der nichtlinearen Abhängigkeit von Periode und Auslenkung müssen wir berücksichtigen, daß die Absolutwerte der Ergebnisse stark von einer im Experiment unvermeidlichen Vorspannung der Feder abhängen, so daß wir den Ansatz in Gl. (5.9.2) um einen Term konstanter Kraft F_V erweitern:

$$F = \left(F' + F_V\right)\sin\alpha. \tag{5.9.7}$$

Weiterhin müssen wir die Reibungsverluste des Wagens auf der Luftkissenbahn mit in das Kraftgesetz einbeziehen und addieren daher einen geschwindigkeitsabhängigen Reibungsterm

$$F_R = -Dv. \tag{5.9.8}$$

Für eine realistische Simulation der experimentellen Ergebnisse erhalten wir dann mit Gl. (5.9.7) und Gl. (5.9.8) die Beziehung

$$F = F_V \frac{x}{\sqrt{x^2 + y^2}} - kx\left[1 - \frac{1}{\sqrt{1 + \left(\dfrac{x}{y}\right)^2}}\right] - Dv. \tag{5.9.9}$$

Zum Thema DUFFING-Oszillator bearbeiten wir die folgenden Aufgaben:

1. Simulation der nichtlinearen Oszillation

Mit Hilfe der EULER-Methode wird das Kraftgesetz Gl. (5.9.9) des DUFFING-Oszillators numerisch integriert und die nichtlineare Oszillation grafisch dargestellt.

2. Simulation und Messung der Periodendauer

Die Periodendauer der Oszillation des Wagens wird experimentell für verschiedene Auslenkungen ermittelt und mit einer Simulation verglichen. Unter Berücksichtigung einer Vorspannung der Feder lassen sich die so gewonnenen Ergebnisse anpassen.

5.9.1 Aufgabe: Simulation der nichtlinearen Oszillation

Das nichtlineare Kraftgesetz Gl. (5.9.9) des hier vorgestellten DUFFING-Oszillators wirkt sich in einer Abhängigkeit der Periodendauer von der Amplitude aus. Im Experiment wird bedingt durch die Reibung auf der Luftkissenbahn eine permanente Amplitudenabnahme eintreten, die letztendlich zum Stillstand der Schwingung führt. Um das nichtlineare Verhalten in der Simulation deutlich zu machen, müssen wir also entsprechend Gl. (5.9.9) eine geschwindigkeitsabhängige Reibungskonstante definieren, die in einem separaten Experiment ermittelt werden kann. Für eine praxisnahe Simulation bestimmen wir weiterhin die Masse des Wagens und die Federkonstante.

Aufgabenstellung:

Bestimmen Sie experimentell die für eine Simulation erforderlichen Parameter des DUFFING-Oszillators auf der Luftkissenbahn, und stellen Sie die nichtlineare Oszillation in einer Grafik Auslenkung über Zeit dar.

Aufgabenlösung:

Zunächst wiegen wir den Wagen und bestimmen die Federkonstante mit einem bekannten Gewicht. Für die Ermittlung der Reibungskonstanten verweisen wir auf die in Aufgabe 5.3.3 gezeigte Bestimmung des Abklingkoeffizienten einer viskos gedämpften Schwingung.

Wir beginnen jetzt mit der Simulation und leiten aus Gl. (5.9.9) die Bewegungsgleichung des Oszillators ab. Die Differentialgleichung läßt sich in diesem Fall bei richtiger Wahl der Schrittweite mit dem EULER-CAUCHY-Verfahren lösen. Als Konvergenzkriterium testen wir einfach die Linearität der ungedämpften Oszillation: bleibt die Auslenkung mit der Zeit konstant, so konvergiert das Verfahren.

Unser Simulationsprogramm `DUFFSIM` beginnt mit der Deklaration der Konstanten des Versuchsaufbaus und der vorab ermittelten Parameter.

```
program DUFFSIM;                    {Simulation DUFFING-Oszillator}
uses
  GRAPH;                            {TURBO PASCAL Grafik-Befehle}
const
  te=15;                                       {Simulationsdauer}
  Fv=0;                                       {Vorspannung Feder}
  y=0.6;                         {Abstand Umlenkung Luftkissenbahn}
  k=10.96;                                      {Federkonstante}
  D=0.05;                                            {Dämpfung}
  x0=0.7;                                      {Anfangsauslenkung}
  m=0.193;{Masse des Wagens}

  {$I STARTVGA}      {Prozedur einbinden: STARTVGA.PAS (s.S. 34)}
  {$I GITTER1}       {Prozedur einbinden:  GITTER1.PAS (s.S. 36)}
  {$I ENDEVGA}       {Prozedur einbinden:  ENDEVGA.PAS (s.S. 35)}
```

Bevor der externe Quellcode des EULER-Verfahrens eingebunden werden kann,
definieren wir die Bewegungsgleichung und die grafische Ausgabe, beide Routi-
nen werden während der Ausführung des EULER-Verfahrens aufgerufen.

```
function F (t,x,x1:real):real;              {Bewegungsgleichung}
begin
  F:=(Fv*x/sqrt(x*x+y*y)-k*x*(1-1/sqrt(1+x*x/y/y))-D*x1)/m;
end;


procedure DOPLOT(t,x,x1:real);               {Grafische Ausgabe}
begin
  PutPixel(trunc(t*639/te),240-trunc(500*x),white);
end;

  {$I EULER2}         {Prozedur einbinden:   EULER2.PAS (s.S. 82)}
```

Im Hauptteil des Programms führen wir die Simulation des DUFFING-Oszillators
mit dem EULER-CAUCHY-Verfahren zweiter Ordnung aus. Um physikalisch
richtige Ergebnisse zu erzielen, sollte eine Schrittweite von 0,0001 gewählt werden.

```
begin
  STARTVGA;                      {VGA-Grafik 640x480 initialisieren}
  GITTER1;                              {Gitter 640x480 Pixel}
  EULER2(0.0001,0,te,x0,0);             {Simulation mit EULER}
  ENDEVGA;                      {Programm nach Tastendruck beenden}
end.
```

Listing 5.9.1   Simulation des DUFFING-Oszillators mit dem EULER-Verfahren

Das Ergebnis der Simulation in Bild 5.9.3 zeigt deutlich die erwartete Nichtlinearität der Schwingung: mit abnehmender Amplitude nimmt die Schwingungsdauer
zu.

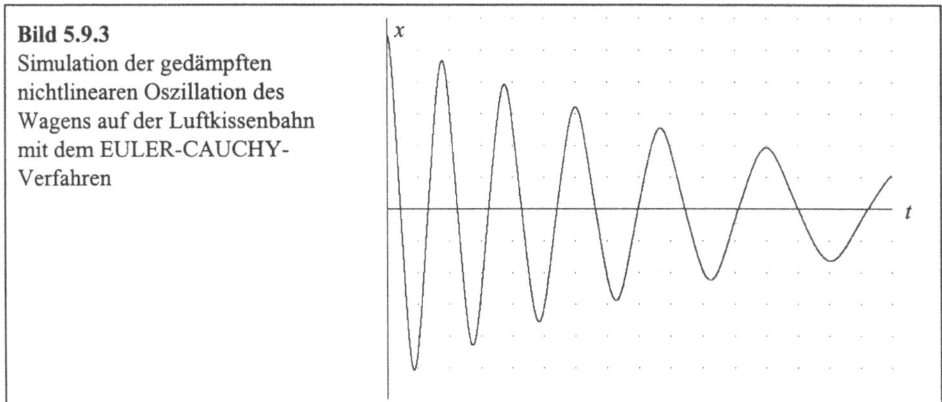

Bild 5.9.3
Simulation der gedämpften nichtlinearen Oszillation des Wagens auf der Luftkissenbahn mit dem EULER-CAUCHY-Verfahren

5.9.2 Aufgabe: Simulation und Messung der Periodendauer

In dieser Aufgabe messen wir die Periodendauer der nichtlinearen Oszillation des DUFFING-Oszillators mit einer Lichtschranke am ADT-Interface und stellen einen Vergleich zu der simulierten Periodendauer her. Für die Zeitmessungen montieren wir eine Maske auf dem Wagen und bestimmen die Periode mit dem in Aufgabe 5.8.3 verwendeten Versuchsaufbau.

Die Simulation basiert auf einem modifizierten EULER-CAUCHY-Verfahren zweiter Ordnung, bei dem die Zeitschritte des ersten Quadranten der Oszillation aufsummiert werden. Die Periodendauer folgt dann durch Extrapolation der Durchlaufzeit eines Quadranten auf die gesamte Schwingung.

Aufgabenstellung:

Messen Sie die Periodendauer des DUFFING-Oszillators für verschiedene Anfangsauslenkungen und stellen Sie die Meßpunkte in einer Grafik Periodendauer über Auslenkung dar. Zeichnen Sie die simulierte Kurve ebenfalls in die Grafik ein, und passen Sie das Ergebnis mittels Variation der Federvorspannung an die Messung an.

Aufgabenlösung:

Wir beginnen das Programm DUFFING mit den allgemeinen Deklarationen und den Konstanten des experimentellen Aufbaus:

```
program DUFFING;         {Simulation/Messung DUFFING-Oszillator}
uses
   GRAPH,                      {TURBO PASCAL Grafik-Befehle}
   ADT;                           {ADT-Interface Befehle}
```

```
{$I STARTVGA}        {Prozedur einbinden: STARTVGA.PAS (s.S. 34)}
{$I GITTER2}         {Prozedur einbinden:  GITTER2.PAS (s.S. 37)}
{$I EREIGNIS}        {Prozedur einbinden: EREIGNIS.PAS (s.S. 46)}
{$I ENDEVGA}         {Prozedur einbinden:  ENDEVGA.PAS (s.S. 35)}

const
  y=0.6;                          {Abstand Umlenkung bis Wagen}
  k=10.96;                              {Federkonstante}
  D=0.145;                                   {Dämpfung}
  m=0.193;                             {Masse des Wagens}
```

Die Funktion zur Berechnung der Differentialgleichung des Oszillators erweitern
wir für die Anpassung an die Meßwerte um einen Parameter für die Federvorspannung

```
function F(t,x,x1,Fv:real):real;        {DGL DUFFING-Oszillator}
begin
  F:=(Fv*x/sqrt(x*x+y*y)-k*x*(1-1/sqrt(1+x*x/y/y))-D*x1)/m;
end;
```

Listing 5.9.2   Differentialgleichung des DUFFING-Oszillators

und berechnen anschließend die Periodendauer mit einem modifizierten EULER-
Verfahren zweiter Ordnung, an das ebenfalls die Federvorspannung übergeben
wird.

```
function T(Fv,                          {Federvorspannung}
          dt,                              {Schrittweite}
          xa:real):real;                   {x-Anfangswert}
var
  i:real;                         {Zeitpunkte der Berechnungen}
  x:real;                            {Ergebnis am Gitterpunkt}
  x1:real;                          {Ableitung am Gitterpunkt}
  x2:real;                                   {2. Ableitung}
```

Das modifizierte Verfahren berechnet die Zeitspanne für die Bewegung von der
Anfangsauslenkung bis zum ersten Nulldurchgang der Schwingung und anschließend die Periode durch Multiplikation mit 4. Im Vergleich zum EULER-
CAUCHY-Verfahren in Kapitel 4.3.1 wird also kein Berechnungsintervall, sondern nur eine Schrittweite vorgegeben.

```
begin
  i:=0;     {Am Anfangspunkt der Oszillation ist die Zeit null}
  x:=xa;                                 {Anfangsauslenkung}
  x1:=0;                               {Anfangsgeschwindigkeit}

  repeat
    x2:=F(i,x,x1,Fv);                 {Berechnung der 2. Ableitung}
```

```
      x:=x+x1*dt+x2*dt*dt/2;              {Nächste Koordinate}
      x1:=x1+x2*dt;                       {x'(i+1) für x(i+2)}
      i:=i+dt;                            {Nächster Zeitpunkt}
    until x<=0;                    {Abbruch nach erstem Quadranten}
    T:=4*i;                                    {Periodendauer}
  end;
```

Listing 5.9.3   Simulation der Periodendauer des DUFFING-Oszillators

Mit der folgenden Prozedur stellen wir die Periodendauer in Abhängigkeit von der
Auslenkung und der Federvorspannung für Anfangsauslenkungen von 10 cm bis
80 cm grafisch dar.

```
  procedure TGRAF(Fv,xa,xe:real);              {Simulationsgrafik}
  const
    dx=0.01;                        {Schrittweite Anfangsauslenkung}
  var
    x:real;                             {Aktuelle Anfangsauslenkung}
    y:real;         {Simulierte Periodendauer in Monitorskalierung}
  begin
    x:=xa;                                   {Anfangswert zuweisen}
    while x<xe do                          {Wertebereich abarbeiten}
    begin
      y:= 479-trunc(480*T(Fv,0.01,x)/50);    {Periode in Pixeln}
      if x=xa then MoveTo(trunc(x*480/0.8),y))
              else LineTo(trunc(x*480/0.8),y)); {Linie zeichnen}
      x:=x+dx;                            {Nächster Berechnungspunkt}
    end;
  end;
```

Listing 5.9.4   Grafik der Periodendauer des DUFFING-Oszillators

Jetzt messen wir mit einer Gabellichtschranke analog zu dem Vorgehen beim ebenen Pendel in Aufgabe 5.8.3 die Periodendauer für eine bestimmte Auslenkung.
Dafür werden wieder fünf Ereignisse gemessen und ausgewertet:

```
  procedure MESSUNG(xa:real);
  var
    t:array[1..5] of real;              {Zeitpunkte der Ereignisse}
    y:real;                  {Periodendauer in Monitorkoordinaten}
  begin
    EREIGNIS(5,t);                         {Ereigniszeiten messen}
    y:=479-trunc(480*(t[5]-t[1])/50);                   {Periode}
    PutPixel(trunc(xa*480/0.8),y);                      {Ausgabe}
  end;
```

Listing 5.9.5   Messung der Periodendauer des DUFFING-Oszillators

Im Hauptteil des Programms DUFFING führen wir zunächst die Simulation durch
und messen anschließend exemplarisch eine Periodendauer. Bild 5.9.4 zeigt die

Ergebnisse der Simulation und Meßpunkte für mehrere Anfangsauslenkungen. Die Anpassung der Simulation an die Messung führt auf eine im Experiment unvermeidliche Vorspannung der Feder von etwa 0,01 N.

```
begin
  STARTVGA;                    {VGA-Grafik 640x480 initialisieren}
  GITTER2;                            {Gitter 640x480 zeichnen}
  TGRAF(0,0.1,0.8);          {Simulation ohne Federvorspannung}
  MESSUNG;             {(exemplarisch) Messung der Periodendauer}
  TGRAF(-0.014,0.05,0.8);     {Anpassung mit Federvorspannung}
  ENDEVGA;{Programm nach Tastendruck beenden}
end.
```

Listing 5.9.6   Simulation und Messung des DUFFING-Oszillators

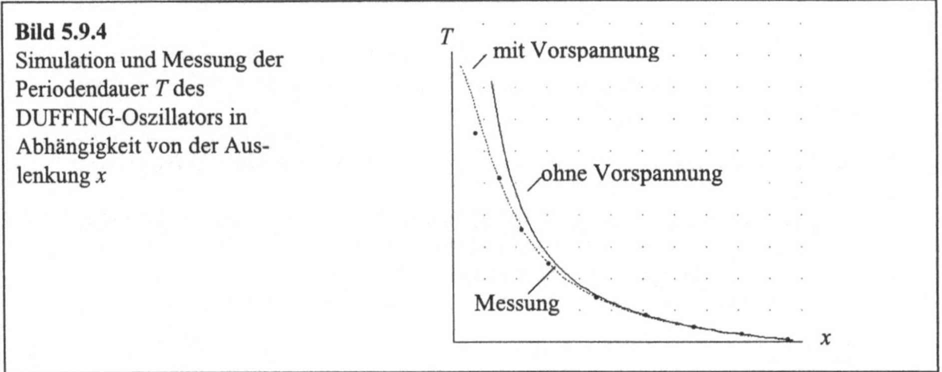

Bild 5.9.4
Simulation und Messung der Periodendauer T des DUFFING-Oszillators in Abhängigkeit von der Auslenkung x

5.10 Die logistische Gleichung

Bei vielen Vorgängen in der Natur läßt sich die zeitliche Veränderung einer Größe x in einem hinreichend kleinen Zeitintervall mit einer Differenzengleichung der Form

$$x(t+1) = f(x(t)) , \quad t = 0,1,2,\dots \tag{5.10.1}$$

beschreiben [LEV89]. Der Zustand zu einem bestimmten Zeitpunkt berechnet sich aus dem vorigen Zustand und einer systembeschreibenden Funktion f. Beispiele für derartige Prozesse sind der radioaktive Zerfall, das dynamische Populationsverhalten, die barometrische Höhenformel oder das NEWTONsche Abkühlungsgesetz. Die systembeschreibende Funktion kann im einfachsten Fall linear sein, so daß die Änderung einer zeitabhängigen Größe x der Differentialgleichung

$$\dot{x} = rx \tag{5.10.2}$$

mit dem Parameter r genügt. In dem Fall liegt ein exponentieller Prozeß vor, da die Lösung von Gl. (5.10.2) eine Exponentialfunktion ist (vgl. Kapitel 4.2.7).

Für eine realistische Beschreibung vieler Prozesse ist der lineare Ansatz nicht ausreichend [HEU82]. In der Chemie sind zum Beispiel autokatalytische Prozesse bekannt, bei denen die Reaktionsgeschwindigkeit durch eine katalytische Wirkung der bereits umgesetzten Stoffmenge beschleunigt wird. Das Wachstum einer Population kann durch unerwartete Ereignisse wie Seuchen oder Nahrungsmangel langsamer verlaufen, als durch das exponentielle Verhalten vorhergesagt. Eine derartige Systemdynamik wird als logistischer Prozeß aufgefaßt, bei dem die Wachstumsdämpfung mit einem quadratischen Term in der Differentialgleichung

$$\dot{x} = rx - ux^2 \tag{5.10.3}$$

berücksichtigt wird. Ein sehr einfaches Beispiel für logistische Wachstumsprozesse wurde erstmalig 1845 von dem Biomathematiker VERHULST mit der logistischen Abbildung [MAH92]

$$x_{n+1} = rx_n(1 - x_n), \quad 0 < r \le 4, \quad 0 < x_0 < 1 \tag{5.10.4}$$

eingeführt. Die Gleichung beschreibt ein nichtlineares Wachstumsgesetz mit dem Kontrollparameter r und quadratischer Dämpfung. Um das dynamische Verhalten logistischer Prozesse zu beschreiben, betrachten wir zunächst den Grenzfall der linearen Näherung

$$x_{n+1} = rx_n \tag{5.10.5}$$

mit der exponentiellen Dynamik

$$x_n = x_0 r^n \tag{5.10.6}$$

und den bekannten Lösungen

$$\begin{aligned}
r < 1 &\Rightarrow x_\infty \to 0 \\
r = 1 &\Rightarrow x_\infty \to x_0 \\
r > 1 &\Rightarrow x_\infty \to \infty .
\end{aligned} \tag{5.10.7}$$

Wir erkennen an den Lösungen, daß exponentielle Prozesse unabhängig vom Kontrollparameter in jedem Fall ein stabiles Wachstumsverhalten aufweisen, welches streng vorhersagbar ist und als deterministisch bezeichnet wird. Ein völlig anderes Verhalten zeigen logistische Prozesse: Abhängig vom Kontrollparameter können stabile Lösungen (Attraktor), Mehrfachlösungen (Periodenverdopplung) oder nichtdeterministische Verhaltensweisen (Chaos) auftreten.

Eine detaillierte Übersicht des Lösungsverhaltens der logistischen Gleichung wurde 1978 von FEIGENBAUM in einem Diagramm aufgezeigt, welches die Lösung x für große n als Funktion des Kontrollparameters r darstellt. Als Lösung verstehen wir in diesem Zusammenhang das Ergebnis der Iteration von Gl. (5.10.4) für bestimmte Anfangswerte x_0 und r. Die Lösung der Iterationsvorschrift in Gl. (5.10.4) läßt sich grafisch als Schnittpunkt der Funktion x mit der Iterationsvorschrift

$$\Phi(x) = rx(1-x) \tag{5.10.8}$$

verstehen. Der Schnittpunkt wird dabei als Fixpunkt der Iteration bezeichnet und gibt die Lösung eines stabilen Attraktors an. Nach dem Fixpunktsatz [FOR80] konvergiert die Iteration aber nur dann gegen den Fixpunkt, wenn der Betrag der Ableitung der Iterationsvorschrift in einer Umgebung des Fixpunktes kleiner Eins ist. Ist das nicht der Fall, so kann die Iteration auch zwischen zwei oder mehr Werten alternieren und damit das Phänomen der Periodenverdopplung zeigen. Chaotische Zustände liegen vor, wenn die Iterationsfolge fortlaufend beliebige Werte annimmt und auch für unendlich viele Iterationsschritte keine Konvergenz gegen eine endliche Anzahl von Lösungen zu erkennen ist.

Das Verhalten chaotischer Systeme kann mit dem LJAPUNOV-Exponenten quantitativ beschrieben werden. LJAPUNOV-Exponenten bewerten die Konvergenz bzw. Divergenz zweier Lösungen mit geringfügig unterschiedlichen Anfangsbedingungen. Folgende Fälle können auftreten:

LJAPUNOV-Exponent < 0:   Konvergenz,
LJAPUNOV-Exponent = 0:   Neutralität,
LJAPUNOV-Exponent > 0:   Divergenz.

Die Eigenschaften Konvergenz und Neutralität entsprechen dem deterministischen Verhalten von linearen Systemen: Lösungen mit nahe beieinander liegenden Anfangsbedingungen entfernen sich in ihrer zeitlichen Entwicklung nicht voneinander und beschreiben stabile Attraktoren. Im Falle der Divergenz reagiert das System auf kleinste Änderungen der Anfangsbedingungen mit einem nicht mehr vorhersagbaren Systemverhalten und befindet sich im Zustand des Chaos.

Der LJAPUNOV-Exponent einer systembeschreibenden Funktion wird aus dem Einfluß infinitesimal unterschiedlicher Anfangsbedingungen auf jeden Iterationsschritt nach der folgenden Formel aus der Steigung der systembeschreibenden Funktion f berechnet [LEV89]:

$$\lambda_L = \lim_{n \to \infty} \frac{1}{n} \sum_{i=0}^{n-1} \ln\left|f'(x_i)\right|. \tag{5.10.9}$$

Aus Gl. (5.10.9) läßt sich eine grafische Darstellung der LJAPUNOV-Exponenten in Abhängigkeit des Parameters r berechnen und mit dem FEIGENBAUM-Diagramm vergleichen. Der LJAPUNOV-Exponent wird in den Bereichen stabiler

Attraktoren stets negative Werte annehmen und nur für chaotische Zustände positiv werden. Die Fenster im Chaos werden sich anhand negativer Peaks aus dem Chaos heraus erkennen lassen.

In der Physik hat die logistische Gleichung eine Bedeutung als Modellgleichung für nichtlineare Systeme. Grundlegende Prinzipien der Chaosphysik wie beispielsweise der Aufbau der Bifurkationskaskade im FEIGENBAUM-Diagramm oder die Sensitivität von nichtlinearen Systemen gegenüber kleinsten Änderungen der Anfangsbedingungen lassen sich eindrucksvoll zeigen.

Wir bearbeiten zu diesem Thema die folgenden Aufgaben:

1. Das FEIGENBAUM-Diagramm

Das nichtdeterministische Verhalten von logistischen Prozessen wird am Beispiel des FEIGENBAUM-Diagramms der logistischen Gleichung deutlich gemacht.

2. Das Iterationsprinzip

Mit Hilfe einer grafischen Darstellung des Iterationsprinzips für die Lösung der logistischen Gleichung läßt sich die Entstehung von stabilen Attraktoren, Periodenverdopplungen, Chaos und Fenstern im Chaos zeigen.

3. Der LJAPUNOV-Exponent

Wird der LJAPUNOV-Exponent der logistischen Gleichung mit dem FEIGENBAUM-Diagramm verglichen, so lassen sich die Werte des Kontrollparameters r für stabile Zustände und Periodenverdopplungen quantifizieren und die Bereiche mit chaotischem Verhalten zeigen.

5.10.1 Aufgabe: Das FEIGENBAUM-Diagramm

Das FEIGENBAUM-Diagramm ist eine Darstellung der Bifurkationskaskade der logistischen Gleichung und zeigt die unterschiedlichen Ergebnisse der Iteration für eine große Anzahl von Iterationsschritten an. In Abhängigkeit vom Kontrollparameter der logistischen Gleichung stellen sich stabile Attraktoren oder instabile chaotische Zustände ein. Für die Berechnung des FEIGENBAUM-Diagramms ist zu beachten, daß die Iterationen für einen Kontrollparameter mehrfach ausgeführt werden müssen, um Periodenverdopplungen oder chaotische Zustände zu erkennen. Eine einmalige Iteration würde entsprechend der Aussage des Fixpunktsatzes nur in Bereichen mit einem einzigen stabilen Attraktor sinnvoll sein. In der Phase einer Periodenverdopplung alterniert das Ergebnis einer großen Anzahl von Iterationen unregelmäßig zwischen zwei Lösungen, Chaos ist gleichbedeutend mit einer völlig nichtdeterministischen Verteilung der einzelnen Iterationslösungen.

Aufgabenstellung:

Berechnen Sie das FEIGENBAUM-Diagramm der logistischen Gleichung für den Startwert $x=0,3$ in einem Wertebereich von $r=(0,4]$, und stellen Sie das Systemverhalten in Abhängigkeit des Kontrollparameters r grafisch dar.

Aufgabenlösung:

Wir beginnen die Behandlung dieser Aufgabenstellung mit der Definition der logistischen Gleichung in Form einer Funktion LOGIST für die Berechnung der Iterationsvorschrift entsprechend Gl. (5.10.4) und Gl. (5.10.8). Diese Funktion verwenden wir später auch für die Darstellung des Iterationsprinzips.

```
function LOGIST(r,x:real):real;          {Logistische Gleichung}
begin
  LOGIST:=r*x*(1-x);
end;
```

Listing 5.10.1 Iterationsvorschrift für die logistische Gleichung

Mit Hilfe der Iterationsvorschrift können wir jetzt die Iteration mit einer endlichen Anzahl n von Iterationsschritten für einen Startwert x bei einem bestimmten Kontrollparameter r durchführen. Die Funktion ITERAT besteht einfach aus einer n-fach durchlaufenen Schleife, die nach Gl. (5.10.4) jeweils Folgewerte aus den Vorgängern berechnet und am Ende der Iteration das Ergebnis zurückgibt.

```
function ITERAT(n:integer;x,r:real):real;          {Iteration}
var
  xn,xm:real;                              {Iterationswerte n und n+1}
  i:integer;                                  {Index Iteration}
begin
  xn:=x;                                   {Anfangswert der Iteration}
  for i:=1 to n do                         {Anzahl Iterationsschritte}
  begin
    xm:=LOGIST(r,xn);                        {Logistische Gleichung}
    xn:=xm;                                      {Iterationsschritt}
  end;
  ITERAT:=xn;                                  {Iterationsergebnis}
end;
```

Listing 5.10.2 Iteration der logistischen Gleichung

Im nächsten Schritt bauen wir das FEIGENBAUM-Diagramm auf, indem für jeden Wert des Kontrollparameters r eine Vielzahl von Iterationen durchgeführt wird. Dabei wird quasi geprüft, ob alle Iterationen zu demselben Ergebnis führen und einen stabilen Attraktor bilden oder Zustände mit mehreren stabilen oder instabilen Lösungen als Periodenverdopplungen oder Chaos auftreten. Wir müssen an dieser Stelle beachten, daß das FEIGENBAUM-Diagramm eine Darstellung der Iterationsergebnisse für unendlich viele Iterationsschritte ist und berechnen daher vor der Ausgabe eines Lösungswertes eine gewisse Anzahl von Iterationsschritten. Die Prozedur FBAUM beginnt mit der Übergabe des Startwertes und des Intervalls für den Kontrollparameter.

```
procedure FBAUM(xa,ra,re:real);            {FEIGENBAUM-Diagramm}
var
   r:real;                                         {Parameter r}
   dr:real;                                 {Diskretisierung von r}
   xn,xm:real;                           {Iterationswerte n und n+1}
   i:integer;                             {Index Abbildung Abszisse}
   j:integer;            {Index der Anzahl von Stichproben für ein r}
```

Im Hauptteil der Prozedur zeichnen wir zunächst ein Achsensystem und skalieren anschließend das *r*-Intervall auf genau 640 Berechnungspunkte.

```
begin
   line(0,0,0,479);                                  {Ordinate}
   line(0,479,639,479);                             {Abszisse}
   dr:=(re-ra)/640;    {Abbildung des r-Bereiches auf 640 Pixel}
```

Anschließend folgt die Zuweisung des Startwertes für *r* und eine Schleifenkonstruktion für die Iterationsberechnungen an jedem Bildpunkt der Abszisse.

```
   r:=ra;                                          {Anfangswert r}

   for i:=0 to 639 do               {Abbildungsbereich Abszisse}
   begin
```

Für die Abbildung des FEIGENBAUM-Diagramms bei einem festen Kontrollparameter *r* führen wir zunächst eine konstante Anzahl von Iterationsschritten aus, um wie oben beschrieben den Einschwingvorgang der Iteration abzuwarten. Danach geben wir stichprobenartig die nach dem Einschwingen folgenden Iterationsergebnisse auf dem Bildschirm aus und erzeugen so schrittweise das FEIGENBAUM-Diagramm. Als Anzahl für die Iterationen legen wir einfach die Bildschirmauflösung der Ordinate fest, um im Grenzfall für jeden Bildpunkt eine Iterationslösung abbilden zu können.

```
      xn:=ITERAT(200,xa,r);                      {Einschwingvorgang}

      for j:=1 to 480 do                    {Anzahl Proben für ein r}
      begin
         xm:=LOGIST(r,xn);                    {Logistische Gleichung}
         PutPixel(i,480-trunc(480*xm),white);    {Punkt Zeichnen}
         xn:=xm;                                 {Iterationsschritt}
      end;
```

```
      r:=r+dr;                                    {r aktualisieren}
    end;
  end;
```

Listing 5.10.3 Berechnung des FEIGENBAUM-Diagramms

Das Hauptprogramm FEIGBAUM reduziert sich jetzt nach der Definition der für
die Ausgabe des FEIGENBAUM-Diagramms benötigten Komponenten auf die
Initialisierung der Grafik und die einzelnen Aufrufe.

```
program FEIGBAUM;  {FEIGENBAUM-Diagramm logistische Gleichung}
uses
   GRAPH;                                {TURBO PASCAL Grafik Befehle}

{$I STARTVGA}        {Prozedur einbinden: STARTVGA.PAS (s.S. 34)}
{$I LOGIST.PAS}      {Prozedur einbinden:   LOGIST.PAS (s.S.214)}
{$I ITERAT.PAS}      {Prozedur einbinden:   ITERAT.PAS (s.S.214)}
{$I FBAUM.PAS}       {Prozedur einbinden:    FBAUM.PAS (s.S.215)}
{$I ENDEVGA}         {Prozedur einbinden:   ENDEVGA.PAS (s.S. 35)}

begin
   STARTVGA;                            {VGA Grafik initialisieren}
   FBAUM(0.3,0,4);                    {FEIGENBAUM-Diagramm zeichnen}
   ENDEVGA;                     {Programm nach Tastendruck beenden}
end.
```

Listing 5.10.4 FEIGENBAUM-Diagramm der logistischen Gleichung

Das Ergebnis der Berechnungen in Bild 5.10.1 zeigt für kleine Werte des Kontrollparameters zunächst einen Bereich, in dem die Iteration stets in den Nullpunkt
verläuft. Dieses Verhalten folgt aus der Steigung der Iterationsparabel Gl. 5.10.8
im Nullpunkt, deren Betrag für die entsprechenden Werte des Kontrollparameters
kleiner Eins ist. Erst mit einer Anfangssteigung größer Eins verschiebt sich der
Fixpunkt der Iteration zu Werten größer Null, und das Iterationsergebnis verläuft
auf einem Attraktor. Ist das Konvergenzkriterium des Fixpunktsatzes nicht mehr
erfüllt, so treten zunächst Periodenverdopplungen auf, bis das System schließlich
chaotische Zustände annimmt. Im Verlauf des Chaos lassen sich immer wieder
Bereiche mit wenigen stabilen Attraktoren erkennen, die als die Fenster im Chaos
bezeichnet werden.

Der Weg in das Chaos wird bei der logistischen Gleichung über eine spontane
Folge von Periodenverdopplungen erreicht. Eine starke Vergrößerung [STR98]
eines Überganges in chaotische Zustände würde daher wieder eine Bifurkation
und damit eine gewisse Selbstähnlichkeit zeigen, so daß das FEIGENBAUM-
Diagramm eine fraktale Struktur aufweist [KOR94]. Für eine quantitative Analyse
der Bifurkationskaskade und insbesondere eine Berechnung der ausgezeichneten
Werte des Kontrollparameters verweisen wir auf die Literatur [MAH92].

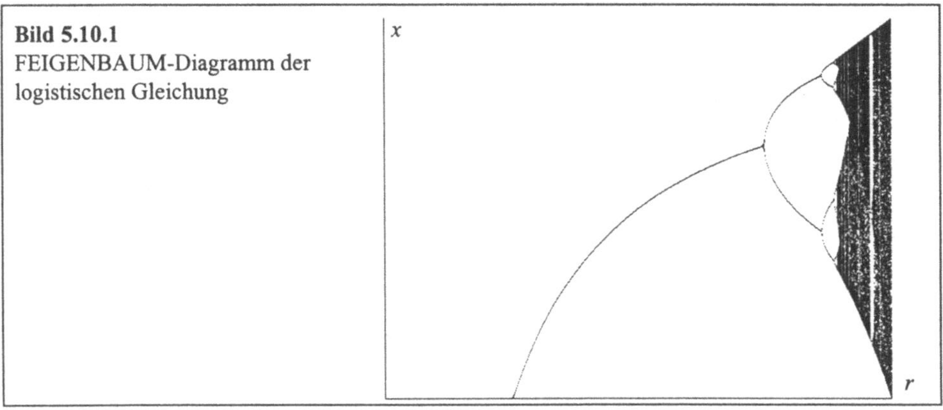

Bild 5.10.1
FEIGENBAUM-Diagramm der
logistischen Gleichung

5.10.2 Aufgabe: Das Iterationsprinzip

Die verschiedenen Zustände der logistischen Gleichung in Bild 5.10.1 lassen sich
auch direkt anhand einer grafischen Darstellung des Iterationsprinzips erkennen.
Nach Gl. (5.10.4) kann der Fixpunkt bei einem festen Wert des Kontrollparameters als Schnittpunkt der Abbildung

$$x \mapsto x \qquad\qquad (5.10.10)$$

mit der Parabel der Iterationsvorschrift

$$x \mapsto rx(1-x) \qquad\qquad (5.10.11)$$

aufgefaßt werden. Im Verlauf der Iteration werden nach Gl. (5.10.4) Abbildung
und Koordinaten ständig vertauscht, so daß die grafische Interpretation der Iteration ein Polygonzug ist, der folgendermaßen gebildet wird: Ausgehend von einem
Startwert x verläuft die Iteration in Ordinatenrichtung bis zum entsprechenden
Funktionswert der Parabel und führt dann in Abszissenrichtung weiter bis zur dia-
gonalen Abbildung (Koordinatenaustausch). Anschließend wird der nächste Wert
auf der Parabel wieder in Ordinatenrichtung gesucht und so fort. Sind die Voraussetzungen des Fixpunktsatzes erfüllt, so konvergiert der Polygonzug alternierend
gegen den Fixpunkt. Periodenverdopplungen spiegeln sich in der grafischen Darstellung der Iteration als Paar konstanter Iterationsergebnisse wieder, chaotische
Zustände zeigen keinerlei Konvergenz des Polygonzuges mehr.

Aufgabenstellung:

Stellen Sie das Prinzip der Iteration der logistischen Gleichung für bestimmte
Werte des Kontrollparameters r bei einem festen Startwert $x=0{,}3$ grafisch dar.
Wählen Sie dabei interessante Werte für den Kontrollparameter aus, die einen

stabilen Attraktor, eine Periodenverdopplung, einen chaotischen Zustand und ein Fenster im Chaos zeigen.

Aufgabenlösung:

Für die grafische Darstellung des Iterationsprinzips der logistischen Gleichung schreiben wir ein Programm LGITERAT und beginnen im Deklarationsteil mit den Anweisungen für das Einbinden der externen Quellcodes.

```
program LGITERAT;          {Iteration der logistischen Gleichung}
uses
   GRAPH;                                {TURBO PASCAL Grafik Befehle}

{$I STARTVGA}      {Prozedur einbinden: STARTVGA.PAS (s.S. 34)}
{$I LOGIST.PAS}    {Prozedur einbinden:   LOGIST.PAS (s.S.214)}
{$I ENDEVGA}       {Prozedur einbinden:   ENDEVGA.PAS (s.S. 35)}
```

Anschließend geben wir ein Koordinatensystem und die lineare Abbildung entsprechend Gl. (5.10.10) sowie die vom Kontrollparameter abhängige Parabel der logistischen Gleichung nach Gl. (5.10.11) grafisch aus:

```
procedure ACHSEN;         {Ordinate, Abszisse und 45 Grad Linie}
begin
  line(0,0,0,479);                            {Ordinate}
  line(0,479,479,479);                        {Abszisse}
  line(0,479,479,0);                     {Abbildung x->x}
end;
```

Listing 5.10.5 Achsen für die Darstellung des Iterationsprinzips

```
procedure PARABEL(r:real);     {Parabel logistische Gleichung}
var
  i:integer;                              {Index Abszisse}
begin
  for i:=0 to 479 do                 {Abszisse abbilden}
    if i=0 then MoveTo(i,trunc(479*(1-LOGIST(r,0))))
           else LineTo(i,trunc(479*(1-LOGIST(r,i/479)))));
end;
```

Listing 5.10.6 Parabel der logistischen Gleichung

In die Grafik zeichnen wir ausgehend von einem Startwert den Polygonzug der Iteration ein. Die Punkte des Polygonzuges werden dabei aus den Ergebnissen der einzelnen Iterationsschritte gebildet. Während des Fortschreitens der Iteration bilden wir den neuen Startwert x für die folgende Iteration immer durch das Vertauschen der Vorgängerkoordinaten.

```
procedure ITERATION(n:word;r,x0:real);        {Iterationsgraph}
var
  i:word;                                {Index Iterationsschritte}
  x,y:real;                                    {Funktionswerte}
begin
  x:=x0;                                       {Anfangswert x}
  y:=0;                                        {Anfangswert y}
  MoveTo(trunc(x*479),trunc(479*(1-y))); {Startwert Iteration}

  for i:=1 to n do                       {Anzahl Iterationsschritte}
  begin
    y:=LOGIST(r,x);              {Ergebnis des Iterationsschritts}
    LineTo(trunc(x*479),trunc(479*(1-y)));         {Senkrechte}
    x:=y;                              {Koordinaten vertauschen}
    LineTo(trunc(x*479),trunc(479*(1-y)));         {Waagrechte}
  end;
end;
```

Listing 5.10.7 Iterationsgraph der logistischen Gleichung

Der Hauptteil des Programms berechnet die Iteration in Bild 5.10.2 oben links für den Startwert x=0,3 und den Kontrollparameter r=2,8. In dem Bereich konvergiert die Iteration gegen den Fixpunkt und zeigt auch nach 10000 Iterationsschritten kein divergentes Verhalten. Die Aufrufe der anderen Abbildungen sind im Quelltext auskommentiert.

```
begin
  STARTVGA;                            {VGA Grafik initialisieren}
  ACHSEN;                                      {Achsen zeichnen}
  PARABEL(2.8);                                       {Parabel}
  ITERATION(10000,2.8,0.3);                          {Fixpunkt}
  {PARABEL(3.3);                                      {Parabel}
  {ITERATION(50000,3.3,0.3);              {Periodenverdopplung}
  {PARABEL(3.8);                                      {Parabel}
  {ITERATION(200,3.8,0.3);                              {Chaos}
  {PARABEL(3.84);                                     {Parabel}
  {ITERATION(20000,3.84,0.3);              {Fenster im Chaos}

  ENDEVGA;                   {Programm nach Tastendruck beenden}
end.
```

Listing 5.10.8 Iteration der logistischen Gleichung

Die zweite Iteration oben rechts zeigt einen Zustand der Periodenverdopplung. Wir haben die Anzahl der Iterationsschritte in diesem Fall sehr hoch gesetzt, um die Stabilität der beiden Lösungen hervorzuheben. Mit wachsendem Kontrollparameter nimmt das System chaotische Zustände an. Unten links ist ein Zustand für r=3,8 abgebildet, der bereits nach nur 200 Iterationsschritten ein ungeordnetes chaotisches Verhalten aufweist. Im letzten Bild sehen wir ein Fenster im Chaos, welches sich durch drei stabile Attraktoren auszeichnet. Die genaue Lage der Attraktoren ließe sich durch Ausblenden der ersten Iterationsschritte noch besser kenntlich machen.

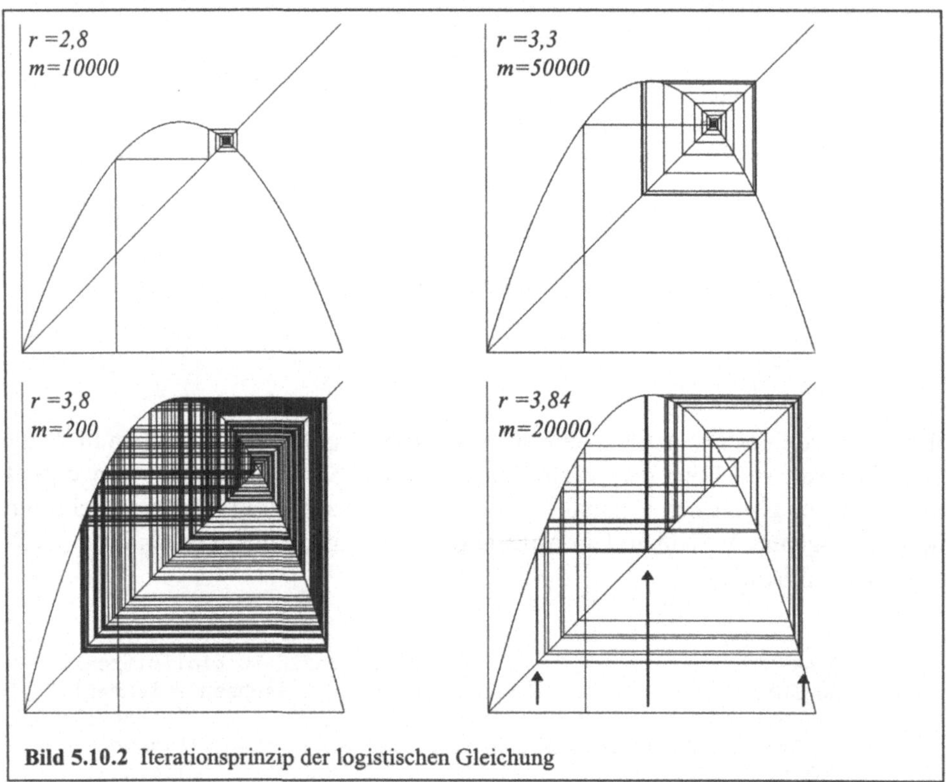

Bild 5.10.2 Iterationsprinzip der logistischen Gleichung

5.10.3 Aufgabe: Der LJAPUNOV-Exponent

Mit dem LJAPUNOV-Exponenten läßt sich der Zustand eines logistischen Prozesses quantitativ beschreiben. Ein positiver Exponent drückt chaotische Zustände aus, ein negativer steht für stabile Zustände. Wir wollen in dieser Aufgabenstellung die LJAPUNOV-Exponenten berechnen und grafisch darstellen. Das Verhalten der Bifurkationskaskade wird sich anhand der Ergebnisse der LJAPUNOV-Exponenten quantifizieren lassen.

Aufgabenstellung:

Berechnen Sie die LJAPUNOV-Exponenten und das FEIGENBAUM-Diagramm der logistischen Gleichung für den Wertebereich $r=2,7$ bis $r=4$, und vergleichen Sie die Übergänge vom deterministischen zum chaotischen Systemverhalten.

Aufgabenlösung:

Für das Programm LJAPUNOV benötigen wir neben den Grafik-Standard-prozeduren wieder die Funktion LOGIST zur Berechnung der logistischen Gleichung.

```
program LJAPUNOV;                   {Grafik des LJAPUNOV-Exponenten}
uses
  GRAPH;                            {TURBO PASCAL Grafik Befehle}

{$I STARTVGA}      {Prozedur einbinden: STARTVGA.PAS (s.S. 34)}
{$I LOGIST.PAS}    {Prozedur einbinden:   LOGIST.PAS (s.S.214)}
{$I ENDEVGA}       {Prozedur einbinden:   ENDEVGA.PAS (s.S. 35)}
```

In der Definitionsgleichung Gl. (5.10.9) des LJAPUNOV-Exponenten wird der natürliche Logarithmus der Ableitung der systembeschreibenden Funktion berechnet, so daß wir die Ableitung der Iterationsvorschrift für die logistische Gleichung in einer Funktion ALOGIST deklarieren:

```
function ALOGIST(r,x:real):real;
begin
  ALOGIST:=r-2*r*x;      {Ableitung der logistischen Gleichung}
end;
```

Listing 5.10.9 Ableitung der logistischen Gleichung

Die nun folgende Funktion LJAPEXP ist eine direkte Umsetzung von Gl. (5.10.9) und berechnet den Wert des LJAPUNOV-Exponenten für eine variable Anzahl von Iterationsschritten.

```
function LJAPEXP(n:integer;x,r:real):real;
var
  xn,xm:real;                       {Iterationswerte n und n+1}
  i:integer;                        {Index Iteration}
  L:real;                           {LJAPUNOV-Exponent}
```

Analog zu Listing 5.10.2 in Aufgabe 5.10.1 führen wir eine Iteration der logistischen Gleichung durch und berechnen zusätzlich an jedem Iterationspunkt das Argument der Summation aus Gl. (5.10.9). Am Ende ergibt sich der LJAPUNOV-Exponent als Grenzwert der endlichen Summe dividiert durch die Anzahl der Schritte.

```
begin
  xn:=x;                            {Anfangswert der Iteration}
  L:=0;                             {Anfangswert LJAPUNOV-Exponent}
  for i:=1 to n do                  {Anzahl Iterationsschritte}
  begin
```

```
  xm:=LOGIST(r,xn);                        {Logistische Gleichung}
  L:=L+ln(abs(ALOGIST(r,xm)));                      {Summation}
  xn:=xm;                                     {Iterationsschritt}
 end;
 LJAPEXP:=L/(n+1);                           {LJAPUNOV-Exponent}
end;
```

Listing 5.10.10   Berechnung des LJAPUNOV-Exponenten

Die weitere Vorgehensweise bei der Aufgabenlösung wird wie bei der Berechnung des FEIGENBAUM-Diagramms in Aufgabe 5.10.1 ausgeführt: Bei jedem
Wert des Kontrollparameters berechnen wir den LJAPUNOV-Exponenten und
nehmen eine grafische Ausgabe im Wertebereich -2 bis +1 vor.

```
procedure LJAPGRAF(xa,ra,re:real);            {Grafik LJAPUNOV}
var
  r:real;                                          {Parameter r}
  dr:real;                                 {Diskretisierung von r}
  i:integer;                             {Index Abbildung Abszisse}
begin
  line(0,0,0,479);                                    {Ordinate}
  line(0,160,639,160);                                {Abszisse}

  dr:=(re-ra)/640;    {Abbildung des r-Bereiches auf 640 Pixel}
  r:=ra;                                          {Anfangswert r}

  for i:=0 to 639 do               {Abbildungsbereich Abszisse}
  begin
    if i=0 then MoveTo(i,160-trunc(160*LJAPEXP(1000,xa,r)))
           else LineTo(i,160-trunc(160*LJAPEXP(1000,xa,r)));
    r:=r+dr;                                  {r aktualisieren}
  end;
end;

begin
  STARTVGA;                           {VGA-Grafik initialisieren}
  LJAPGRAF(0.3,2.7,4);         {Grafik des LJAPUNOV-Exponenten}
  ENDEVGA;                 {Programm nach Tastendruck beenden}
end.
```

Listing 5.10.11   Grafik des LJAPUNOV-Exponenten der logistischen Gleichung

Bild 5.10.3 macht den Zusammenhang des LJAPUNOV-Exponenten mit den Zuständen der logistischen Gleichung im FEIGENBAUM-Diagramm deutlich. In
den Bereichen des Kontrollparameters mit negativem LJAPUNOV-Exponenten
zeigt das System ein stabiles Verhalten, und die Lösung der Iteration verläuft auf
einzelnen Attraktoren oder Bifurkationen. Nimmt der LJAPUNOV-Exponent positive Werte an, so fällt das System ins Chaos. Die im FEIGENBAUM-Diagramm
erkennbaren Fenster im Chaos lassen sich als negative Peaks des LJAPUNOV-

Exponenten ausmachen. Weiterhin ist zu beachten, daß die Periodenverdopplungen offenbar mit den Nullstellen des LJAPUNOV-Exponenten zusammenfallen, so daß die unterschiedlichen Werte des LJAPUNOV-Exponenten auch folgendermaßen klassifiziert werden können: Ein konvergentes Verhalten der Lösungen infinitesimal benachbarter Anfangsbedingungen führt auf stabile Attraktoren, ein neutrales Verhalten ist die Voraussetzung für einzelne Bifurkationen, und Divergenz bestimmt das Chaos.

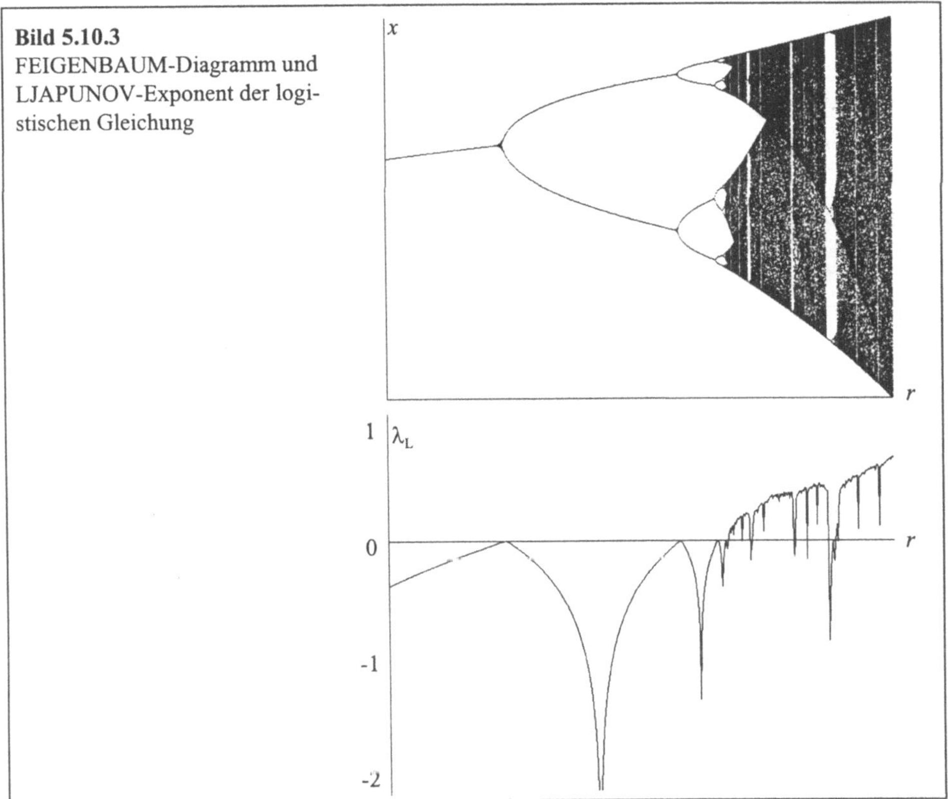

Bild 5.10.3
FEIGENBAUM-Diagramm und LJAPUNOV-Exponent der logistischen Gleichung

5.11 Chaos an der getriebenen Kompaßnadel

Die von einem oszillierenden Magnetfeld getriebene Kompaßnadel ist ein bekanntes Experiment [CRO81] [MEI86] zur Einführung in die Chaosphysik. An der getriebenen Kompaßnadel lassen sich wichtige Eigenschaften nichtlinearer Systeme wie stabile Attraktoren, Periodenverdopplungen und Chaos zeigen. Besonders ausgeprägt ist die Empfindlichkeit der getriebenen Kompaßnadel gegenüber kleinsten Änderungen der Anfangsbedingungen.

Im Experiment stellt die Kompaßnadel einen Oszillator dar, der von einem äußeren Wechselfeld angetrieben wird. Änderungen der Anregungsfrequenz oder der Amplitude des Magnetfeldes führen zu einem veränderten Verhalten der Nadel, welches von harmonischen Schwingungen bis zum Chaos reichen kann.

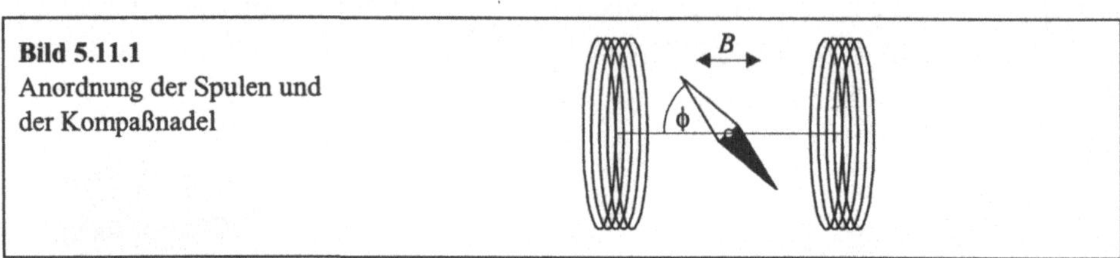

Bild 5.11.1
Anordnung der Spulen und
der Kompaßnadel

Die Nichtlinearität der getriebenen Kompaßnadel folgt aus dem Drehmoment N, welches von dem Magnetfeld B auf die Kompaßnadel ausgeübt wird. Mit dem magnetischen Dipolmoment m gilt in vektorieller Schreibweise

$$\vec{N} = \vec{m} \times \vec{B}. \tag{5.11.1}$$

Mit dem Betrag des Kreuzproduktes gilt dann

$$N = mB \sin\phi, \tag{5.11.2}$$

wobei ϕ der Auslenkungswinkel der Magnetnadel bezüglich der Feldrichtung ist. Aus dem NEWTONschen Bewegungsgesetz der Rotation

$$\frac{d\vec{L}}{dt} = \vec{N} \tag{5.11.3}$$

folgt unter Berücksichtigung der gegensätzlichen Richtungen des Drehimpulses und des Drehmoments die Gleichung

$$\frac{dL}{dt} = -mB \sin\phi. \tag{5.11.4}$$

Drücken wir den Drehimpuls mit dem Trägheitsmoment J und dem Drehwinkel ϕ aus, und setzen wir ein Magnetfeld voraus, welches sinusförmig mit der Kreisfrequenz ω oszilliert

$$B = B_0 \sin(\omega t), \tag{5.11.5}$$

so erhalten wir die Bewegungsgleichung der getriebenen Kompaßnadel:

$$J\frac{d^2\phi}{dt^2} = -mB_0 \sin(\omega t)\sin\phi. \tag{5.11.6}$$

Diese Gleichung stellt bedingt durch den Sinusterm ein nichtlineares Kraftgesetz dar (wie die Bewegungsgleichung des physikalischen Pendels). Für eine realistische Beschreibung der Oszillation der Kompaßnadel müssen zusätzlich Reibungseinflüsse berücksichtigt werden; wir behandeln die getriebene Kompaßnadel qualitativ und verweisen für quantitative Analysen auf die Literatur [NAE95].

5.11.1 Aufgabe: Messung eines Bifurkationsdiagramms

Für die Aufnahme des Bifurkationsdiagramms der getriebenen Kompaßnadel haben wir einen sehr einfachen Versuchsaufbau aus „schulüblichen" Komponenten zusammengestellt. Als Kontrollparameter der Bifurkation schieben wir die Frequenz des sinusförmigen Magnetfeldes in einer definierten Zeitspanne von 1 Hz bis 2 Hz und messen die Dunkelzeit der Magnetnadel an der Lichtschranke. In diesem Experiment ist das Bifurkationsdiagramm also eine Darstellung der Dunkelzeit über der Anregungsfrequenz.

Um die Frequenz zu schieben, steuern wir mit einer Gleichspannung den Wobbleeingang eines Frequenzgenerators an, die Gleichspannung wird dabei mit einem langsam laufenden Motor und einem 10-Gang-Potentiometer erzeugt. Das Experiment läuft unter Berücksichtigung der Eigenfrequenz der Kompaßnadel relativ langsam ab, die Gesamtmeßdauer sollte 20 bis 30 Minuten betragen. Es kann bei diesem Experiment vorkommen, daß die Oszillation der Kompaßnadel in weiten Bereichen außerhalb der Lichtschranke stattfindet und keine Meßwerte aufgenommen werden. Wir stellen daher einen kleinen Permanentmagneten gegenüber der Lichtschranke auf und erzeugen so eine Vorzugsrichtung der Oszillation.

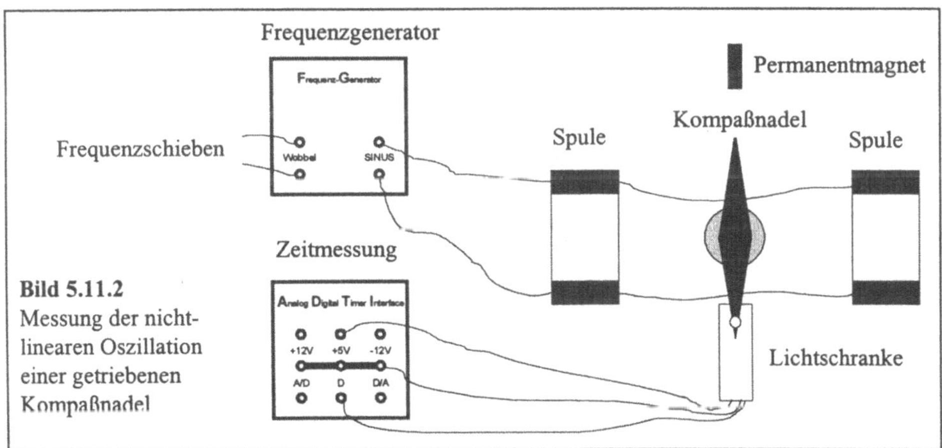

Bild 5.11.2 Messung der nichtlinearen Oszillation einer getriebenen Kompaßnadel

Aufgabenstellung:

Schreiben Sie ein Programm KNADEL für die Aufnahme und Darstellung eines Bifurkationsdiagramms der getriebenen Kompaßnadel. Messen Sie dafür die

Dunkelzeit der Nadel an der Lichtschranke in einem Frequenzbereich von 1 Hz bis 2 Hz bei einer Gesamtmeßdauer von 25 min.

Aufgabenlösung:

Wir beginnen die Lösung der Aufgabe mit der Programmierung einer Zeitreferenz für die Abbildung der Gesamtmeßdauer auf den Wertebereich der Abszisse des Bifurkationsdiagramms. Für langsam ablaufende Vorgänge eignet sich die PC-interne Uhr (Ticker) als Zeitbasis. Unter TURBO PASCAL kann die Systemzeit mit dem Befehl GETTIME (erfordert die Unit DOS) ausgelesen werden, die Auflösung beträgt nach Angaben des TURBO PASCAL-Handbuches eine hundertstel Sekunde. Die Angabe ist nicht exakt richtig, denn der Ticker wird vom PC-Timer 1 nach jedem Timerdurchlauf per Interrupt aktualisiert und besitzt daher eine Auflösung (vgl. Tabelle 3.3.1) von etwa 55 ms. Wir berechnen die Koordinaten auf der Abszisse mit einer Genauigkeit von einer Sekunde; bei einer Gesamtmeß-dauer von 25 Minuten werden also 1500 Zeitpunkte auf 640 Pixeln abgebildet. Im Experiment stellen wir zunächst die Systemuhrzeit zum Meßbeginn fest und bilden anschließend die Differenzen mit der aktuellen Zeit.

```
function SYSZEIT:real;                 {Systemuhrzeit in Sekunden}
var
  h,m,s,s100:word;{Stunden, Minuten, Sekunden, 1/100 Sekunden}
begin
  GetTime(h,m,s,s100);                       {Systemuhr auslesen}
  SYSZEIT:=3600*h+60*m+s;               {Berechnung in Sekunden}
end;
```

Listing 5.11.1 Auslesen der Systemuhrzeit

Für die Messung der Dunkelzeit der Kompaßnadel verwenden wir den Versuchs-aufbau mit einer Gabellichtschranke aus Aufgabe 5.1.1 und bestimmen die Zeiten der einzelnen Verdunklungen mit der Prozedur EREIGNIS aus Aufgabe 3.3.2. Bei diesem Experiment erfolgt die Ausgabe der Meßwerte während der Meß-wertaufnahme, so daß wir für die Messung und Darstellung des Bifurkationsdia-gramms eine Prozedur KOMPASS entwickeln.

Die Prozedur beginnt mit der Ermittlung der Startzeit und nimmt anschließend in eine Schleife Daten auf, bis die Gesamtmeßdauer abgelaufen ist.

```
procedure KOMPASS;        {Bifurkationsdiagramm der Kompaßnadel}
const
  MessDauer=1500;                         {Meßdauer in Sekunden}
var
  StartZeit:real;                   {Systemzeit zum Meßbeginn}
  Zeit:real;                                      {Aktuelle Zeit}
  F:array[0..1] of real;                  {Verdunklungsflanken}
  t:integer;                                    {Zeitkoordinate}
```

```pascal
      dt:integer;                          {Koordinate Verdunklungszeit}
   begin
      line(0,479,639,479);                           {Abszisse}
      line(0,0,0,479);                               {Ordinate}
      StartZeit:=SYSZEIT;                             {Meßbeginn}
```

Innerhalb der Schleife messen wir genau eine Verdunklung aus zwei Ereignissen und ordnen der Zeitdifferenz einen Zeitpunkt zu. Die Koordinaten geben wir in einem Diagramm mit einer auf 70 ms skalierten Ordinate aus.

```pascal
   repeat
      EREIGNIS(2,t);                          {Verdunklung messen}
      Zeit:=SYSZEIT-Startzeit;                     {Zeit zuordnen}

      t:=trunc(Zeit*640/1500);              {Koordinate der Zeit}
      dt:=479-trunc(1000*(F[1]-F[0])*479/70); {dto. Verdunklung}
      PutPixel(t,dt,white);                   {Meßpunkt ausgeben}
   until Zeit>MessDauer;                              {Meßende}
   end;
```

Listing 5.11.2 Messung eines Bifurkationsdiagramms der Kompaßnadel

Im Hauptprogramm werden nur noch die Units und Prozeduren eingebunden und ausgeführt:

```pascal
   program BKOMPASS;       {Bifurkation der getriebenen Kompaßnadel}
   uses
      GRAPH,                           {TURBO PASCAL Grafik-Befehle}
      DOS,                             {TURBO PASCAL MSDOS-Befehle}
      ADT;                 {ADT-Interface-Befehle und Initialisierung}

   {$I STARTVGA}    {Prozedur einbinden: STARTVGA.PAS (s.S.  34)}
   {$I SYSZEIT}     {Funktion einbinden:  SYSZEIT.PAS (s.S.226)}
   {$I KOMPASS}     {Prozedur einbinden:  KOMPASS.PAS (s.S.226)}
   {$I ENDEVGA}     {Prozedur einbinden:  ENDEVGA.PAS (s.S.  35)}

   begin
      STARTVGA;              {VGA-Grafik 640x480 initialisieren}
      KOMPASS;  {Bifurkationsdiagramm der getriebenen Kompaßnadel}
      ENDEVGA;               {Programm nach Tastendruck beenden}
   end;
```

Listing 5.11.3 Bifurkationsdiagramm der getriebenen Kompaßnadel

Vor Beginn der Meßwertaufnahme stellen wir die Gleichspannung am Wobbeleingang des Frequenzgenerators so ein, daß das Magnetfeld mit 1 Hz oszilliert. Anschließend wird der Motor für das Frequenzschieben eingeschaltet und das Programm BKOMPASS gestartet.

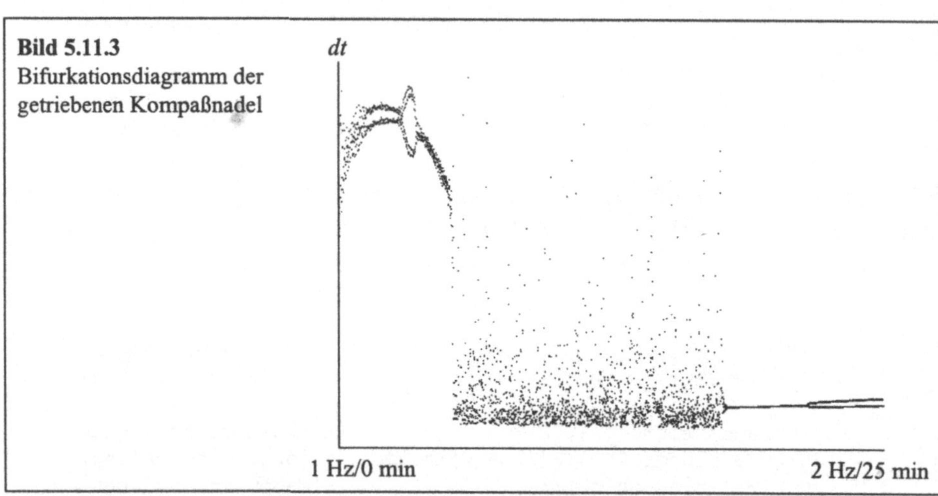

Bild 5.11.3
Bifurkationsdiagramm der
getriebenen Kompaßnadel

Das Bifurkationsdiagramm zeigt bei niedrigen Frequenzen zunächst ein rauh definiertes Paar von Oszillationszuständen, die nach einer Periodenverdopplung in vier separate Oszillationen in einen chaotischen Bereich übergehen. Später verläßt das System schlagartig das Chaos und oszilliert auf einem stabilen Attraktor. Mit der Periodenverdopplung am Ende der Aufnahme zeigt die getriebene Kompaßnadel insgesamt alle grundlegenden Eigenschaften nichtlinearer Systeme. Eine weitere Eigenschaft der getriebenen Kompaßnadel ist die große Abhängigkeit des Systemverhaltens von den Anfangswerten. Mit dem hier verwendeten Versuchsaufbau lassen sich als Folge unvermeidbarer Änderungen der Umgebungsparameter nicht zweimal in Folge dieselben Bifurkationsdiagramme aufnehmen. Präzisere experimentelle Ansätze [NAE95] mögen eine bessere Wiederholbarkeit aufweisen.

Literatur

[ADE86]   Analog Devices: *Analog-Digital Conversion Handbook*. Englewood Cliffs: Prentice-Hall 1986.

[ASC88a] Aschmoneit, Tim: *Experimente mit dem NEVA-PC-Interface-System*. Computernutzung an Schulen. BUS 16. Zentralstelle für Programmierten Unterricht und Computer im Unterricht 1988.

[ASC88b] Aschmoneit, Tim: *Entwicklung eines Meß- und Steuerinterfaces mit unterstützender Software für IBM-PC und kompatible Computer*. Kiel: Institut für Experimentalphysik der Christian-Albrechts-Universität 1988.

[ASC90]   Aschmoneit, Tim: *Computergestütztes Hochschulpraktikum zur Einführung in den Themenbereich Messen, Steuern und Regeln*. Kiel: Institut für Experimentalphysik der Christian-Albrechts-Universität 1990.

[AZI88]   Azizi, Seyed Ali: *Entwurf und Realisierung von digitalen Filtern*. München, Wien: R. Oldenburg Verlag 1988.

[BER94]   Berster, Peter: *Mikrocontroller gesteuerte Zeitmessung und Statistik*. Kiel: Institut für Experimentalphysik der Christian-Albrechts-Universität 1994.

[BLA89]   Blank, Hans-Joachim und Herbert Bernstein: *PC-Schaltungstechnik in der Praxis*. München: Markt&Technik Verlag 1989.

[BUR81]   Burr Brown: *INA101*. Datenblatt. Burr Brown Corporation 1981.

[BUR92a] Burr Brown: *ADS7804. 12-Bit 10µs Sampling CMOS Analog-to-Digital Converter*. Datenblatt PDS-1156A. Burr Brown Corporation 1992.

[BUR92b] Burr Brown: *PGA 204/205. Programmable Gain Instrumentation Amplifier*. Datenblatt PDS-1176. Burr Brown Corporation 1992.

[BOR92a] Borland: *TURBO PASCAL 7.0 Programmierhandbuch*. Hrsg. Borland GmbH Langen. Borland International INC. 1992.

[BOR92b] Borland: *TURBO PASCAL 7.0 Benutzerhandbuch*. Hrsg. Borland GmbH Langen. Borland International INC. 1992.

[BOR92c] Borland: *TURBO PASCAL 7.0 Referenzhandbuch*. Hrsg. Borland GmbH Langen. Borland International INC. 1992.

[BÖH77]   Böhm, Wolfgang: *Einführung in die Methoden der numerischen Mathematik*. Braunschweig: Vieweg & Sohn 1977.

[BRA79]   Braun, Martin: *Differentialgleichungen und ihre Anwendungen*.
Berlin: Springer-Verlag 1979.

[BRE93]   Breuer, Shlomo und Gideon Zwas: *NUMERICAL MATHEMATICS-
A LABORATORY APPROACH*. Cambridge University Press 1993.

[BUT95]   Buttkus, B. [u.a.]: *Tropfendes Wasser als chaotisches System*.
Didaktik der Physik. Hg. DPG Fachverband Didaktik der Physik.
Duisburg 1995.

[BÜL89]   Büll, Ingo: *Entwicklung eines computergestützten Kraftmeßgerätes
mit Dehnungsmeßstreifen für den Einsatz in der Schulphysik*. Kiel:
Institut für Experimentalphysik der Christian-Albrechts-Universität
1982.

[BÜL92]   Büll, Ingo: *Simultane Messung der Bewegung zweier Massenpunkte
mit einem CCD-Minimalsystem*. Kiel: Institut für
Experimentalphysik der Christian-Albrechts-Universität 1992.

[BÜL93]   Büll, Ingo und Reimer Lincke: *Kraftmessung mit
Dehnungsmeßstreifen*. Physik und Didaktik. Heft 4/93. Bayerischer
Schulbuch-Verlag 1993.

[BÜL94]   Büll, Ingo: *Time Measurements at the PC-Printerport*. Acta
Didactica Universitatis Comenianae. Issue 1, 1994. Bratislava,
Comenius University Press 1994.

[BÜL95]   Büll, Ingo: *Computer aided time measurements on air track*. Acta
Didactica Universitatis Comenianae. Issue 2, 1995. Bratislava:
Comenius University Press 1995.

[BÜL96a]   Büll, Ingo und Reimer Lincke: *Teaching Fourier analysis in a
microcomputer based laboratory*. American Journal of Physics.
Volume 64 (No.7). Maryland: American Association of Physics
Teachers 1996.

[BÜL96b]   Büll, Ingo: *Computereinsatz in der Lehre am Beispiel des ebenen
Pendels*. Didaktik der Physik. Hrsg. Deutsche Physikalische
Gesellschaft e.V., Fachverband Didaktik der Physik. Jena 1996.

[BÜL97]   Büll, Ingo: *Portwandler. Zweikanal-A/D-Interface mit 12-Bit-
Umsetzer ADS7804 an der EPP-Schnittstelle*. ELRAD 1/97.
Hannover: Verlag Heinz Heise 1997.

[CHA87]   Champeney, D.C.: *A handbook of Fourier theorems*. Cambridge:
University Press 1987.

[CON82]   Connor, F. R.: *Modulation*. Second Edition. Hrsg. Edward Arnold.
East Kilbridge, Scotland: Thomson Litho Ltd. 1982.

[COO67]   Cooleay, J.W. [u.a.]: *The fast Fourier transform algorithm and its applications*. Research Paper RC-1743. IBM-Corporation 1967.

[CRA84]   Crawford, Frank: *Schwingungen und Wellen*. Berkeley Physik Kurs. Band 3. Braunschweig: Vieweg & Sohn 1984.

[CRO81]   Croquette, V. und C. Poitou: *Cascade of period doubling bifurcations and large stochasticty in the motion of a compass*. Frankreich: Journale Physique. Lettres 42. L-537, L-539, 1981.

[DRE91]   Dreyer, K. und F. R. Hickey: *The route to chaos in a dripping water faucet*. American Journal of Physics. Volume 59(7). Maryland: American Association of Physics Teachers 1991.

[DYM72]   Dym, H. and H.P. McKean: *FOURIER SERIES AND INTEGRALS*. New York, London: Academic Press 1972.

[ENG93]   Engeln-Müllges, Gisela: *Numerik-Algorithmen mit FORTRAN-77-Programmen*. Mannheim: B. I. Wissenschafts-Verlag 1993.

[EUL94]   Euler, M.: *Komplexität bei angetriebenen Oszillatoren*. Physik in der Schule. Heft 1/94, 1994.

[FOR80]   Forster, Otto: *Analysis 1. Differential- und Integralrechnung einer Veränderlichen*. Braunschweig: Vieweg & Sohn 1980.

[FÖL94]   Föllinger, Otto: *Regelungstechnik*. Heidelberg: Hüthig 1994.

[FRI65]   Friedrich, Artur: *Handbuch der experimentellen Schulphysik*. Köln: Aulis Verlag Deubner&Co 1965.

[GAT89]   Gates, Steven und Jordan Becker: *Laboratory Automation using the IBM PC*. New Jersey: Prentice-Hall Inc. 1989.

[GES94]   Geschke, Dieter [u.a.]: *Physikalisches Praktikum*. 11. Auflage. Stuttgart, Leipzig: Teubner-Verlag 1998.

[GRI72]   Grigorieff, Rolf Dieter: *Numerik gewöhnlicher Differentialgleichungen I*. Stuttgart: Teubner-Verlag 1972.

[GRO91]   Großmann, Siegfried: *Mathematischer Einführungskurs für die Physik*. 7. Auflage. Stuttgart: Teubner-Verlag 1993.

[HAR87]   Hartwig, Olaf: *PC/XT/AT für Insider*. Haar bei München: Markt und Technik Verlag 1987.

[HEU82]   Heuser, Harro: *Lehrbuch der Analysis. Teil 1*. 11. Auflage. Stuttgart: Teubner-Verlag 1994.

[HEU86]   Heuser, Harro: *Lehrbuch der Analysis. Teil 2*. 9. Auflage. Stuttgart: Teubner-Verlag 1995.

[HEU89]   Heuser, Harro: *Gewöhnliche Differentialgleichungen*. 3. Auflage.
           Stuttgart: Teubner-Verlag 1995.

[HER95]   Hering, Ekbert [u.a.]: *Physik für Ingenieure*. Düsseldorf: VDI-
           Verlag 1995.

[HOF76]   Hoffmann, K.: *Eine Einführung in die Dehnungsmeßstreifen-
           Technik anhand von Versuchsbeschreibungen*. Hamburg: Hottinger
           Baldwin Meßtechnik 1976.

[HOF78]   Hoffmann, K.: *Maßnahmen zur Vermeidung bzw. Verminderung von
           Meßfehlern beim Messen mit Dehnungsmeßstreifen*. Hamburg:
           Hottinger Baldwin Meßtechnik 1978.

[HOF86]   Hoffmann, K.: *Anwendung der Wheatstone Brückenschaltung*.
           Hamburg: Hottinger Baldwin Meßtechnik 1986.

[HOR89]   Horowitz, Paul und Winfried Hill: *The Art of Electronics*. New
           York: Cambridge University Press 1989.

[HOT87]   Hottinger Baldwin Meßtechnik: *Dehnungsmeßstreifen mit Zubehör*.
           Katalog G24.01.4, 1987.

[HÖH87a]   Höhne, Gerhard: *Konstantandrähte und Dehnungsmeßstreifen als
           Meßwandler für Kraft- und Wegmessungen*. Praxis der Natur-
           wissenschaften. Heft 1/36. Köln: Aulis Verlag Deubner&Co 1987.

[HÖH87b]   Höhne, Gerhard: *Schlüsselexperimente der Mechanik mit einem
           neuen Experimentiergerät*. MNU Heft 40/5. Bonn: Ferd. Dümmler
           Verlag 1987.

[KEI78]   Keil, Stefan und Alfred Jaschinski: *Dehnungsmeßstreifen in
           Meßwertaufnehmern*. Hamburg: Hottinger Baldwin Meßtechnik
           1978.

[KOO86]   Koonin, Steven: *Computational Physics*. Menlo Park: The
           Benjamin/Cummings Publishing Company Inc. 1986.

[KOR94]   Korsch, H. J. und H. J. Jodl: *Chaos. A Program Collection for the
           PC*. Berlin: Springer-Verlag 1994.

[KOS89]   Kosmol, Peter: *Methoden zur numerischen Behandlung
           nichtlinearer Gleichungen und Optimierungsaufgaben*. 2. Auflage.
           Stuttgart: Teubner-Verlag 1993.

[LEV89]   Leven, Ronald [u.a.]: *Chaos in dissipativen Systemen*.
           Braunschweig: Vieweg & Sohn 1989.

[LIN86]   Lincke, Reimer: *Drei Computerexperimente zur Elektrizitätslehre*.
           Physik der Naturwissenschaften. Band 6, 1986.

[LIN90a]   Lincke, Reimer: *Physikalische Projekte mit Mikrocomputern, Schwebung und Amplitudenmodulation*. Der mathematische und naturwissenschaftliche Unterricht. MNU 43/1. Bonn: Ferd. Dümmlers Verlag 1990.

[LIN90b]   Lincke, Reimer: *Physikalische Projekte mit Mikrocomputern, Pendeldämpfung und Pendelperiode*. Der mathematische und naturwissenschaftliche Unterricht. MNU 43/8. Bonn: Ferd. Dümmlers Verlag 1990.

[LIN91]   Lincke, Reimer: *AN INTERFACING AND PROGRAMMING COURSE IN THE INTRODUCTORY PHYSICS LABORATORY OF KIEL UNIVERSITY*. Adana/Türkei: Doga-Tr. J. of Physics 1991.

[LIN92]   Lincke, Reimer: *Vom freien Fall zur Fourier-Analyse, Computergestützte Zeitmessungen*. Computer+Unterricht. Band 6/92. Seelze: Erhard Friedrich Verlag 1992.

[LIN94]   Lincke, Reimer: *Fourier analysis (or: How real is the δ–function?)*. Acta Didactica Universitatis Comenianae. Issue 1, 1994. Bratislava, Comenius University Press 1994.

[LÖH79]   Löhr, Hans Josef: *Beispiele und Aufgaben zur Laplace-Transformation*. Braunschweig: Vieweg & Sohn 1979.

[MAH92]   Mahnke, Reinhard [u.a.]: *Nichtlineare Phänomene und Selbstorganisation*. Stuttgart: Teubner-Verlag 1992.

[MAR91]   Martienssen, W. und U. Krüger: *Nichtlineare Dynamik*. Frankfurt: Johann Wolfgang Goethe Universität 1991.

[MAX95]   Maxim: *1995 New Releases Data Book. Volume IV*. Maxim Integrated Products 1994.

[MEI86]   Meissner H. und G. Schmidt: *A simple experiment for studying the transition from order to chaos*. American Journal of Physics. Volume 54 (No.9). Maryland: American Association of Physics Teachers 1986.

[MET88]   Grehn, Joachim [u.a.]: *Metzler Physik*. Stuttgart: J. B. Metzlersche Verlagsbuchhandlung und Carl Ernst Poeschel Verlag 1988.

[NAE95]   Naeve, Nis Boy: *Chaotische Oszillationen einer getriebenen Kompaßnadel*. Kiel: Institut für Experimentalphysik der Christian-Albrechts-Universität 1995.

[NYS25]   Nyström, E. J.: *Über die numerische Integration von Differentialgleichungen*. Acta Soc. Sci. Fennicae. Band 50. Nr 13. 1925.

[ORT82]   Ort, Werner: *Sensoren mit Metallfolien-Dehnungsmeßstreifen.* Hamburg: Hottinger Baldwin Meßtechnik 1982.

[PFE97]   Pfeifer, Harry und Herbert Schmiedel: *Grundwissen Experimentalphysik.* Stuttgart, Leipzig: Teubner-Verlag 1997.

[POD94]   Podschun, Trutz Eyke: *Das Assemblerbuch: 8086/87, 80286/287, 80386/387, 80486 und Pentium.* Bonn: Addison-Wesley 1994.

[POU85]   Poularkis, Alexander: *SIGNALS AND SYSTEMS.* Boston: PWS-KENT Publishing Company 1985.

[PRE85]   Preuß, Wolfgang [u.a.]: *Distributionen und Operatoren.* Wien, New York: Springer-Verlag 1985.

[PRE86]   Press, William H. [u.a.]: *NUMERICAL RECIPES.* NewYork: Press Syndicate of the University of Cambridge 1985.

[PUR89]   Purcell, Edward: *Elektrizität und Magnetismus.* Berkeley Physik Kurs. Band 2. Braunschweig: Vieweg & Sohn 1989.

[RAM95]   Ramcke, Ties: *Computereinsatz im Leistungssport am Beispiel komplexer Datenanalyse und mobiler PCMCIA-Meßtechnik.* Kiel: Institut für Experimentalphysik der Christian-Albrechts-Universität 1995.

[REI92]   Reimann, Volker: *Mikrocontroller-gesteuertes serielles Interface.* Kiel: Institut für Experimentalphysik der Christian-Albrechts-Universität 1992.

[SCA85]   Scanlon, Leo: *Die Assemblersprache des IBM-PC&XT.* München: Markt & Technik Verlag 1985.

[SCH89]   Schuster, Heinz Georg: *Deterministic Chaos.* Weinheim: Physik Verlag 1989.

[STA93]   Staudenmeier, Hans Martin [u.a.]: *PHYSICS EXPERIMENTS USING PCs.* Berlin: Springer-Verlag 1993.

[STI88]   Stiller, Andreas: *PC-Bausteine. Rund um den Timer.* c't 1988, Heft 4.

[STO83]   Stoer, Josef: *Einführung in die numerische Mathematik I.* Heidelberger Taschenbücher. Band 105. Berlin: Springer-Verlag 1983.

[STR98]   Strufe, Thorsten: *FRAKTALE: Einige Unterrichtsmaterialien.* Institut für Experimentalphysik. Kiel 1998.

[TEX89]   Texas Instruments: *TTL Data Book Volume 1.* Texas Instruments 1989.

[TIS94]   Tischer, Michael: *PC intern 4. Systemprogrammierung*. Düsseldorf: Data Becker 1994.

[VRI95]   De Vries, Paul: *Computerphysik: Grundlagen, Methoden, Übungen*. Heidelberg: Spektrum Akademischer Verlag 1995.

[WAL76]   Walter, Wolfgang: *Gewöhnliche Differentialgleichungen*. Heidelberger Taschenbücher. Band 110. Berlin: Springer-Verlag 1976.

[WIL85]   Willen, David C. und Jeffrey I. Krantz: *IBM PC/XT ASSEMBLER PROGRAMMIERUNG CPU 8088*. München: te-wi Verlag 1985.

[WRA87]   Wratil, Peter und Richard Schmidt: *PC/XT/AT: Messen, Steuern, Regeln; angewandte Interface-Technik*. München: Markt & Technik Verlag 1987.

[ZAK81]   Zaks, Rodney und Austin Lesea: *Mikroprozessor Interface Techniken*. Düsseldorf: Sybex-Verlag 1981.

[ZAN83]   Zander, Horst: *Analog-Digital-Wandler in der Praxis*. München: Markt & Technik 1983.

[ZEI96]   Zeidler, E.: *TEUBNER-TASCHENBUCH der Mathematik*. Begründet von Bronstein, I. N. und Semendjajew, K. A. Stuttgart, Leipzig: Teubner-Verlag 1996.

[ZUR65]   Zurmühl, Rudolf: *Praktische Mathematik für Ingenieure und Physiker*. Berlin: Springer-Verlag 1965.

Index

Geschke (Hrsg.)
**Physikalisches
Praktikum**

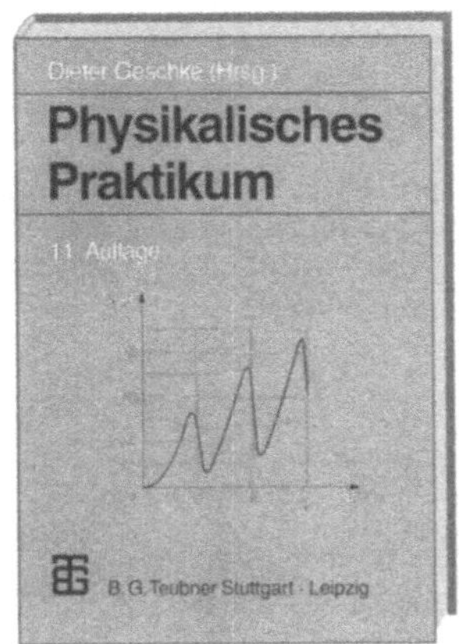

Herausgegeben von
Prof. Dr. **Dieter Geschke**
Universität Leipzig

11., neubearbeitete Auflage. 1998.
302 Seiten mit 213 Bildern.
16,2 x 22,9 cm.
Kart. DM 39,80
ÖS 291,– / SFr 36,–
ISBN 3-519-00206-X

Dieses Praktikumsbuch bewährt sich seit vielen Jahren bei Studenten der Physik, anderer naturwissenschaftlicher Studiengänge und des Lehramts, die ein physikalisches Grundpraktikum absolvieren. Vielfach genutzt wird es auch von Studenten der Ingenieurwissenschaften an Technischen Universitäten und Fachhochschulen. Die 11. Auflage wurde neu bearbeitet. Unter Beibehaltung der bewährten Grundkonzeption sind zahlreiche Versuche neu aufgenommen oder stark überarbeitet worden, um modernen Meßprinzipien und praxisnaher Meßtechnik Rechnung zu tragen. Dabei wurde darauf geachtet, daß die getroffene Versuchsauswahl den Bedingungen in vielen Physikpraktika entspricht. Im Kapitel Mechanik wird neben den schon in der 10. Auflage aufgenommenen neuen Versuchen zur Bestimmung der Dichte von Flüssigkeiten, Gasen und Dämpfen vor allem Schallmessungen größere Aufmerksamkeit gewidmet; im Kapitel Wärmelehre kamen Versuche zum Wärmeübergang und zur Wärmepumpe hinzu. Das Kapitel Optik wurde ergänzt durch Versuche zur Doppelbrechung an Flüssigkristallen und zum Michelson-Interferometer, in das Kapitel Elektrizitätslehre wurden Versuche zu wichtigen Aspekten der Elektronik integriert, z. B. zum Operationsverstärker und zum Analog-Digital-Umsetzer.

Preisänderungen vorbehalten.

B. G. Teubner Stuttgart · Leipzig

Stolz
Starthilfe Physik

**Ein Leitfaden für Studien-
anfänger der Naturwissen-
schaften, des Ingenieurwesens
und der Medizin**

Von Prof. Dr. **Werner Stolz**
Technische Universität
Bergakademie Freiberg

2., durchgesehene und
erweiterte Auflage. 1998.
112 Seiten mit 102 Bildern.
16,2 x 22,9 cm.
Kart. DM 19,80
ÖS 145,– / SFr 18,–
ISBN 3-8154-3034-8

Das Buch wendet sich vor allem an
Schüler, die ein Studium aufnehmen wollen, und an Studienanfän-
ger der Naturwissenschaften, des
Ingenieurwesens und der Medizin,
die Physik als Nebenfach absolvieren. Es vermittelt in kompakter
Form einen prägnanten und
anschaulichen Überblick über die
wichtigsten Gesetzmäßigkeiten der
elementaren Physik. Die von der
Schule her bekannten Grundlagen
werden in Erinnerung gebracht und
vertieft. Der Student lernt die mathematischen Anforderungen ebenso kennen wie den konsequenten
Gebrauch der SI-Einheiten und der
genormten Formelzeichen für physikalische Größen. In die 2., durchgesehene und erweiterte Auflage
wurde der Abschnitt »Festkörper«
neu aufgenommen.

Preisänderung vorbehalten.

B. G. Teubner Stuttgart · Leipzig